안전 관리론(II)

Safe & Security Management in life

강영숙 · 김재호 · 김영훈 · 정준식

도서출판 진영사

안전관리론(Ⅱ)

강영숙 · 김재호 · 김영훈 · 정준식

2018년 09월 14일 초판 인쇄
2018년 09월 18일 초판 발행
발행인 박 진 영
발행처 도서출판 진영사
인천광역시 부평구 갈산동 185번지 풍진빌딩 303호
전화 : 032)505-4207
팩스 : 032)505-4206
E-mail : 0183734207@hanmail.net
등록 : 122-91-77317

ISBN 978-89-6541-378-3 93350
값 20,000원

머 리 말

최첨단 사회라 할 수 있는 현대사회는 과학, 의료, 교통, 통신 등 다양한 분야의 첨단기술로 우리들에게 생활수준 향상과 많은 편익을 제공해 주었다. 그러나 한편으로는 이러한 인간의 편익과 복지를 위한 현대사회의 많은 혜택들이 오히려 일상 속에서 많은 안전위협요소로 작용하고 있음은 분명한 사실이다. 현대사회의 다양한 위협들을 미리 예방하거나 안전하게 관리하지 못하면 우리들의 생명, 신체, 재산, 국가 및 조직 등의 많은 기능수행에 큰 피해와 혼란을 가져오게 된다. 대부분의 안전관리활동은 위험을 최소한으로 줄이기 위한 활동일 뿐이지 사실 완벽한 안전관리 및 보안의 구축은 불가능하다.

현대사회의 위험은 끊임없이 변하기 때문에 안전관리도 시대나 상황에 따라 변해야 하며 안전관리에 들이는 비용과 노력이 계속 달라질 수 있음에 대해 이해하고 계획할 수 있어야 한다. 안전관리는 모든 사람의 책임이며 자신의 안전을 남이 대신해 줄 수는 없다는 것에 그 중요성을 갖고 있고, 인간은 자기가 생활하는 영역에서 안전 활동을 할 필요가 있으므로 안전의식과 수단을 더욱 강화할 필요가 있다.

우리의 귀중한 생명을 보호하고 안전을 추구하려는 노력은 국가의 제도, 정책과 함께 사회 전반적인 질서의식과 타인을 먼저 배려하는 민주시민의식, 공동체의식, 자기책임의식도 함께 성장해야 하는 것이다.

따라서 본서는 인간의 생활 속에서 발생하는 각종 사고 및 위협요소에 대한 안전관리와 안전의식 제고를 위한 기초적인 교육 자료로 사용하고자 한다.

일상생활에서 우리의 안전을 위협하는 안전위협요소가 너무나 광범위하여 본서의 내용을 구성함에 있어서 (안전관리Ⅰ), (안전관리Ⅱ)로 구분하여 위험요인에 대한 안전관리를 일부만 다루었고 구성상 미비한 점이 많으나 앞으로 계속 노력하여 보완해 나갈 것임을 약속드린다.

그동안 학문적으로 도움을 주신 존경하는 교수님들과 이 책이 완성되기까지 늘 성의를 다하여 연구하도록 힘을 실어 주시고 훌륭한 책으로 만들어 주신 도서출판 진영사 사장님 이하 직원들께 깊은 감사의 말씀을 드린다.

2018년 08월

저자 드림

목 차

Chap. **1**

안전의 이론적 이해

1. 안전의 개요
2. Safety와 Security의 이해
3. 사고(Accident)의 개요
4. 안전교육(Safety Education)
5. 안전문화(Safety Culture)

제1장 안전의 이론적 이해

1. 안전의 개요

인간은 안전하게 삶을 영위해 나가고 싶은 욕구가 강렬하다. 그러나 생활 속에서 개인의 안전은 다반사로 위협받고 있다. 치안, 산업재해, 교통사고 등 우리를 위협하는 요소들은 갈수록 늘어나고 있다.

독일의 사회학자 볼프강 소프스키(sofsky)는 "미래 사회를 이끌어가는 주도 이념은 자유, 평등, 박애가 아니라 안전"이라고 역설하고 있다. 심리학자 매슬로우(Maslow)는 욕구 5단계론을 통해, 인간은 생리적인 욕구가 만족되면 자연스럽게 안전에 대한 욕구를 추구한다고 했고, 그렇게 안전이 확보되면 그제야 비로소 자신의 소속감·사랑에 대한 욕구 → 존중욕구 → 자아실현욕구가 순차적으로 나타난다고 했다.

안전은 단순히 재난이나 사고를 피하는 소극적인 개념이 아니라 사람들이 무언가를 선택할 때 중요하게 고려하는 요소이다. 즉, 안전은 삶의 질을 가늠하는 중요한 축으로 개인은 물론 조직, 사회 및 국가의 품격과 가치를 높이는 경쟁력이다. 그렇기 때문에 개인은 물론 우리사회가 안전교육 및 안전문화에 대한 가치와 그 중요성에 대해 더욱 중요한 가치로 여기고 공론화해야 하는 이유다.[1)]

1) 안전의 개념

일반적으로 안전(Safe, Safety)의 사전적 의미는 "편안하여 위험이 없음, 탈이 없음"이다. 안전(安全)의 동양적 의미는 安이 (갓머리 部)+ 女로서 여자가 집에 있다는 뜻으로 정서적인 안정을 뜻하며, 全은 八 + 王으로 나라의 위계질서를 상징하

1) 출처: http://www.sportnest.kr/784 [스포츠둥지]

는 王이 궁궐에 앉아 위엄을 갖추고 있는 상태로서 질서가 유지되는 것을 뜻한다.

일반적으로 안전의 의미는 고통 또는 고통의 위험이나 사고로부터 자유로운 상태를 지칭하며, 사고의 가능성과 위험을 제거할 목적으로 하는 인간의 행동의 변화와 물리적 환경의 설계에서 발생한 상황 또는 상태를 말한다(이재영, 1992).

또한 안전이라는 의미는 재난이나 위험이 상존하지 않는 것을 의미할 뿐만 아니라 인간이 위해를 받거나 또는 받을 걱정이 없는 것, 사물이 손해나 또는 그 우려가 없는 것을 말하는 것이다.

넓은 의미에서 안전은 삶의 전부이며, 좁은 의미에서 안전은 사고를 방지하는 것을 포함하는 신체적 삶의 전부이며, 생활 중에 일어나기 쉬운 신체적 위험을 미연에 방지하고 생명을 위험으로부터 보호하여 생명의 존엄성을 확보하는데 있다고 한다.

가정에서 안전은 우리가 일상생활에서 접하는 모든 위험으로부터 방지하고자 하는 것이며, 기업에서 안전 목표가 달성되었다는 것은 사람·재료설비나 제품도 손해, 손상을 받지 않으며 또 앞으로도 받을 우려가 없는 상태로 잘 관리되고 있는 이상적 상태를 뜻하는 것이다.

따라서 안전은 인간의 정신적·육체적 위험의 가능성을 없애고 사고 및 위험 여건을 제거하는 것을 목적으로 하는 인간의 내·외면적 행동(이성, 이념, 물리적 상태 등)에서 발생하는 상태를 뜻하는 것이다.

2. Safety와 Security의 이해

우리가 일반적으로 안전이라고 할 때 사용하는 영어는 "Safety"와 "Security"가 있는데 이 두 단어는 포괄적인 안전의 의미로 쓰이며 동의어로 쓰이기도 하지만 이 두 개의 단어를 세부적으로 구분하면 다른 개념적 특성이 있다.

1) Security와 Safety의 개념적 특성[2)]

Security는 안보(安保) 또는 보안(保安)이라는 의미로 무언가 안전(Safety)하지 않

2) 변상호, 안전의 개념과 특성에 따른 그 관리적 성향의 차이에 관한 이해, 2014년 겨울호, 소방안전지, 소방안전협회. http://blog.daum.net/noelson/16637463.

은 것을 안전(secure)하도록 보호해애 함을 뜻한다(Charles G Oakes, 2012)[3]. 즉 Security는 인간의 악의적인 행동으로 인한 피해를 예방하고 감소시키며 적절히 대응하는 것이며, 반면에 Safety는 안전사고, 인적재난, 자연재해와 같은 우발적 피해를 예방하고 감소시키기 위해 적절히 대응하는 것으로 구분할 수 있다. 〈표 1〉과 같이 Security는 피해의 원인이 인간의 악의적이고 고의적인 행위의 결과로 인한 것이라는 점에서 사람들의 뜻과 상관없이 우발적인 사고로부터 자신의 보호라는 Safety의 개념과는 구분할 수 있다.

〈표 1-1〉 Safety와 Security의 일반적 개념[4]

구 분	Security	Safety
대상유형	인간의 의도적인 적대행위 - 침략, 테러, 간첩, 범죄행위	인간의 의사에 반한 사고 - 안전사고, 인적재난, 자연재해
대응방식	침략·침입·적대행위에 대한 방어	관리부실 및 개인과실 방지
책임소재	거시적: 국가, 정부 미시적: 개인, 단체	개인우선→단체→정부 (*정부는 사회공공안전의 보호 책임)
정부역할	적대행위 방어, 대처, 처벌	안전관리, 안전교육, 지도, 계몽 부실관리 규제, 유사 시 구조 대응

*자료: 변상호(2014), 전게서, p.113

Security는 침략, 테러, 간첩, 범죄행위와 관련 된 국방, 치안, 정보 등의 분야로서 국가적 안보(National Security)는 인간의 고의적인 적대행위로 인한 위협으로 인한 국가적 위기상황에서 국가적인 거시적 가치를 보호하기 위한 것이다. 따라서 고의적인 위협이나 적대행위를 방어하는 거시적인 안보 및 보안을 지키는 책임은 우선적으로 공권력을 가진 국가에 있다. 또한 정부는 절도, 폭행 등 미시적인 위협으로부터 대처하고 범법자를 체포하여 처벌하는 일을 하지만 위해행위에

3) Oakes, Charles G, (2012), Safety versus Security in Fire Protection Planning, The American Institute of Architects; Knowledge Communities, May 2009, Retrieved on June 22, 2011.

4) 변상호(2014), 「재난과 재난관리정책의 재해석에 기반한 '재난대응 수행원칙'의 도출과 검증」, 한국행정학보(제48권 제2호), p.113.

대하여 보안은 개인에게도 책임이 따른다. 그러나 개인의 자기방어 대비책은 법 테두리 안에서 극히 제한적이기 때문에 개인들은 자신의 생명과 재산 등의 보호와 안전확보를 위해선 정부의 Security기능에 더욱 의존적일 수밖에 없다.

반면에 화재사고, 교통사고, 산업재해 등과 같은 개인적인 과실이나 시스템의 고장, 노후 및 불량, 관리부실 등 사람들의 비의도적인 문제로 인하여 신체적, 재산적 피해가 발생하는 위험(Hazard)으로부터 미시적인 가치의 보호를 뜻하는 안전(Safety)은 개인적 책임이 가장 우선 시 된다. 정부는 사회공공안전의 보호책임을 수행하기 위하여 개인 또는 기업이 안전(Safety)을 잘 관리하고 있는지를 점검하고 부실관리의 규제를 통하여 안전관리를 지도해야 한다. 아울러 사람들이 위험으로부터 자신의 안전(Safety)을 보호할 수 있도록 안전체험, 안전상식 등의 학습을 쌓도록 지도하고 계몽할 수 있다. 또한 개인 또는 기업의 대처능력을 벗어난 인적사고, 자연재해 등 대형재난에 대비하여 국가차원의 안전관리(National Safety)를 위하여 정부 또는 지방자치단체는 사람들의 생명과 재산을 보호해 줄 수 있는 구조대, 소방대 등과 같이 만약의 사태에 대비할 수 있는 정부의 역할과 장치가 충분히 준비되어 있어야 한다.

2) Security와 Safety의 관리의 성향적 구분

〈표 1-2〉 Safety와 Security의 관리적 성향 구분[5)]

구 분	Security	Safety
관련조직	군 · 경찰 · 검찰 · 정보 · 교도 등 -안보 및 보안기관	소방 · 방재 · 교통(자동차, 항공기, 선박)산업 · 전기 · 가스 · 식품위생 · 환경 · 보건 등 -안전관리기관
조직특성	관료화, 계층화 등 기계적	전문화, 학습화, 분권화 등 유기적
정보유통	폐쇄적, 제한적, 비밀유지	공개적, 확산적, 학습강조
리더십 유형	명령, 지시 등 권위적	지원, 참여, 위임 등 합리적
의사소통 경향	수직적, 일방적	수평적, 쌍방적
관리방법	침입방지, 시건, 보안, 통제 (공격, 방어무기배치, 처벌)	개방, 보호, 안내, 지도 (예방점검, 보수, 대비, 규제)

*자료: 변상호(2014), 전계서, p.113.

3. 사고(Accident)의 개요

1) 사고의 개념

안전과 더불어 항상 존재의미를 가지는 사고는 인간에게는 위험의 상태로 인해서 육체부분, 사고, 이상, 정신, 정서, 재산 등 많은 부분에서 심각한 결과를 초래하게 된다.

일반적으로 논하는 법적 한계의 사고는 미국안전회의(National Safety Council)에서 정의한 '인간을 사망·손상케 하거나 재산에 손실을 주는 예측치 못한 사건'이라고 기술하였고, 세계보건기구(WHO)는 '첫눈으로 보고 그것을 상해라고 알 수 있는 예기치 못한 사건'이라고 정의하였다. 그러나 이 두 정의에서는 육안으로 보는 것, 인체의 사망과 손상 및 재산의 손실만을 주로 의미하고 있기 때문에 정신적 질환의 유발, 심리적 이상상태 및 눈으로 식별할 수 없는 체내의 문제 등은 찾아 볼 수 없기 때문에 올바른 정의라고는 할 수 없다.

즉 사고는 동상, 화상, 정신이상, 신체, 그리고 그 인생이 지향하는 삶의 목표달성에 저해 요인이 되는 병질의 것이나 외상 등을 막론하고 말할 수 있는 것이다.

따라서 사고는 그 타고난 체질과 정기, 정서와 이념을 통해 추구하는 목표달성을 저해하는 인간의 내면세계와 외면상의 모든 손실을 망라한다고 정의할 수 있다.

전통적으로 안전을 위하여 다음과 같은 2가지 방법으로 사고를 다루어 왔다.

○ 사고방지책(accident prevention):

예기치 않게 발생하는 사고요소들을 제거하는 방법이며, 예를 들면 가정에서 화재위험에 대해 조절하는 것으로, 전기소켓이 지나치게 과열되지 않도록 하는 것, 창고에 화재잠재성 물질들을 미리 적절하게 집밖에 저장하는 것 등을 말한다.

5) 변상호(2014), 전게서, p.113.

○ **사고의 감소(accident mitigation):**

예기치 않은 사건에 의해 초래되는 손해를 줄 이는 방법의 개발을 말하며 가정에서 화재소화기, 연탄가스탐지기 등을 설치하며 유사 시 탈출계획을 수립하는 것들을 포함한다. 사고감소를 위한 노력은 사고요소를 막는 것이 아니라 그 요소를 조절해서 안전한 결과를 갖게 하는 것이다.[6)]

2) 사고의 분류

(1) 인적사고와 물적사고

① **인적사고 :**

사고의 발생이 직접 사람에 상해를 입히는 것으로 이것을 사람의 동작에 의한 사고, 물건의 운동에 의한 사고, 접촉 흡수에 의한 사고의 3종류로 분류할 수 있으며 전도(넘어짐, 미끄러짐, 발걸림 등), 추락(떨어짐), 충돌(부딪히는 경우), 협착(狹窄: 틈새에 끼임, 말려들음), 격돌(激突 : 비래물(飛來物)이나 회전체가 부딪히는 경우), 압중(壓重 : 중량물이나 낙하물 밑에 깔리는 경우), 감전, 중독(中毒),질식 등

② **물적사고 :**

간접적으로 사람의 상해에 관련되는 것이 많지만, 가령 상해가 일어나지 않아도 사고로 취급해야 하는 것도 있다.

물적사고는 결과로서 생산설비시설 등의 파괴, 소괴(燒壞), 오손(汚損) 등의 손실을 초래하여 생산정지라는 큰 경제적 손실을 초래한다. 물적사고의 분류는 폭발, 화재, 파괴, 분출(噴出), 누설, 절단, 비산, 낙하, 붕괴, 도괴(倒壞), 부식, 탈선, 누전, 정전, 기타.

이와 같은 물적사고 또는 인적사고는 우연히 발생하는 경우가 없다. 사고의 발생에는 반드시 원인이 있고, 그 원인을 제거함에 따라 사고의 발생을 방지할 수

6) 권봉안 . 정순광, "청소년 수련원의 실태조사를 통한 안전교육 필요성의 고찰", 「청소년 안전교육 실천 방법모색」, 2001년도 하계학술세미나, 2001, pp.52~53.

있는 것이다. 사고의 개념을 피해와 명료하게 구분해서 생각한다면 피해의 발생은 우연에 의한 것이며 사고의 발생은 우연한 것이 아니고 확실한 원인에 의해서 발생하는 것이다. 따라서 사고의 발생을 예측한다면 그에 대한 방지대책도 사전에 제시가 가능한 것이다.

(2) 자연적 재해와 인위적 재해

① 자연적 재해

천재(天災)라 불리는 재해로 미연에 방지하는 것이 불가능하므로 되도록 빨리 예견하여 피해를 최소한으로 줄이는 대책을 수립해야 한다.

– 지진, 태풍, 홍수, 번개, 이상기온, 가뭄, 적설, 동결 등

② 인위적 재해

인재는 대부분 인간의 과실이나 부주의로 인해 발생하며 예방이 가능하다.

○ 공장재해 : 공장, 사업장, 연구소 등의 화재 및 폭발, 노동상해, 공업중독, 직업병, 기기장치 고장 또는 파괴, 공장의 공해 등

○ 광산재해 : 광산의 낙반재해, 갱내 화재, 가스폭발 및 중독, 탄진(炭塵)폭발, 석탄 자연발화, 광해(鑛害) 등

○ 교통재해 : 차량충돌, 탈선 및 전복, 위험물의 수송사고 등

○ 항공재해 : 항공기 추락 및 폭발 등

○ 선박재해(해난) : 선박화재, 폭발, 충돌, 침몰, 좌초, 표류사고 등

○ 도시화재 : 도시의 주택, 점포 등 건물의 화재 및 소화활동에 따른 파괴와 손해

○ 도시공해 : 도시가정의 난방, 지동차 소음 및 배기, 생활하수구 등에 의한 환경오염 등

○ 가정재해 : 가정생활에 따른 중독, 질식, 추락 등

○ 공공재해(군중재해) : 특정장소에 모여 있는 군중에 의한 재해[7]

---

7) 김용수 · 김창은 · 심종칠, 『안전공학론』, 한올출판사, 1998, pp.41~44.

3) 안전사고

안전사고란 안전 교육의 미비 또는 부주의로 일어나는 사고를 말하며, 고의성이 없는 어떤 불안전한 행동이나 상태가 선행되어 작업에 지장을 주거나 작업능률을 저하시키며, 직접 또는 간접적으로 인명이나 재산의 손실을 가져올 수 있는 사건을 말한다.

(1) 안전사고 분류

① **인적사고 :** 사고발생이 직접 사람에게 상해를 주는 것

가) 사람의 동작에 의한 사고 : 추락, 충돌, 협착, 전도, 무리한 동작 등
나) 물체의 운동에 의한 사고 : 위험물 낙하, 비래, 토사나 구조물 붕괴 등
다) 접촉, 흡수에 의한 사고 : 감전, 이상온도 접촉, 유해물 접촉 등

② **물적사고 :** 상해는 발생되지 않더라도 경제적 손실을 초래한 사고
- 화재, 폭발, 파열 등

(2) 안전사고 발생원인

〈표 1-4〉 사고의 직접적 원인

불안전한 행동(인적 요인)	불안전한 상태(물적 요인)
위험 장소 접근	물체 자체의 결함
안전장치의 기능 제거	안전 방호 장치 결함
복장 · 보호구의 잘못 사용	복장 · 보호구의 결함
기계 · 기구의 잘못 사용	물체의 배치 및 작업 장소 결함
운전 중인 기계장치의 손질	작업 환경의 결함
불안전한 속도 조작 및 위험물 취급 부주의	생산 공정의 결함
불안전한 상태 방치, 불안전한 자세 및 동작	경계 표시 · 설비의 결함, 기타

〈표 1-5〉 사고의 간접 원인

기술적 원인	교육적 원인	관리상 원인
건물·기계 장치 설계 불량	안전 의식의 부족	안전 관리 조직 결함
구조·재료의 부적합	안전 수칙의 오해	안전 수칙 미 제정
생산 공정의 부적당	경험·훈련의 미숙	작업준비 불충분
점검·정비 보존 불량	작업 방법의 교육 불충분 유해 위험 작업의 교육 불충분	인원배치 부적당 작업지시 부적당

① **인적 요인**

*심리적 요인 : 망각, 고민, 집착, 판단 착오 등
*생리적 요인 : 피로 누적, 수면 부족, 신체 기능 저하, 고령 등
*환경적 요인 : 직장 내 대인 관계, 리더십 결여, 팀워크 결여 등

② **설비 요인** : 기계 설비 결함, 정비 및 점검 미흡

③ **작업적 요인** : 작업정보 및 방법의 부적절, 작업공간 부족, 작업환경 부적합 등

④ **관리적 요인** : 안전관리 및 교육·훈련부족, 적성배치불충분, 건강관리 불량 등

4) 하인리히법칙(Heinrich's Law: 1:29:300)

하인리히 법칙(Heinrich's Law)이란 사고원인의 상관성에 대한 법칙으로 요약적으로 말한다면, 대형사고가 발생하기 전에 그와 관련된 수많은 경미한 사고와 징후들이 반드시 존재한다는 것을 밝힌 법칙이다.

큰 사고는 우연히 또는 어느 순간 갑작스럽게 발생하는 것이 아니라 그 이전에 반드시 경미한 사고들이 반복되는 과정 속에서 발생한다는 것을 실증적으로 밝힌 것으로, 큰 사고가 일어나기 전 일정 기간 동안 여러 번의 경고성 징후와 전조들이 있다는 사실을 입증하였다. 다시 말하면 큰 재해는 항상 사소한 것들을

방치할 때 발생한다는 것이다.

1931년 허버트 윌리엄 하인리히(Herbert William Heinrich)가 펴낸 「산업재해 예방 : 과학적 접근 Industrial Accident Prevention : A Scientific Approach」 이라는 책에서 소개된 법칙이다. 이 책이 출간되었을 당시 미국의 트래블러스 보험사(Travelers Insurance Company)라는 노재보험회사(勞災保險會社)의 부장을 하고 있던 H. W. 하인리히가 사고(事故)·재해(災害)에 대한 자료에서 철저한 조사를 수행한 데이터에서 확립한 법칙으로. 즉, 큰 사고의 이면에는 중간 사고가 29건, 사소한 작은 사고가 300건 발생하고 있다고 하는 법칙으로, 운전사고(運轉事故)에도 적용된다고 한다.

〈표 1-6〉 하인리히 법칙

1	29	300
중대사고 (Major incident)	경미사고 (Miner incident)	사소한 사고 및 전조 (Near misses)

업무 성격상 수많은 사고 통계를 접했던 하인리히는 산업재해 사례 분석을 통해 하나의 통계적 법칙을 발견하였다. 그것은 바로 산업재해가 발생하여 중상자가 1명 나오면 그 전에 같은 원인으로 발생한 경상자가 29명, 같은 원인으로 부상을 당할 이라고도 부른다. 즉 큰 재해와 작은 재해 그리고 사소한 사고의 발생 비율이 1:29:300이라는 것이다. 즉, 큰 사고의 대책만이 아니라 부각되지 않는 중간 사고(中事故)·작은 사고(小事故)에 대한 해석도 필요로 한다.

사소한 문제가 발생하였을 때 이를 면밀히 살펴 그 원인을 파악하고 잘못된 점을 시정하면 대형 사고나 실패를 방지할 수 있지만, 징후가 있음에도 이를 무시하고 방치하면 돌이킬 수 없는 대형사고로 번질 수 있다는 것을 경고한다.

하인리히 법칙은 노동현장에서의 재해뿐만 아니라 각종 사고나 재난, 또는 사회적·경제적·개인적 위기나 실패와 관련된 법칙으로 확장되어 해석되고 있다.[8)]

8) 네이버백과사전, http://100.naver.com/100.nhn?docid=927751(검색일: 2012.01.10)

4. 안전교육

1) 안전교육의 개념

교육은 일반적으로 '인간이 삶을 영위하는데 필요한 행위를 가르치고 배우는 과정이며 수단이라고 정의된다. 인간형성의 과정이며 사회개조의 수단이다.

교육을 통해 인간은 선천적인 힘이 자발적, 창조적으로 개발되기도 하며 후천적으로 계획된 목표나 방향의 가능성에 장애가 되는 것을 억제해준다.

합리성, 능률성, 자동성, 편리성들을 추구하는 현대 사회에서의 특성은 불가피하게 교통사고, 안전사고, 공해 사고 등을 유발하게 되며, 본의 아니게 고귀한 생명을 희생시키거나 상해를 입게 한다. 따라서 안전 교육이란 최대의 노력을 다해서 이러한 희생을 줄이기 위한 예방적인 목적을 갖는다. 예방적인 의미를 강조하는 관점에서 안전 교육의 개념을 살펴보면 다음과 같다.

안전 교육이란 일반적으로 안전을 위협하는 여러 요소로부터 건강한 생활을 유지하기 위한 적극적인 방법으로서 사고의 위험을 사전에 방지하여 사고율을 줄이고, 사고에 대한 대책을 마련하여 그 피해를 줄이기 위한 방법을 주된 내용으로 하는 교육을 의미한다. 즉, 안전에 대한 바람직한 행동의 변화와 태도 및 능력을 기르는 것을 목표로 하는 교육으로 정의할 수 있다.

안전교육이란 평소의 생활을 통하여 신체적 부상이나 때로는 생명을 위협할 수도 있는 모든 요인을 미리 알려주고 사전에 예방하게 함으로써 한사람의 생명도 잃지 않고, 한사람도 다치는 일이 없도록 하는 교육이다.

이러한 예방적인 개념과 함께 안전 교육을 실시하기 위한 경험 내용을 포함시킨 정의를 살펴보면 다음과 같다.

안전교육이란 상해, 사망 또는 재산의 피해를 일으키는 불의의 사고를 예방하는 것으로서 안전행동에 기여하는 습관, 기능, 태도 및 지식에 긍정적으로 영향을 미치는 경험의 총체(한국교육개발원, 1995)이다. 즉, 안전 교육에는 안전을 위해 필요한 사항을 이해시키는 지식의 교육, 위험요소를 예측하고 미리 예방하거나 신중히 행동하는 태도의 교육, 안전하게 행동할 수 있는 기능의 교육이 함께 포함되는 교육이라고 할 수 있다.

Worick는 안전교육(Safe Education)의 개념을 흔히 상해, 사망 또는 재산피해를 불러일으키는 불의의 사고를 예방하는 것이라고 하였다. 안전교육은 교육이라는 수단을 통하여 일상생활에서 개인 및 집단의 안전에 필요한 지식, 기능, 태도 등을 이해시키고 자신과 타인의 생명을 존중하며, 안전한 생활을 영위할 수 있는 습관을 형성시키는 것이다. 즉, 개인과 집단의 안전성을 최고로 발달시키는 교육이며 근본적으로는 인간생명의 존엄성을 인식시키는 것이다.

여기서 Florio의 정의를 기초로 안전교육을 세분화하면 다음과 같다.

첫째, 안전교육은 일상생활 전 영역에서 안전을 위해 필요한 사항 등에 관해서 이해시키고, 안전의 규칙을 지키며, 안전하게 행동할 수 있는 능력을 기르는 것이다.

둘째, 일상생활 속에 잠재해 있는 위험을 예측해서 항상 안전상의 위험을 확인하고, 정확한 판단으로 안전하게 행동할 수 있는 태도와 능력을 기르는 것이다.

셋째, 자신이나 타인의 안전생활을 존중하고 학교, 가정, 지역사회 등에서 안전하게 역할을 수행할 수 있는 태도와 능력을 기르는 것이다.

즉 안전교육은 일상생활에서 일어나는 사고를 미연에 방지하고, 불의의 재해나 돌발적인 사태가 발생했을 때에는 생명을 지키기 위해서 취해야 할 심신 양면의 행동을 지도할 목적으로 실시하는 교육이며,[9] 재해나 사고를 방지하고 안전을 목적으로 행하는 교육. 즉, 재해나 사고의 예방 및 그 피해를 최소한으로 줄일 수 있도록 신체 상해나 건강장애의 원인·예방·위험의 제거 등에 관한 지도, 안전에 대한 지적(知的)이해와 지도를 통하여 실천 능력을 높일 것을 목적으로 한다.

학교에서는 교통안전, 환경 안전, 재해에 대한 안전훈련, 사고의 처치에 관한 내용을 다룬다. 그 밖에 가정에서의 안전 교육, 직장 지역에서의 안전 교육 등이 있으며 기계적 장애, 전기·약품·가스·화재 따위에 의한 장애 등 안전을 위협하는 모든 것에 대한 안전 교육을 생각할 수 있다. 재해와 사고를 미연에 방지하고 피해를 최소한으로 막기 위하여 체육 운동을 통해서 민첩성이 뛰어난 강인한 체력 단련을 해 두는 것도 바람직한 안전 교육의 하나이다.[10]

---

9) 네이버백과사전 http://100.naver.com/100.nhn?docid=106968(검색일:2012.01.07)
10) 네이버지식사전, http://terms.naver.com/entry.nhn?docId=451766(검색일:2012.01.07)

안전사고는 가정, 교육기관, 기타 우리의 생활환경 어느 곳이라도 안전하지 못하거나 부모나 교사의 안전 지도가 소홀할 때 일어날 수 있다. 따라서 이러한 우발사고는 질병과 마찬가지로 예측 가능한 범위 안에서 발생하며 성인의 철저한 사전대책이나 감독에 의해 관리될 수 있다는 특징이 있다.

우발적인 사고를 예방하기 위한 방법은 크게 두 가지로 사고가 일어날 수 있는 환경적 요인을 개선하는 것과 사고를 유발할 수 있는 인간의 행동을 교육을 통해 변화시키는 것이다.

따라서 각종 사고를 방지하기 위해서는 안전시설과 설비를 완비하는 일 뿐만 아니라 사고에 대한 부모나 교사의 올바른 인식이 중요하다. 그러나 무엇보다도 중요한 것은 사고에 대한 유아 자신의 바른 인식과 이를 예방하기 위한 철저한 안전교육 일 것이다. 교육을 통해 얻어진 지식이나 태도는 단순한 지시나 감독에 의한 것보다 영구적인 효과를 갖게 되므로 특히 유아나 학생들을 대상으로 한 안전교육은 매우 중요하다.

사고 예방을 위한 안전교육은 어렸을 때부터 시작하는 것이 효과적이므로 안전에 관한 올바른 지식과 태도를 유아기부터 확립시킴으로써 위험 예지 능력 및 이에 대처할 수 있는 능력과 태도를 길러 주어야 할 것이다.

2) 안전교육의 유형

(1) 지식교육

- 재해발생의 원리를 통한 안전의식 향상
- 작업에 필요한 안전규정 및 기준 습득

(2) 기능교육

- 안전작업 기능 향상
- 위험 예측 및 방호장치 관리 기능

(3) 태도교육

- 표준작업방법 습관화
- 지시전달 확인 등 태도의 습관화

3) 안전교육의 원리[11)]

안전교육의 원리는 다음과 같이 크게 네 가지로 분류하여 생각해 볼 수 있다.

〈표 1-7〉 안전교육의 원리

일회성의 원리	단1회의 교육일지라도 실시 여부에 따라 생존과 사망을 결정할 수 있는 특성
지역적 특수성의 원리	지형, 산업, 인구구조 등 지역적 특수성을 고려한 교육 실시
인성교육의 원리	인격에 관한 교육, 타인의 생명을 존중하고 복지에 관심
실천의 원리	교육을 통하여 안전태도 및 습관 형성, 잠재적인 위험상황을 예측할 수 있고 올바른 대처능력 및 기술 습득

(1) 일회성의 원리

모근 교육에서는 직접 경험을 하는 것이 교육의 효과가 가장 높으나 안전과 관련 된 사고(Accident)는 직접 경험할 수 있는 것이 아니므로 안전교육은 시행착오로 는 배울 수 없는 지식이다. 그러나 안전사고와 관련하여 단 1회의 교육이라도 그 실시 여부에 따라 생존과 사망을 결정할 수 있는 특성이 있다.

11) 국민안전처, 생애주기별 안전교육길잡이 지도서 제1권, p.9.

(2) 지역적 특수성의 원리

안전교육은 지형, 산업, 인구구조 등 지역적 특수성을 고려하여 그 지역에 맞는 교육을 실시하여야 한다. 예를 들면 해변 지역에서는 수상안전을, 복잡한 교통구조를 가진 도심에서는 그 환경에 맞는 교통안전을 강조하여 실시할 수 있다.

(3) 인성교육의 원리

안전교육은 자신의 생명 및 안전뿐만 아니라 타인의 생명과 안전도 존중할 수 있도록 해야 하는 교육으로 스스로 및 타인을 존중하고 타인의 안녕과 복지에도 관심을 갖도록 하는 인격에 관한 교육이며 인성교육이 수반되어야 한다.

(4) 실천의 원리

안전교육은 지식의 전달 뿐만 아니라 이를 통하여 안전태도, 안전에 필수적인 습관을 형성할 수 있어야 한다. 또한 안전지식과 태도를 바탕으로 잠재적인 위험상황을 예측할 수 있고 올바른 대처기술을 습득할 수 있도록 하는 실천교육이 반드시 수반되어야 한다.

4) 안전조치

우리 일상생활 중에서 안전의 목적을 달성하기 위해 접근하는 방법으로서 가장 바람직한 것은 여러 가지 형태로 존재하는 위험들을 근원적으로 제거해 주는 것이다.

그러나 이들 위험은 대부분 여러 가지의 형태로 존재하고 있어서 이것들을 근원적으로 제거하는 것은 쉽지가 않다. 따라서 근원적으로 위험을 제거하는 것이 곤란한 경우에는 이러한 위험이 전재함으로써 사고가 발생할 가능성이 어느 정도인가를 예측하여 어떠한 방법으로 이 사고의 위험성을 감소시킬 것인가 하는 것이 중요한 관점으로 대두된다. 사고발생의 가증성인 위험성이 감소되면 상대적으로 안전성이 증가하기 때문에 그만큼 사고방지와 재해예방의 효과를 얻을 수 있게 되는 것이다.

(1) 근원적 안전조치

이것은 위험에너지의 양을 위험하지 않은 정도로만 사용하든가 또는 위험원을 구조적·성능적으로 변형 또는 대체하여서 처음부터 위험하지 않도록 해 주는 조치로서, System을 설계하는 과정에서 Fail Safe와 Fool Proof의 개념이 기본적으로 포함되도록 안전설계를 하는 조치라 할 수 있다. 인간의 불안전한 행동이 어느 정도 존재하더라도 설비측면에서 근원적으로 안전을 어느 정도 유지해 주기 때문에, 안전에서는 가장 바람직한 안전조치로 보고 있고 또 적극 권장하고 있는 조치이다. 그러나 이 조치는 많은 설비투자를 요구하는 부담이 있다.

(2) 방호적 안전조치

근원적인 안전조치가 매우 곤란할 때, 그 다음으로 취할 수 있는 안전조치이다. 이것은 위험에너지에 대해서 격리와 차단의 기본개념으로 접근하는 방법이다. 이것은 위험에너지가 노출되는 부분을 덮개로 덮거나 , 가-드, 울타리 등으로 막아서 작업자나 다른 기계·설비가 서로 접촉하지 못하도록 하거나 또는 안전장치를 부착하여 에너지의 상태가 위험한 상황으로 되는 것이 감지되면 기계·설비나 공정이 정지하도록 하여 안전을 유지하는 방법 등을 말하며 현재 우리나라의 각종 작업현장에서 널리 활용되고 있는 안전조치이다. 그러나 방호적 조치의 결점은 기계나 설비를 수리정비하기 위해 이러한 방호조치를 자주 탈착하는 경우, 작업이 끝난 후 다시 조립하는 것을 생략하여 위험을 그대로 노출시키는 경우가 많다는 점이다. 따라서 안전점검을 실시할 때에는 바로 이러한 부분들을 철저히 점검하는 것이 필요하다.

(3) 보호적 안전조치

위의 두 가지 조치가 모두 곤란할 경우, 마지막으로 취할 수 있는 안전조치는 보호적인 안전조치로서, 이것은 작업자에게 각종 보호장구를 착용하도록 하는 것이다. 그러나 보호장구의 착용은 습관이 들이지 않은 사람에게는 상당히 불편을 주기 때문에 보호장구를 착용하고 작업을 하거나 활동을 한다는 것은 습관이 들 때까지의 상당한 노력이 없이는 어려운 일이다. 따라서 가능한 보호장구가 필요 없는 작업장을 만들기 위해 노력하여야 하며, 이러한 노력으로도 도저히 해결할 수 없어 보호장구를 착용할 수밖에 없는 상황이 되면 모든 가능한 방법을 총동원하여 작업자들이 보호장구를 착용하고 작업에 임하도록 하여야 한다.

(4) 표시적 안전조치

위의 세 가지의 안전조치는 위험도를 낮출 수 있는 직접적인 안전조치이지만, 이와는 달리 위험을 직접 통제하지는 않지만 이에 못지않은 중요한 안전조치가 있는데 그것은 다름 아닌 간접적인 안전조치로서의 표시적 안전조치이다. 위험을 확인하기 어려운 장소나 착각하기 쉬운 곳, 또는 발견 된 위험이 당분간 방치될 수밖에 없는 상황이 전개되었을 때에는 이에 대한 위험을 다른 사람에게 알릴 수 있도록 하는 안전표지나 경고표지를 설치한다. 사람은 자신을 보호하려는 자기방어 본능이 있기 때문에 위험이 있다는 것을 알려만 주어도 바로 안전한 행동을 하려고 한다.

안전표지 및 경고표지에는 위험에 대한 표지뿐만 아니라 주의, 지시, 안내 등의 표지도 있으며, 이러한 각종 표지들은 안전교육의 역할을 대신할 수도 있는 중요한 의미를 함께 가지고 있다. 그러나 이러한 안전표지는 시간이 지나면 그 효과가 떨어져 버리기 때문에, 그 이전에 위험자체를 통제하는 직접적인 안전조치를 반드시 강구해야 한다.[12)]

5. 안전문화(Safety Culture)

우리나라는 1960년대 이후부터 경제개발 정책을 추진하여 한강의 기적이라고 불리는 눈부신 경제성장을 이룩하였다. 그러나 성장우선주의 정책과정에서 안전비용은 무시되기 일쑤였다. 즉, 눈앞의 성과에만 급급한 나머지 안전은 뒷전으로 밀리고 "빨리빨리"란 말이 우리나라를 상징하는 말처럼 되어버렸을 정도로 우리

12) 김두현 · 김상철, 「생활과 안전」, 도서출판 동화기술, 2003, pp.16~17.

국민들 사이에는 조급증이 널리 유포되었다.

그 결과 성수대교와 삼풍백화점 붕괴, 경기 화성 씨랜드 등을 비롯하여 최근 몇 년 사이 태안 해병대 캠프사고, 세월호 침몰사고, 마우나 리조트 붕괴사고 등 소중한 목숨을 앗아간 안타까운 참사는 대부분 후진국형 안전사고로서 엄청난 사회적 비용이 지불되었다. 즉 우리나라에서는 1995년 이전까지는 안전문화에 대한 인식 부족과 민간주도의 비체계적인 활동만을 펼쳤으나, 사회 곳곳의 다양한 대형안전사고. 붕괴사고 발생이후, 안전에 대한 국민의 관심이 고조되면서 정부주도의 안전관련 법령이 제정되고 효율적인 협력체제 구축을 위한 노력 등이 시작되었다.

최근 대형사고의 재발방지대책에는 반드시라고 말할 정도로 '안전문화의 조성'이라는 말이 자주 거론된다. 안전문화는 최고경영자부터 제일선까지 공공조직이나 기업 전체의 행동원리로 확립해 가는 것이라고 한다.

'안전문화'라는 말이 일반적으로 사용되기 시작한 것은 1986년 체르노빌 원자력발전소 사고 직후에 개최된 국제원자력안전자문위원회의 회의에서 원자력발전소의 대형사고를 방지하기 위해서는 '안전문화의 고양'이 가장 중요하다고 결론 내렸을 때부터라고 말해지고 있다.

그 후 ILO는 1997년에 지속가능하고 공평한 성장을 위해서는 세계에서 합의한 기술, 품질기준, 관리 등을 조화한 '안전문화'가 필요하다고 표명하였고, 또 ILO-OSHMS 가이드라인 인사말에서도 안전문화의 용어를 사용한 바 있다.[13)]

안전문화라는 용어는 1986년 소련 체르노빌 원자력 누출사고에 따른 원자력안전자문단(INSAG)의 보고서(Post Accident Review Meeting on the Cher Accident)에서 처음 사용되었다. 국제원자력자문단은 안전문화의 의미를 "조직과 개인의 자세와 품성이 결집된 것으로 모든 개인의 헌신과 책임이 요구되는 것이다." 라고 했으며, CCPS(미국화학공업협회)에서는 "공정안전관리를 정확히 실시하기 위해 모든 구성원이 공동으로 안전의식을 가지고 참여하는 것이다." 라고 하였다. 즉 개인과 조직의 안전에 관한 자세와 의식, 규제의 필요성에 따른 행동의 일원화가 필요한 차원에서 의미를 부여하고 있다. 이들이 내세우는 안전문화지침으로는 첫

13) 안전저널(http://www.anjunj.com)

째, 본질적으로 의문을 제기하는 자세를 가져야 하고, 둘째, 자만의 방지와 최상에 대한 의지를 가져야 하며, 셋째, 책임의식과 조직의 규제능력 함양이다.

안전문화란 안전제일의 가치관이 모든 활동 속에서 의식 관행이 안전으로 체질화되고 또한, 인간의 존엄성과 가치의 구체적 실현을 위한 행동양식과 사고방식, 태도 등의 총체적 의미이다.

산업안전분야에서 안전문화(Safety Culture)란 사업자나 개인이 작업 환경에서 '안전'이라는 목표에 도달하는 방식의 하나로써 "안전에 관하여 근로자들이 공유하는 태도나 신념, 인식, 가치관"을 통칭하는 개념이다.[14)]

그러나 안전문화에는 여전히 모호한 측면이 있고 그 개념에 대해 국제적으로 합의가 이루어져 있다고 말하기는 어렵다. 그런 만큼 안전문화를 구체화하려는 노력이 뒤따르지 않으면 안전문화는 자칫 의식개조론으로 흐르거나 메아리 없는 공허한 외침으로 끝날 수도 있다. 안전문화의 콘텐츠를 채우는 작업이 중요한 이유가 여기에 있다. 보통 우리들은 무엇인가를 의식한 순간에 그 무언가에 대해 접근할 건지 떨어질 건지 무시할 건지 등의 대응을 판단하고 있다. 즉, 의식하는 것이 다음의 행동, 자기방위의 단서가 된다. 안전도 동일하다. 의식한 순간에 위험수준은 훨씬 저하된다. 결국 안전의 반대는 무의식이다. 그렇다면 위험의 요소를 놓치지 않고 의식하는, 알아차리는 그러한 감성이 넘치는 것이야말로 안전문화가 정착되어 있는 상태라고 할 수 있다.

안전문화는 한마디로 '지키는 것', '의식하는 것', '전하는 것', '바꾸는 것'이라는 4가지 요소로 집약할 수 있다. 안전문화에 관한 문헌에 설명되어 있는 안전문화의 개념은 대략적으로 다음과 같이 정리될 수 있다. 먼저, 룰(rule)을 '지키는' 문화가 정착되어 있어야 한다. 아무리 우수한 룰이라도 지키지 않으면 아무 소용이 없다. 이를 위해서는 납득할 수 있는 최고경영자의 방침에 의해 왜(why) 룰을 지켜야 하는지가 이해되어 있는 것이 전제가 된다. 이 최고경영자의 방침은 위에서 그저 바라보는 시선이 아니라, 최고경영자 자신이 선두에 서고 전원이 노력하는 그러한 자세가 아니면 전원이 납득하여 룰을 지키는 마음의 공유로 연결되지 않는다. 물론 지키지 않는 룰은 없애거나 수정하는 용기도 필요하다. 두 번째는 이

14) 위키백과, https://ko.wikipedia.org/wiki/%EC%95%88%EC%A0%84_%EB%AC%B8%ED%99%94(2017.12.4.)

상함이나 위험함을 '의식하는' 감성이 전원에게 가득 차 있어야 한다. 회사에서 상식으로 통하는 것이 비상식인 경우도 얼마든지 있을 수 있으므로, 이상함을 의식하고 그것을 말하는 용기, 의식하기 일보 전에 왜 이렇게 되어 있는가를 생각하는 습관이 몸에 배어 있는 것이 필요하다. 의식하기 위해서는 지식이 필요하고, 이를 위해서는 교육, 학습이 필요하다. 이것은 "아는 만큼 느끼고, 느낀 만큼 보인다."는 유홍준 교수의 말과 일맥상통한다. 세 번째는 '전하는' 것이 습관화되어 있어야 한다. 의식한 것을 전하는 것, 지적 · 제안된 것을 진지하게 받아들이는 자세가 당연하게 여겨지는 것이 중요하다. 이것이 되지 않으면 모처럼 낸 용기도 중도에 끝나버린다. 아차사고발굴활동도 활발히 제안되는 것뿐만 아니라 그것을 모두가 생각하는 습관의 정착도 함께 요구된다. 그리고 네 번째가 '변한다'고 하는 적극적이고 유연한 분위기이다. 의식한 것이 전달되어 모두가 납득할 수 있으면 거기에서 변화시켜 가는 것이 진보이다. 이것이 한층 심화된 의식을 낳는 토양이 되고, 그 반복에 의해 안전문화가 육성되어 간다. 결국, 안전문화가 조성되어 있는 상태란 정비된 조직분위기 속에서 적극적인 커뮤니케이션과 대응이 이루어지는 상태라고 말할 수 있다. 안전문화가 추상적인 구호 수준을 넘어서려면 안전문화의 구체적인 의미를 충분히 이해하는 것이 필요하다. 안전문화가 잘 조성되어 있는 대표적인 회사로는 듀퐁사를 예로 들 수 있다. 듀퐁사가 오래 전부터 안전보건방침과 목표를 표명하고 10대 원칙을 설정하여 실천하는 등 회사 전체적으로 노력을 하는 모습은 우리들이 안전문화를 생각하는 데 있어 반드시 참고해야 할 사례이다.[15)]

안전문화의 정의에 의한 안전관리의 3대 원칙은 행동양식의 일차적 변화와 안전제일의 가치관 정립, 안전의식의 무의식적 표출이다

안전문화운동의 3대 기본원칙을 바탕으로 안전문화를 조성하고 홍보매체 등을 통해 안전에 관한 사회여론을 조성하는 것이다. 안전문화를 이루기 위해서는 본질적으로 의문을 제기하는 자세, 적당주의를 배제하는 자세, 개인의 책임감 고양, 안전으로 충만 된 사고방식 등을 통해 국민생활의 전반에 안전에 관한 태도 관행 의식을 체질화해야 한다.

---

15) 안전저널, http://www.anjunj.com

Chap. 2

행사장 안전관리

제2장 행사장 안전관리

최근 국제화, 개방화, 다양화의 경향으로 각종 체육 · 예술 · 문화 등과 같은 수익성 대규모 행사들은 기존의 활동범위를 넘어서 필연적으로 대규모 행사추세에 있는데 이는 86.아시안게임, 88.올림픽, 93.대전엑스포, 2002년 한일 월드컵 등의 국제행사, 국내행사 뿐만 아니라 각 지방단체, 민간단체가 경쟁적으로 벌이고 있는 다양한 지방 문화행사 등 그 숫자를 헤아릴 수 없을 정도로 급격히 증가하고 있다.

그러나 반면에 사회현상과 정치문화의 다양한 변화로 각종 범죄의 흉포화, 전통적 가치관의 혼란, 안전의식의 몰락 등으로 여러 종류의 대규모 행사진행 시 국민의 자발적인 질서의식 보다는 불편 등 자기중심적으로 변화되고 있어서 압사사고 등으로 인한 인명피해는 물론 국제적 행사를 비롯한 각종 행사의 원활한 진행에 잠재적으로 큰 위협요인이 되고 있다.

대규모 행사장의 운집된 군중에 의한 크고 작은 혼란사태 및 사고는 선진 외국은 물론 우리나라에서도 경험한지 오래이다. 그 대표적인 사례로 2005년 10월3일 경북 상주 '가요콘서트' 녹화연장 참사사건[1],과 1996년 10.16일 과테말라 마테오플로레스 스타디움의 관중 81명 압사 사고[2], 2006.2.4일 필리핀 마닐라 교외의 한 경기장에서 열린 인기 TV게임 쇼의 관객들이 한꺼번에 몰려들면서 최소 74명

1) newsen@newsen.co.kr.
2005.10.3일 개천절인 경북 상주에서 열린 상주 자전거 축제에서 열릴 예정이었던 MBC 성인가요프로그램 '가요콘서트'의 녹화 현장에서 군집, 입장하던 상주시민 11명이 압사하고 100여명이 중경상을 입는 참사가 벌어졌다.

2) http://blog.naver.com/sempee98.
1996년 10월 16일 과테말라에서 있었던 '98월드컵 예선전. 과테말라는 코스타리카를 맞아 마테오플로레스 스타디움에서 경기 2시간 전, 정원 4만5천명의 경기장에 6만 여명의 관객이 입장하면서 입장객 일부가 위에서 아래로 밀리는 사태가 발생. 이 날 사고로 81명이 압사하고 147명이 중상을 입었다.

이 사망하고 500여명이 부상하는 사고[3])는 행사장의 군중통제 실패의 전형이라 볼 수 있다.

전국 각 지방자치단체 등이 열고 있는 지역축제에서 발생한 안전사고 사상자가 2005년 10월 경북 상주 자전거축제 콘서트 압사사고, 2009년 2월 경남 창녕 화왕산 억새 태우기 현장 사고 등 대형사고 외에도 알려지지 않은 크고 작은 사고가 많은 것으로 드러나면서 안전관리대책 마련이 시급하다는 지적이 나온다.

2008년 10월 충남 공주·부여 '백제문화제'에서도 행사 카메라 플래시 등에 놀란 말에서 기수가 떨어져 중상을 입었고 그해 4월 경남 진해 '군항제'에서도 꽃마차를 끌던 말들이 행사장 폭죽 소리에 놀라 날뛰다 승용차에 충돌, 관람객 2명이 다쳤다. 2007년 9월 충남 금산 '인삼축제'에서는 활쏘기 행사 도중 경기보조원이 화살에 맞아 목숨을 잃었다. 2008년 10월 강원 삼척 '소방방재장비 엑스포'에서는 화재 대피용 완강기 하강 시연을 하던 사람이 보조 연결고리가 끊어지면서 추락해 사망하기도 했다.

교통사고나 익사사고도 많았다. 2008년 10월 충남 계룡 '계룡문화축제 지상군페스티벌'에서는 병영 체험장 인근에서 한 초등학생이 행사용 셔틀버스에 치여 숨졌고 같은 해 5월에도 충북 제천 '자동차마니아 페스티벌'에서도 퍼레이드 묘기를 부리던 오토바이가 인도로 돌진해 1명이 사망하고 1명이 부상을 당했다. 2007년 7월 경남 합천 '황강 레포츠축제', 2005년 7월 경북 영주 '강수욕 축제' 등에서는 어린이 익사사고가 발생했다.[4])

대형 사고가 발생했을 때마다 간헐적으로 지역축제나 행사장의 안전성 문제가

---

3) www.segye.com.
필리핀과 브라질에서 지난 주말 대형 압사사고가 연달아 발생했다. 필리핀에서는 4일 오전 마닐라교외의 한경기장에서 열린 인기 TV 게임쇼에 관람객들이 한꺼번에 몰려들면서 최소 74명이 사망하고 500명 이상이 부상하는 사고가 일어났다. 필리핀 압사사고 희생자는 대부분 나이 든 여성이었으며, 이들은 마닐라 파시그시티 울트라 경기장 행사장의 좁은 철제문에 한꺼번에 몰리면서 부딪히거나 밟혀 숨진 것으로 알려졌다.
이날 ABS-CBN TV 네트워크가 주관한 인기 게임쇼 '워워위(Wowowee)'에는 100만페소(약 2000 만원)의 상금 외에 미니버스, 아파트 등의 경품이 걸려 있어 정원 1만7000석을 훨씬 뛰어넘는 3만명가량이 새벽부터 운집해 있었던 것으로 알려졌다.

4) 문화일보, '지역축제 잔혹사', http://www.munhwa.com/news/view.html?no=2009100901070827163002(검색일: 2012.01.27)

도마 위에 올랐지만, 자료에 나온 각종 안전사고 사례를 보면 안전불감증이 얼마나 심각한지 여실히 드러난다.

행사장은 다수의 관객이 제한된 공간에 모이는 장소이므로 화재, 정전, 혼잡사고 등 행사 진행과정에 수많은 위험 요인은 늘 잠재해 있으므로 안전관리에 대한 필요성은 그 어느 때보다 크게 요구되고 있다.

소방방재청은 2005년 10월, 경북 상주 시민운동장 사고와 2006년 3월, 서울의 한 놀이동산에서 발생했던 사고를 계기로 2006년 6월에 공연, 행사장에 대한 안전매뉴얼을 개발해 배부한 바 있다. 이 메뉴얼은 공연법, 경비업법, 체육시설의 설치, 유지에 관한 법률, 그리고 관광진흥법상 공연장 및 공연장 이외의 장소에서 국가기관이나 지방자치단체, 또는 민간단체 등이 주최하는 지역단위의 축제, 각종 공연, 또 이벤트성 공연이나 행사 등 문화예술과 체육행사 활동 영역에 포괄적으로 적용할 수 있다.

1. 군중심리

1) 군중심리의 개념

군중심리(群衆心理, crowd mind)란 많은 사람들이 모인 군중 속에 있는 사람은 자기 이상의 행동을 하게 되는데, 이러한 자기 개인이 군집(群集)의 한 성원이 되었을 때 일어나는 독특한 사회심리상태로 개별 주체의 일상적인 사고와 다르거나 혹은 같더라도 그 범위를 뛰어넘는 행동을 하게 되는 심리 상태를 말한다.

군집이 나타내는 심리특성으로는 성별 · 직업성격 · 지능 등의 차이와 무관한 심리적 동질성과, 폭력이나 단순한 영웅주의 등의 충동성, 군집의 무명성(無名性)에서 오는 무책임성, 감정의 고조와 그에 따른 이성의 약화로 인한 판단의 비합리성 및 의식범위의 축소에 따른 상상이나 억측에 의한 암시성 등을 들 수 있다. 이상의 행동은 사회적으로 위험하고 억제할 수 없는 집단난동 · 폭동 · 파괴를 일으키기도 한다.[5)]

군중행동을 야기하고 강화시키는 자극의 유형으로는 2가지를 들 수 있다.

첫째는, 군중 대부분이 느끼는 공통된 동인(動因)으로서, 예를 들면 화재가 발생했을 때 모든 사람이 그 위급으로부터 달아나려 하는 강한 동인 같은 것이다. 둘째, 동인과는 명확하게 구별해야 할 것으로서, 다른 사람이 동인에 쫓겨 하는 행동(화재 시 사람들이 큰 소리를 지르고, 당황하여 달리는 등의 행동) 그 자체를 보는 것이 동인이 되는 경우이다. 사람은 과거의 경험 속에서 다른 사람이 어떤 사태에 대하여 강한 반응을 나타내는 것을 보고 자기도 그와 마찬가지로, 또는 그보다 더 빨리 반응함으로써 보수와 강화(强化)를 받아 왔음을 체험한다. 이렇게 개인의 동인은 타인의 반응에 자극을 받아 상승하게 되어 결국은 군중의 흥분이 극에 달하게 되는 것이다.

군중행동의 규정인자는 다음과 같다.

① **상호자극작용** : 상호 간의 행동이 눈 · 귀 · 피부를 통해서 동인자극이 된다.

② **접근성** : 신체적 · 물리적 접근성뿐 만 아니라 라디오나 텔레비전의 사회적 접근성의 역할도 크다.

③ **인원수** : 군중을 형성하고 있는 절대수가 모여 있는 사람들에게 일치된 행동을 하게 하는 2차적 동인이 된다.

④ **리더의 권위 효과** : 사람은 어려서부터 연장자나 선배, 부모를 추종 · 모방하는 습관이 있어 이런 습관에 따라 리더를 추종한다. 또한 리더는 군중을 형성하고 있는 각 개인이 반사회적 반응을 일으킬 때 가지는 불안을 제거한다.

⑤ **자극의 반복** : 자극의 반복은 흥분을 누증시킨다.

⑥ **리듬** : 리듬은 군중반응을 쉽게 하는데, 간결한 구호일수록 군중행동을 강하게 한다.

군중의 공통심리는 다음과 같다.

① **무명성(無名性)** : 군중 속에 일체화되어 자기의식을 잃는다.

② **무책임성** : 개개인의 행동이 불분명하므로 책임소재가 불분명하다.

③ **무비판성** : 정보가 한정되어 있기 때문에 상상과 억측으로 판단한다.

④ **감정성** : 동인과 반응의 상승작용으로 격앙된 흥분 때문에, 또는 책임성과

5) http://terms.naver.com/entry.nhn?docId=511796(검색일: 2012.01.07)

비판성의 결여 때문에 감정적이 된다.

⑤ **암시성** : 군중의 관심이 하나에만 집중되어 있기 때문에, 의식의 범위가 좁아지므로 외부에서 가해지는 영향에 대한 저항성이 아주 낮다.

⑥ **친근감** : 무책임성 · 무명성 · 감정성 때문에 일체감과 친밀감을 느끼게 된다. 위기상태에서 위기를 피하여 도피하는 상황을 공황(恐慌:panic)이라 하며, 일정한 대상을 공격하는 군중을 폭도(暴徒:mob)라 한다. 이 2가지의 경우에 군중심리와 행동은 강렬하고 과장된 형태로 표현되나, 여러 면에서 반대되는 메커니즘을 가지고 있다.

① **리더** : 공황에 처했을 때 좋은 리더가 있으면 파멸적 상황을 피할 수 있으나, 폭도의 경우는 군중의 지향방향이 명확하여 파괴적 상황이 일어나기 쉽다. 소위 선동자가 그것이다.

② **구성원의 친밀도** : 공황에 있어서는 구성원 간의 친밀도가 두터우면 파국을 피하는 데 도움이 될 수 있다. 하지만, 폭동에 있어서는 친밀도가 두터우면 친밀감이 무책임성과 무명성을 증진시키므로 오히려 파괴력을 높여 준다.

③ **대상자에 대한 우월감** : 폭도들은 공격상대에 대해서 늘 우월감을 가지고 있는 경우가 많다. 그러나 이러한 우월감이 열등감에서 온 것인 경우, 이것은 계기만 있으면 폭발할 가능성이 많다.

④ **바이탤러티(vitality)** : 공황의 경우에는 생리적 쇠약이 난동상황을 초래하기 쉽다.[6)]

2) 군중심리의 종류

(1) 정상군중심리(Normal Crowd Psychology)

불특정 다수의 대규모 군중이 운집한 상황에서 안전사고가 발생하는 이유는 시설물 자체의 결함에서 비롯되기도 하지만 경우에 따라서는 평상시에 가지고 있는 정상적인 심리적 균형상태가 깨지고 이로 인해 보다 사태를 악화시키는 경향이 있다. 물론 불특정 다수의 군중이 모였다 하더라도 항상 위험한 상황이 발

6) 네이버백과사전, http://100.naver.com/100.nhn?docid=23644(검색일: 2012.01.07)

생하는 것은 아니지만, 일반적으로 정상적인 상황에서는 군중들은 호기심, 동정심, 안전수치심, 집단동질성 등과 같은 정상군중심리를 가지고 주어진 상황을 파악하게 된다. 정상군중심리는 구성원들 상호간의 신임, 충성, 단결 등의 내적심리 기재가 작동하게 된다.

정상군중심리는 정부와 국민간의 신임 · 충성 · 단결 등과 관련되어 있다.[7)]

〈표 2-1〉 정상군중심리의 특징

호기심리	새로운 상황에 직면했을 때 탐구를 통한 상황인식 및 문제이해를 하게 되는 심리
동정심리	다른 사람의 슬픔, 기쁨 등에 대하여 동질적인 감정을 갖게 되는 심리
안전심리	타인과의 상호작용 속에서 자신의 안전을 추구하는 심리
수치심리	타인의 시선을 의식하고 자신의 명예나 최면을 이식하는 심리
집단심리	사회적 동물인 인간이 타인과 어울려 집단을 구성하려는 심리

*참고: 최선우, 「민간경비론」, 도서출판 진영사, 2008, p.619,

(2) 이상군중심리(Abnormal Crowd Psychology)

대규모 군중이 운집한 상황에서 특별한 외부의 자극(욕망충동, 생명위협 등)이 주어지면 비정상적인 이상군중심리(Abnormal Crowd Psychology)가 발생하기도 하는데, 그 중에는 불만, 항거, 냉소, 파괴 등의 행위와 관련 된다.[8)] 예컨대 격렬한 시위현장, 월드컵과 같은 열광된 경기장, 대형화재가 발생한 호텔 등이 그 좋은 예이다.

7) 경찰대학, 「경찰경비론」, 1998, pp.10~11, 최선우, 「민간경비론」, 도서출판 진영사, 2008, p.619, 재인용.
8) 경찰대학,「경찰경비론」, 1998, pp.11~14, 최선우, 「민간경비론」, 도서출판 진영사, 2008, p.620, 재인용.

〈표 2-2〉 이상군중심리의 특징

정서의 충동성	정서적 평형작용의 붕괴로 슬픔, 두려움, 분노 등 개인의 강렬한 감정아래 주관적으로 경험하는 심리적 격동상태
추리의 단순성	추리의 일종인 이지적(理智的) 활동이며 대뇌사고의 기능으로서 개인이 혼자 있을 때에는 이지적 판단력이 지배하지만 군중 속에 있으면 정서적 충동에 크게 지배되는 현상
욕망의 확장성	사회적 평가와 제약 때문에 개인적으로 추구하지 못했던 누적된 욕망이 증폭되면서 군중 속에서 비합법적인 수단을 강하게 표출하는 심리상태
도덕적 모순성	개인이 군중 속에 있을 때 정서적 격동에 의하여 이지의 소멸과 욕망의 확장에 따라 개인이 군중 속에 들어가면 도덕관념이 모호해져서 모순된 가치체계를 동시에 갖게 되는 현상

*참고: 최선우, 「민간경비론」, 도서출판 진영사, 2008, p.620,

3) 군중관리의 원칙[9)]

대규모 군중이 운집한 상황에서는 때때로 무모하고 잔인한 반사회적인 행동이 일어나는 경향이 있는가 하면, 조금만 질서를 지키면 모두가 안전하게 대피할 수 있음에도 밀고 밀리는 혼잡의 와중에 대형 사고가 발생하기도 한다.

이와 같이 사람들이 큰 무리를 형성할 때 비합리적이고 비도덕적이며 퇴행적인 행동을 함으로써 사회 전반의 안녕 질서의 파괴와 인명 · 재산의 손실을 초래한다.

공연 · 행사장의 안전 확보의 성공은 군중통제(Crowd Control)보다는 효율적인 군중관리(Crowd Management)에 그 초점이 있다.

군중관리에 있어 공연 · 행사를 집행하는 안전관리요원과 공연 · 행사에 참가하는 군중은 서로 다른 철학과 생각을 가지고 있다는 것을 명심해야 한다.

○ 군중통제는 안전관리요원들이 수행해야 할 많은 사항 중 한 가지에 불과하고, 안전관리요원은 군중에게 지시 사항을 알려주고, 시설물을 안내하며, 위

9) 소방방재청, 공연 · 행사장 안전매뉴얼, 2007, pp.10~11. http://www.nema.go.kr의 내용을 참고, 인용하였음.

험지역이나 허가가 나지 않은 지역으로 군중이 들어가지 않도록 하는 일들을 수행한다.

○ 군중관리와 군중통제의 가장 기본적인 차이점은 군중통제가 군중에게 강압적인 방법을 사용하는 것이라면, 군중관리는 개개인이 아닌 대중에게 초점을 맞추고 있다는 것이다.

○ 효율적인 군중관리는 군중이 공연·행사를 즐기도록 하는 것이고 그들에게 지원·설득·제재를 적절히 잘 활용하는 것이다.

○ 지원은 규율이나 지시 사항에 대한 정보를 군중에게 제공하는 것을 말하는데, 이러한 지원을 통하여 군중이 자발적으로 협조할 수 있는 토대를 마련해야 한다.

○ 또한 설득을 통하여 상호 개인 간의 의사소통 스타일을 존중하면서 공연·행사에 참여하는 군중에게 바라는 바를 전달하고, 이러한 지원과 설득에 의하여 효율적인 군중관리가 이루어지지 않을 경우 최종적인 수단인 제재를 사용해야 한다.

○ 안전관리요원은 이러한 군중심리를 잘 이해하고 초기 단계부터 대응해 나갈 필요가 있다.

〈표 2-3〉 군중관리의 원칙[10)]

밀도의 희박화	제한된 면적의 특정한 지역에 사람이 많이 모이면 상호간에 충돌현상이 나타나고 혼잡을 야기하게 되므로 가급적 많은 사람이 모이는 것을 피하게 하는 것
이동의 일정화	군중은 현재의 자기 위치와 갈 곳을 잘 몰라 불안감과 초조감을 갖게 되므로 일정 방향을 향해 일정한 속도로 이동시켜 주위의 상황을 파악할 수 있는 여건을 조성시킴으로써 안정감을 갖도록 하는 것
경쟁적 사태의 해소	군중이 질서를 지키면 손해를 볼 수 있다는 분위기를 느끼게 되면 남보다 먼저 가려고 하는 심리상태로 인하여 혼란상태가 발생하므로 안내방송을 통해 질서를 지킴으로써 모두가 안전할 수 있다는 것을 납득시켜야 한다. 차분한 목소리로 안내방송을 하는 것도 한 방법임
지시철저	자세한 안내방송으로 지시를 철저히 해서 혼잡한 사태와 사고를 예방함

*참고 : 소방방재청, 공연·행사장 안전매뉴얼

4) 행사장 안전사고의 원인

사람이 몰리면 위험도 몰리게 마련인데 한꺼번에 많은 사람들이 갑자기 모여들면서 타박상이나 너무 흥분한 나머지 과 호흡이나 심장마비 증상이 일어나기도 하며 심지어는 압사사고도 발생한다.

또, 폭죽이나 불꽃놀이로 인한 화상도 일어나고 있는데. 어린이날 전북의 한 공원에서 풍선이 폭발하는 사고도 있었다. 낮 한 시쯤 어린이날을 홍보하는 대형 풍선이 대형 풍선이 땅바닥에 떨어져 있어서 호기심에 풍선 근처에 갔다가 갑자기 풍선이 터지면서 어린이 4명이 화상을 입는 사고가 발생하였다. 이와 같이 행사장 같은 곳은 여러 사람이 움직이다 보니까 통제가 어렵고 또, 각종 시설물 관리에 소홀해서 갑작스런 사고가 빈번하게 일어나고 있다.

대규모의 군중이 운집하는 행사장의 안전사고의 원인 및 그 종류를 보면 ①행사장소의 협소 ②주차장확보 및 차량통제 곤란 ③참여시민의 질서의식 부족 ④경찰·전경 등 치안인력의 지원상 문제 ⑤안전요원의 행사진행의 주최의식 부족 ⑥안전관리부문의 집행예산부족 ⑦안전 및 경비전문업체의 활용 미진 ⑧행사주관 부서의 행사·의전·안전에 따른 3중고 등 여러 가지가 있지만[11] 그 가운데서도 운집된 군중에 의한 크고 작은 혼란사태 및 압사사고의 경우에는 대체로 안전관리인력의 부족, 안전관리계획의 미비, 공연 주최 측의 안전불감증 등이 가장 큰 주요원인 및 문제점으로 지적되어 옴에 따라 정책적 노력, 실무적 차원의 행정적 노력, 국민의 질서의식과 같은 대응을 기울여 왔지만 우리 사회 곳곳의 공연 · 행사장에서는 아직 관중의 안전에 대해 무관심하거나, 무질서, 부주의, 안전불감증 등으로 인명피해 사고가 자주 발생하고 있으며 그 위험요소는 항상 도사리고 있는 실정이다.

대규모행사는 그 성격에 따라 주최, 수익성, 장소, 참가자 등 행사의 구성요소가 점점 다양하고 복합적이어서 전형적인 모델을 찾기가 쉽지 않다. 이에 반하여 일반적으로 행사주최자는 행사성공의 요체를 행사내용의 공감대 확산을 통한 수

---

10) 소방방재청, 공연 · 행사장 안전 매뉴얼, www.nema.go.kr

11) 이윤근, 민간경비론, 엑스퍼트, 2004, p.252,

익이나 홍보효과를 확대시키는데 주안점을 두고 있다. 따라서 행사계획도 이러한 점에 충실하려는 것이 일반적인 현상으로 그 외의 질서나 안전관리 등에 관한 계획은 소홀히 하는 경향이 있는 것이 사실이다.[12)]

(1) 안일한 사고방식과 관심 부족

○ 공연 · 행사안전의 1차적 책임자는 행사 주최자이나 행사 주최자는 공연 · 행사진행 · 의전에 많은 비중을 두고 질서유지나 안전관리는 소홀히 하는 경향이 있고, 이는 안전사고의 원인과 직결되고 있으므로, 설마하는 안전 불감증이 대형 안전사고를 유발한다.

(2) 현장 관리 능력 부족

○ 현장 안전관리요원들의 전문지식 부족으로 구체적인 임무와 행동요령에 대한 이해가 부족하다.(2005. 10. 3 상주공설 운동장 직3문에서 일어난 안전사고도 출입문을 관리하는 담당자가 현장상황을 제대로 예측하지 못하고 출입문 개방)

○ 현장 안전관리요원은 대부분 자원봉사자로서 전문 경비업체의 경비원에 비해 질서유지 및 안전관리요원으로서의 기본지식이 부족하다.

○ 공연 · 행사 경비(經費)를 줄이기 위해 무자격 경비업체에 경비용역을 줌으로써 안전관리요원들에 대한 관리와 감독이 소홀하다.(2005. 10. 3 「상주 MBC 가요콘서트」 경비책임을 맡았던 경비업체는 무허가였음)

(3) 동선 관리 소홀

○ 동선 관리는 장소 · 시설 등 구조물의 활용, 대상자 · 행사 스케줄 등 시간의 적절한 관리(지연), 이동 거리의 연장과 단축, 대상자별 이동로 · 통로의 분리 등 안전관리의 핵심적인 요소임

---

12) 송철호, 대규모행사 시 안전관리 작성 방법, 서울특별시 시민안전대책 워크샵, 2001, p.1, 이윤근, 민간경비론, 엑스퍼트, 2004, p.251, 재인용.

○ 충돌이 예상되는 열성팬, 응원단 간에 공간이나 동선을 사전에 분리하지 않아 분위기 과열 시 압사 · 집단충돌 · 폭력난동 상황으로 발전하는 수가 있다.

- 1992.02.18, 외국 인기그룹 뉴키즈온더블록 공연장에서 열광한 뒷좌석 관람객이 무대 쪽으로 몰리며 앞좌석 관객이 넘어져 사상자 발생(사망 1명, 부상 19명)
- 2000.10.14, 올림픽공원 합동콘서트장에서 팬클럽 회원 상호간에 야유하다가 물리적 충돌
- 2001.07.28, 프로축구 수원 對 대전 경기 직후 흥분한 양 팀 응원단이 수원경기장 밖에서 집단 충돌(수원 150명, 대전 80명)

⇛ 블록 설정과 시차별 간격을 두고 해산을 유도하여 자연스럽게 동선이 분리되도록 조치가 필요하다.

○ 수만 명 이상이 모이는 경기나 공연 등을 초청장이나 입장권 없이 선착순 또는 무료입장시키는 경우

⇛ 무료입장 공연 · 행사의 경우 특히 현장 동선관리가 중요하다.

○ 다수의 인원이 모이는 광장 등 개활지에 임의의 통제선을 설치하지 않는 경우

○ 다수의 인원이 일시에 출입문에 운집할 경우를 대비한 통제선 미설치

- 2005.10.03 상주운동장에서 개최 예정이던 「상주 MBC 가요콘서트」를 관람하기 위해 운동장 직3문 출입문에 모여 있던 관람객 5천여 명이 출입문이 열리자 일시에 밀리면서 압사 사고 발생(사망 11명, 부상 162명)[13]

---

13) 소방방재청, 공연 · 행사장 안전매뉴얼, 2007, pp.12~13.

2. 공연 · 행사장 단계별 검토사항

1) 공연 · 행사의 계획단계[14)]

(1) 공연 · 행사 단계별 계획 검토

- 준비단계의 계획에는 무대 위치, 통제선, 공연 · 행사장 내 대형 스피커 위치, 출입구, 비상 대피로, 응급처치실, 화장실, 가판대(매점) 위치까지 고려해야 한다.
- 설치단계의 계획은 기초 공사가 끝나면 나머지 공연 · 행사에 필요한 모든 장비 및 부대시설을 공연 · 행사장으로 들여와 설치한다. 예를 들어 공연 · 행사자에게 필요한 장비를 무대 위에 설치하거나 무대 밖 통제선 설치 구역에 필요한 장비를 인도하는 일이 여기에 해당한다.
- 공연 · 행사 단계에서는 관중운영 및 교통관리, 화재대비, 응급 처치, 공연 · 행사 중 발생할 수 있는 경미한 사고 및 대형 사고에 대비해 계획을 세운다.
- 철거단계의 계획 수립은 무대 및 막 시설에 설치된 관련 장비 및 부대시설이 안전하게 철거되도록 해야 한다.
- 3천명이상 모이는 공연 · 행사 주최자는 화재예방 및 인명피해 방지를 위한 조치사항 등의 내용이 포함된 재해대처계획서를 시장 · 군수 또는 구청장에게 제출해야 한다.

(2) 공연 · 행사장 설계 시 고려사항

❑ 최대 수용인원

- 최대 수용 인원은 관중 수용 면적 및 비상 탈출구 수에 따라 결정된다.
- 그 외연 · 행사장에 좌석이 비치될 경우 최대 수용 인원은 좌석이 차지하는 공간과 비상에는 수용 인구 밀도 수를 이용해 계산한다.

---

14) 전게서, pp.17~39.

❑ 비상 탈출구 및 대피로

- 공연 · 행사장에 필요한 탈출구 및 대피로는 예상 수용 인원과 공연 · 행사장 구조에 의거, 대피에 소요되는 시간에 따라 달라진다.
- 공연 · 행사장 담장에 비상 탈출구를 마련하고 관람객들이 쉽게 알아볼 수 있도록 표시한다.
- 출구 안팎으로 장애물이 없도록 한다.

❑ 공연 · 행사장 진입

- 공연 · 행사장 진입은 교통수단에 대한 계획 및 위치, 주차시설, 진입 도로에 관한 계획 등을 다룬다.
- 공연 · 행사장 진입로는 주차시설 위치에 따라 달라지며, 진입로는 최대한 여러 군데로 분산하여 한 곳으로 집중되지 않도록 한다. 아울러 진입로는 최대한 단순하고 찾기 쉽도록 하며 교차지점을 피하여 직선으로 만든다.

❑ 공연 · 행사장 입구

- 출입구를 같이 사용하는 공연 · 행사장이 있는가 하면 축구 경기장처럼 출구와 입구를 분리하는 경우가 있다. 출연자와 귀빈을 위한 출입구는 별도로 계획하여야 한다.
- 입구와 관련된 설계 및 위치는 필요한 입구 숫자와 어디에 위치할 것인지, 각 입구별 수용 가능한 최대 인원은 몇 명인지에 따라 달라진다. 관중이 질서 정연하게 공연 · 행사장 안으로 들어가기 위해서는 최대 수용 인원에 맞춰 입구를 충분히 마련해야 한다.
- 출입구의 출입문은 피난 방향으로 열려야 하며, 출입구의각 모서리 등은 안전사고 방지를 위한 보호조치를 한다.
- 출입로의 모든 문은 손잡이로 열리거나 또는 수평압력을 이용하여 스스로 밖으로 열려야 한다.
- 공연 · 행사장 출입구는 평지로 계획하여 안전사고를 예방한다.

❑ 관람객 시야

- 관중이 무대 중앙으로 몰리는 것을 막기 위해 관람객과 무대 사이에 시야를 방해 하는 장애요소가 있어서는 안 된다. 최대한 관람객 시야를 넓혀 관람객이 무대 앞으로 몰려 부상자가 발생할 가능성을 최소화 하여야 한다.

❑ 좌석 배열

- 관람객이 흥분하여 무대 앞으로 몰릴 위험이 있다고 판단되는 경우, 공연·행사를 좌석 공연·행사로만 계획하는 것이 바람직하다.
- 관람객을 위한 좌석과 입석은 그 자리에서 시야가 가려지지 않고 공연·행사가 어려움 없이 관람될 수 있도록 배치되어야 한다.
- 각 좌석 열 사이에는 관람객이 이동을 할 수 있는 공간이 있어야 한다.

❑ 경사도

- 앞쪽은 관중이 넘어지거나 다칠 경우를 최소화하기 위해 가능한 평지에 계획한다.

❑ 공연·행사장 기초 시설 및 무대 뒤 시설

- 공연·행사장 기초 시설은 공연·행사의 특성과 규모, 기간에 따라 달라진다. 전형적으로 관련 사무실, 휴식 공간, 작업자 및 공연·행사자를 위한 숙소, 분장실, 창고, 장비 등은 무대 뒤에 설치된다.
- 소방 장비, 진입로, 이동 공간, 음향장치, 응급처치실, 구급차, 안전 장비 등과 같은 요소를 고려해야만 한다.
- 기초 시설 및 작업장과 별도로 공연·행사자를 위한 공간도 계획한다.

❑ 소방 시설 및 응급 설비

- 주차장, 응급처치실, 대피처, 환자 대기소 등은 사전점검 후 눈에 띄는 지점에 설치한다.
- 소방 시설은 공연·행사장 곳곳에 비치하며 특히 각 시설물별 50m 이내에

비치하도록 한다.

- 비상 진입로를 마련하고 장애물이 가로막지 않도록 하여야 한다.

❑ 무대 앞 통제선과 배치

- 무대 앞 통제선(barrier)은 관중이 앞으로 몰릴 것으로 예측될 때 설치한다. 공연자 및 관중성향, 예상수용인원 등을 종합적으로 판단하여 통제선의 유형과 설치 유무를 결정한다.

❑ 안내판

- 설계시 안내판 설치 위치 및 크기는 매우 중요하다. 실내 공연·행사장 및 상설 공연·행사장의 경우 비상구, 소화기 위치, 입구, 주차장, 소방차 진입로 등이 표시 되어 있지만 야외 공연·행사에도 필요한 안내판이 설치되어야 한다.
- 안내판을 효율적으로 이용하기 위해서는 위치 안내 및 방향이 명확하게 표시되어 비상시 관람객 흐름을 원활히 할 수 있도록 해야 한다. 아울러 잘 보이며 쉽게 이해 할 수 있도록 해야 한다. 저녁시간의 어두울 때를 고려하여 조명이 들어 오도록 설치하여야 한다.
- 현장상황을 알리는 상황판을 비치하여 공연·행사 예상 소요시간 및 협조사항을 알려주고 관중의 질서유지를 유도하여야 한다.

❑ 위생 시설

- 화장실, 수도, 그 외 관련 위생 시설은 공연·행사 특성과 예상수용인원에 따라 달라진다.
- 화장실은 관중 시선을 방해하지 않은 곳, 사용 인원이 가장 많을 것 같은 매점이나 간이식당 근처로 배치한다.
- 화장실은 잘 찾을 수 있는 위치에 설치하고 안내 표지판을 설치하도록 하며, 줄을 섰을 때 공연·행사장 입구나 비상 진입로를 막아서지 않도록 한다.
- 수도시설은 주로 화장실 옆에 설치한다. 물탱크를 사용할 경우 충분한 공간과 배수로를 마련해야 한다.

❑ 예상 인원 초과

- 공연 · 행사 예상 인원이 초과했을 경우를 대비할 필요가 있다. 설계 시 초과 인원이 대기하거나 줄을 설 수 있는 곳을 미리 마련해 두는 편이 바람직하다.

❑ 전기설비

[전기설비 계획 시 체크할 사항]

- 머리위로 지나는 전력선이나 땅에 묻혀있는 전력선의 위치
- 현장의 전체적인 전력 필요량
- 전력 공급 망에 대한 접근
- 발전기의 이용
- 무대의 위치
- 무대 조명, 음향, 특수효과, 긴급 조명 그리고 승강장비에 전력공급을 통제하는 주절연체
- 음향, 영상 조정자 등의 위치
- 크레인이나 이동식 장비가 필요한 전력 공급

[전기설비 계획 시 고려할 사항]

- 간이식당 설비, 응급치료소, 사고 통제실, CCTV 카메라 등을 위한 전력 공급, 냉난방을 위한 전력 공급
- 자연조명이 충분하지 않은 공연 · 행사장과 어두울 때도 사용되는 공연 · 행사장은 전체 공연 · 행사장을 충분히 밝힐 수 있도록 전기조명 설비를 갖춰야 한다.
- 관중을 위한 공간과 이동로에는 관중의 안전을 저해시키지 않는 배선만 허용된다.
- 관중이 출입한 직후부터 공연이 끝날 때까지 관중이 이용하는 모든 통로와 공간은 충분히 조명되어야 한다.
- 안전조명장치는 관중이 있는 동안에는 항상 작동되어야 한다

❑ 폐기물 관리

- 폐기물 계약업체와 접근 또는 높이제한과 관련해 특별한 필수요건 즉, 차량의 주차공간 또는 쓰레기 수거차량이 협조하는 문제 등을 공연·행사계획에서 검토하여야 한다.
- 폐기물 저장소는 공연·행사장 주변에 배치하거나 또는 다른 구역 내에 배치할 수 있다. 저장소 선택과 크기, 위치에 대하여 주의가 필요하다.
- 폐기물 업체와 공연기간 동안의 수집 방법 즉, 공연·행사 전에 할지 또는 공연·행사 종료 후 할지에 대해 논의해야 한다.
- 대형 수집 장소에는 대형 차량의 무게를 견딜 수 있는 통행로가 마련되어 있어야 한다.
- 이동식 등 화장실에서 발생하는 오수처리문제에 대하여도 계획 시 처리방법을 검토하여야 한다.

❑ 장애인을 위한 시설 등

- 공연·행사장을 계획할 때, 특별한 보호가 필요한 사람들을 위해 어떻게 시설을 이용할 수 있는 지를 고려한다.
- 노약자, 장애인, 어린이(동반가족 포함) 전용 입·퇴장 통로 설치를 계획하여야 한다.

(3) 관중입장 및 매표방법

- 지정좌석제 가 아닌 공연의 경우, 입구가 개방되면 사람들이 무대 앞으로 한꺼번에 몰리면서 넘어지거나 부상당할 위험이 있다. 따라서 무대 앞쪽을 어떻게 관리하고 안내할 것인지 사전에 고려해야 한다.
- 입구를 개방하는 시점에서 관중이 한꺼번에 몰릴 경우에 대비해 안전선을 설치하거나 안전 요원을 배치하여 질서를 유지하여 현장위험을 예방하여야 한다.

❑ 현금판매

현금 지급을 통해 입장할 경우 관람객 입장을 원활히 진행하기 위해서는 입장권 가격을 큰 단위로 하여 거스름돈 교환으로 발생하는 불필요한 시간을 없애도록 한다.

❑ 티켓판매

입장권으로만 입장을 허용할 경우에는 현금 판매보다 입장 속도가 훨씬 빠르다. 현장에서만 매표할 경우, 매표소를 별도로 설치하도록 한다. 매표소가 쉽게 눈에 뛸 수 있도록 안내 표지판을 설치하며, 줄을 섰을 때 다른 입구와 서로 엉키지 않도록 위치 선정에 유의한다.

❑ 지정 좌석표 판매

지정좌석제의 경우 구역별로 판매되어, 관중 특성별(예: 자녀 동반하는 경우)로 나눌 수 있으며, 동시 입장도 가능하다. 지정좌석제의 경우 드문드문 자리가 비는 경우를 사전에 예방할 수 있으며, 관중이 늦을 경우에도 진행요원이 따로 빈 좌석으로 찾아 자리 잡거나 관중 이동을 유도하지 않아도 된다.

❑ 지정좌석제가 아닌 표 판매

지정좌석제가 아닐 경우 상대적으로 공연 · 행사 운영이 수월하다. 그러나 관중이 임의대로 자리를 잡기 때문에 중간에 빈 좌석이 드문드문 생길 수 있다. 이러한 이유로 지정좌석제가 아닌 표를 판매할 경우에는 수용 관중 수보다 좌석 수를 축소하여 판매할 필요가 있다. (공연 · 행사에 따라 5~10%정도 축소)

❑ 현장에서 표를 판매하지 않는 경우

공연 · 행사 전에 표가 매진되거나 현장에서 판매하지 않는 경우에는 매체를 통해 사전에 반드시 알려야 한다. 공연 · 행사장에도 관련 안내 표시판을 세워, 사람들이 불필요하게 대기하지 않도록 한다.

❑ 온라인(인터넷) 판매

유료 공연·행사장에서는 매표소의 혼잡을 방지하기 위하여 사전에 온라인이나 인터넷을 통하여 매표하여야 한다.

❑ 어린이 동반 입장

어린이는 짓밟히거나 압사의 위험이 있으므로 공연·행사 성격에 따라 어린이 동반 입장(특히 5세 이하의 경우)을 금해야 하는 경우가 있다. 어린이 동반을 금할 경우에는 사전에 미리 공지하도록 한다.

❑ 귀빈/VIP/제한 구역

귀빈 및 VIP, 공연·행사장 및 관련 스텝, 현장 작업자 및 공무원, 소방 등의 경우 진입로 및 출입구 역시 별도로 설치하여 일반 관람객이 몰리지 않도록 한다. 이들은 진행 요원이 쉽게 파악할 수 있는 별도의 표시를 하여 진행 요원의 입장 통제를 돕고 입장 지연을 방지할 수 있다. 별도 표시로는 특별 입장권을 만들거나 손목 밴드 등을 사용할 수 있다.

- 무료 공연·행사인 경우에는 공연·행사주최자는 수용 능력에 맞는 관중인원을 산정하고 구역별 지정 좌석 관람권을 인터넷 또는 예매처를 활용하여 사전에 배부하여야 한다.
- 가급적 인터넷 예매, 발권시스템 등을 활용하여 공연·행사 당일 매표로 혼잡하지 않도록 사전 조치하여야 한다.
- 공연·행사장에서 수용할 수 있는 인원 범위 내에서 입장하도록 통제하고 안내 방송을 통하여 홍보를 강화하여야 한다.
- 전화상 폭파 위협을 받았을 경우, 정확한 통화 기록과 함께 경찰을 통해 확인한다.

(4) 대형사고 대처(대응)계획 수립 시 고려사항

- 상황판단 핵심인력 확보

- 공연 · 행사 중지
- 비상 대피로 및 구조대 진입로 확보
- 공연 · 행사자, 근로자, 관중 대기 장소 확보
- 비상사태 안내에 관한 상세 항목 점검 및 진행 안전관리요원의 활동 중지
- 비상사태 처리 절차 및 선포수단 방법
- 대피 · 대기 수단 및 절차
- 응급 구조대의 도움을 받기 위한 대기 장소 확보
- 응급처치실
- 인근 병원 확보 및 이동경로 확보
- 관련 업무 담당자의 역할 개요 및 비상사태 발생 시 연락망/ 연락수단
- 비상 장비배치 위치 및 사용 가능성 여부

(5) 공연 · 행사장 주위 교통관리

- 교통관리 계획안은 공연 · 행사장 접근을 안전하고 편리하게 하며, 공연 · 행사장 밖의 교통 체증을 최소화 시킬 수 있도록 수립한다. 교통관리 계획안은 경찰 등의 협조를 구해야 한다.
- 공연 · 행사 전 임시 도로안내표지판 별도로 필요한지 사전 점검하도록 한다. 안내 표지판이 필요할 경우 관련 세부 사항에 대해 경찰 및 도로관련기관에 사전에 알리고 협조를 받아야 한다. 동의안이 수립되면 주변지역 거주민들에게 교통로 변경 및 그에 따르는 영향력에 대해 알려야 한다. 관중 대부분이 차로 이동 해 오는 공연 · 행사의 경우, 교통 안내 표지판을 설치할 용역 업체에 대해 고려해 보도록 한다.
- 교통정리를 담당하는 진행요원에게는 야광 장비나 우비와 같은 신체 보호 장비를 제공하도록 한다. 아울러 교통정리 관련 안전 교육을 실시하여 안전하게 교통정리를 할 수 있는 지점과 운전자 시야에 보이는 위치 선점 같은 부분을 잘 인식할 수 있도록 하여야 한다.
- 교통정리 관련 공연 · 행사장 내부와 외부 사이에 원활한 의사소통이 이루어지도록 교통 흐름을 정리하고 주차시키는데 필요한 적정한 안전관리요원을

배치하여야 한다.

- 공연·행사 주최자와 경찰, 주차관리팀 간 의사소통을 원활히 하여, 주차장이나 공연 진입로에서 사고가 발생할 경우 신속히 처리할 수 있도록 한다.
- 대형 공연·행사의 경우 교통관리 협력업체를 지정하여 경찰, 주차관리, 교통안내 표지판 계약업체, 도로관리부서, 관할 지역 지방자치단체와 긴밀한 상호 협력 관계를 유지하도록 하여야 한다.
- 도로안내 표지판은 쉽게 식별할 수 있도록 설치해야 하며, 주차장 수요정도가 충분해야 하며, 바닥은 주차 차량의 무게를 견뎌낼 수 있을 정도로 견고해야 한다.
- 필요할 경우, 지면 손상이 가지 않도록 혹은 우천 시를 대비해 내구성이 탄탄한 자재를 바닥에 깔도록 하여야 한다.
- 적정한 주차 공간을 확보하기 위해 예상 차량을 계산하도록 한다. 주차장에 진입하기 위해 대기할 경우, 원활한 교통 흐름을 방해할 수 있으며 경우에 따라 심각한 교통 혼잡을 초래할 수도 있다.
- 공연·행사 종료 후 주차장을 빠져나갈 경우 상대적으로 외부도로 상태에 미치는 영향이 적어 주변의 교통 혼잡이 적은 편이지만, 주차 차량의 출구를 허술하게 관리할 경우 초래될 문제점 또한 간과해선 안 된다.
- 주차 차량이 원활하게 공연·행사장을 빠져나갈 수 있는 방법을 강구하는 것 또한 매우 중요하다.
- 대체 노선 및 진입로에 대한 계획도 세워야 한다. 이는 주노선 및 진입로가 막힐 경우에 사용한다.
- 일반차량 및 버스전용 주차장의 경우 적절한 조명을 설치하고, 반사되는 안내표지판과 숫자·글자판을 부착하여 공연이 끝난 후 혹은 비상시 쉽게 찾을 수 있도록 한다.
- 일반차량과 버스주차장은 따로 분리하도록 한다. 대형 야외 공연·행사의 경우 주차장에서 공연·행사장까지 안내표지판을 설치하여 본인 차량의 위치 확인 및 이동통로에 대해 쉽게 파악할 수 있도록 한다.
- 공연·행사 전·후 관람객이 일시에 운집하여 혼잡에 따른 안전사고 발생위

험이 높으므로 주요통로, 인근 버스, 지하철정거장 등 공연·행사장 주변에 안전관리 요원을 배치, 교통시설의 유입인원을 통제할 수 있도록 유관기관 간 협력체제를 유지해야 한다.

- 특히 지하철 역사의 경우 대규모 인파 운집에 대비, 인파분산을 유도하기 위해 무정차통과 등의 안전대책을 사전에 유관기관과 협의하여야 한다.
  공연·행사관련 차량에 대한 별도진입로를 이용 할 수 있도록 계획하여야 한다.
- 일반 차량용 주차장과 장애인 차량용 주차장 (공연·행사장 근접지역), 버스, 셔틀버스, 귀빈 및 VIP, 공연 · 행사자, 소방전용, 현장 작업자별로 분리하도록 한다. 주차장이 만원 일 경우를 대비하여 공연 · 행사장 주변에 여분의 주차 공간을 확보해 두도록 한다.
- 비상시를 대비하여 응급차량 전용 출입구를 마련하고 이동경로 역시 별도로 설치하고 안전관리 요원 배치 계획도 세운다.

(6) 관중 진·출입동선 유도

차량 진입로와는 별도로 보행자 전용의 진입로를 만드는 것이 좋다. 만일 보행자 전용 진입로가 어려울 경우 셔틀버스를 운행하여 보행자를 한 번에 태우고 진입로에 들어서는 방법도 고려해 보도록 한다. 장애인이나 노약자를 위한 특별조치도 마련해 놓도록 한다. 보행자 전용로가 주차장이나 차량 진입로를 가로지르지 않도록 한다. 이것이 어려울 경우 안전교통관리방안에 대한 계획을 세우도록 한다.

(7) 관중 유도 요령15)

① 대열정렬

급격하게 줄을 좁히지 않도록 출입구와 같은 너비로 줄을 만드는 것을 기본으로 하여, 출입구 앞 공간의 상태에 맞추어 구불구불하게 사행시키거나 구역별로 줄을 세운다.

※구역별 정렬 : 사행, 구역별 정렬은 공연·행사장 입구 가까이에 도로 등이 있을 경우 관중 말미에서 도로로 불거져 나오는 것을 막을 수 있다.

〈표 2-4〉 대기정열 바른 방법

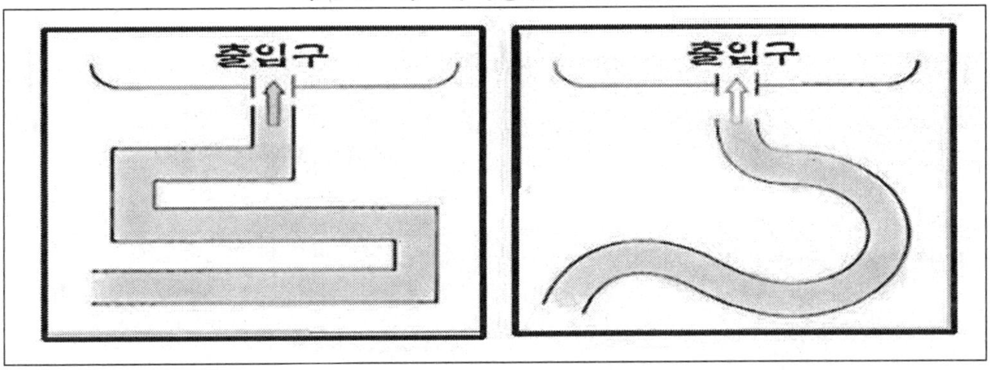

*참고: 소방방재청, 공연·행사장 안전매뉴얼, 2007, pp.31~32. http://www.nema.go.kr.

〈표 2-5〉 대기정열 나쁜 방법

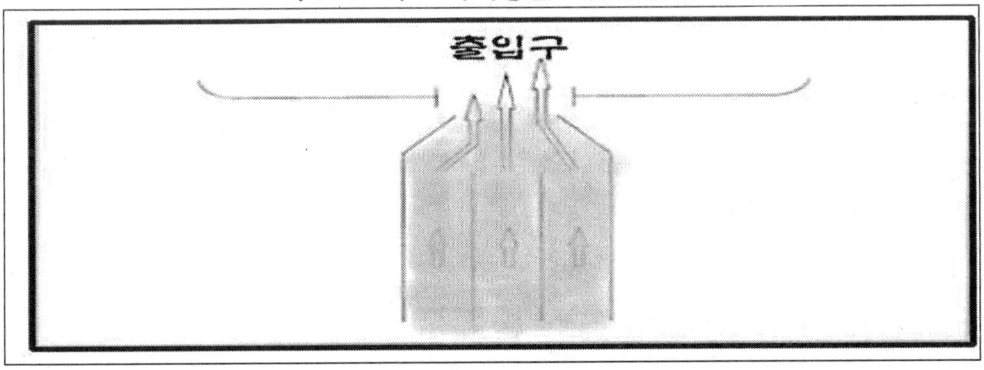

*참고: 소방방재청, 공연·행사장 안전매뉴얼, 2007, P.32. http://www.nema.go.kr.

---

15) 출처 : 「일본 효고현 혼잡경비 매뉴얼」,소방방재청, 공연·행사장 안전매뉴얼, 2007, pp.31~32.

② 선두 유도

개장과 동시에 관중이 앞을 다투어 뛰어나오는 현상(통칭 버펄로 현상)으로 인해 넘어지는 사고를 방지하기 위하여 선두 그룹을 억제하며 유도한다.

③ 분산유도~통칭 뗏목 타기

공연회장이 포화상태에서 전진이 불가능한 경우는, 대기 인원을 나누어 뒤에서부터 오는 관중의 압력을 완화하기 위하여 실시한다.

〈표 2-6〉 분산유도

*참고: 소방방재청, 공연 · 행사장 안전매뉴얼, 2007, P.32. http://www.nema.go.kr.

④ 분단

후방에서 다수의 관중이 밀려들어와 위험한 상태가 된 경우 또는 부상자 등을 구조할 경우에 실시한다.

(8) 안전관리요원 교육 및 배치 요령

❑ 모든 관련 조직 및 기관에서는 공연 · 행사 관련 업무를 제대로 교육시킬 책임이 있다. 관련 업무에는 무선통신 교육에서부터 업무 (결정)기록까지 전반

에 걸친다. 여기에는 사고 통제실(상황실)과 같이 공연 · 행사장 외부에 있으면서 관련 사항을 숙지하고 있어야 할 작업자까지 포함하여 교육을 받아야 한다.

❑ 공연 · 행사장내 행사 진행요원(안전관리요원, 안내요원, 출입구 통제요원, 귀빈접대요원 등)은 공연 · 행사 주최자가 확보하여 조치하여야 한다.

❑ 안전관리요원 배치에 따른 위험성 정도를 판단하는 경우 아래사항에 주의하여 배치를 계획하여야 한다.

- 출연자의 특별한 행위 및 성향 파악
- 관람객의 성향 파악
- 고르지 못한 바닥이나 장애물 등, 관람객의 원활한 흐름을 방해하는 요소
- 담장 길이, 무대 및 기타 지역의 통제선 유형

❑ 명령체계와 관련한 진행요원의 조직도를 작성하여야 하고 총괄 책임자를 선임한다.

❑ 안전관리요원의 임무와 점검사항을 포함한 계획서를 작성하여야 한다.

❑ 화재발생시 응급대처요령, 비상대피 및 폭파 위협에 대처, 환자 발생시 대처요령, 주차장 안내요령 등에 대한 교육을 받도록 하여야 한다.

❑ 공연 · 행사 진행 중에 발생할 수 있는 사고에 대비한 유관 기관별 조치사항을 계획하고 이들 조치가 원활하게 이루어 질 수 있도록 안전관리요원 및 안전관리자를 훈련하여야 한다.

❑ 모든 진행요원은 자기 임무와 관련된 충분한 교육훈련을 받아 임무 수행에 차질이 없도록 하여야 한다.

❑ 모든 진행요원은 화재 발생 시 응급 대처 요령, 비상 대피 및 폭파 위협과 같은 상황과 관련된 훈련을 받아야 한다. 관람석 뒤쪽을 관리하는 진행 요원의 경우 관람석 내 환자가 발생할 경우 즉시 현장 밖으로 인도하여 적절한 조치를 취할 수 있도록 훈련을 받아야 한다.

❑ 안전관리요원 배치인원은 공연 · 행사의 성격이나규모, 지리적인 여건, 출연자 및 관중 성향 등에 따라 다르므로 지방자치단체, 소방, 경찰 등이 참여하는 유관기관 대책회의 시 위험성 정도를 협의하여 필요인원을 배치하여 관중의 안전을 도모하여야 한다.

(9) 불꽃놀이 등 위험물 취급 시 안전관리

❑ 불꽃놀이 등 위험물을 사용하는 경우에는 관할 관청의 인·허가 등을 받아야 하며 이런 경우 사람의 안전이 충분히 확보되어져야 하며 이웃에 지장을 주어서는 아니 된다.

❑ 불꽃놀이 장치는 외부인 출입이 금지된 장소에서 안전하게 보관되도록 하여야 하며 또한 적절한 장치를 사용하여 타인의 손에 닿지 않도록 하여야 한다.

❑ 불꽃장치의 설치

- 설치된 불꽃장치에 대해 작업자와 일반인들을 고려한 예방조치가 제대로 취해졌는가?
- 외관과 장치가 폭발되었을 때 잔해의 위험성에 대한 예방조치가 취해졌는가?
- 불꽃장치의 소음수준은 사전에 고려되었는가?

❑ 불꽃놀이가 종료되면 불꽃이 남아있지 않은지 주변 지역을 잘 살피도록 하여야 한다.

❑ 불꽃놀이 시 폭음탄 등은 가소성 물질에 대한 전문지식이 있는 자의 감독하에 설치되고 태울 수가 있어야 한다.

❑ 불꽃놀이 시 폭음탄 등은 풍향을 고려하여 껍질이관중 또는 이웃에 떨어지지 않도록 발사하여야 한다.

❑ 사전 팬클럽 등의 화약류(축포, 분수불꽃 등) 사용을 감지하여 절대금지 시킨다.

❑ 실내 공연·행사장에서는 불꽃놀이 등 위험물질을 절대 사용하여서는 안 된다.

❑ 유관기관 주요 협의사항

- 공연·행사참여 예상 군중규모 예측
- 공연·행사진행 안전관리요원의 적정인원 평가
- 안전관리요원 배치장소 및 행동요령 숙지
- 안전관리요원에 대한 사전 안전교육실시
- 예상 문제점에 대한 해결방안 모색
- 유사시 기관별 역할 분담

- 사고발생 가능 시에 대한 사전 협의사항 수립여부
- 최악의 상황을 고려한 훈련실시

❑ 공연 · 행사참여 인원 사전파악

- 공연 · 행사참여 인원은 예약을 통해 확정하고 예측이 곤란할 경우 안전관리 요원을 추가 확보하여 배치하여야 한다.
- 선착순 무료입장 공연 · 행사 등은 지양하여야 한다.

❑ 공연 · 행사시 상황실 설치

- 공연 · 행사장내에 공연 · 행사주최자는 지자체, 경찰, 소방 등이 포함되는 상황실을 설치하여 원활한 상호협조체제를 구축하여야 한다.[16]

(10) 안전사고 관련 홍보

❑ 공연 · 행사 종료 시 일시에 인파가 몰리는 것을 예방하기 위하여 종료시간 전부터 일정 시간마다 종료예정 안내방송 실시한다.

❑ 공연 · 행사 시작 전에 관람객에게 안전관련 안내방송을 하도록 한다. 출구 위치 및 진행요원 위치, 비상시 대피요령과 같은 정보를 제공한다. 공연전과 공연중간 쉬는 시간에 분위기를 돋우는데 사용되는 비디오 영상도 군중관리 수단으로 쓸 수 있다. 비디오 영상을 통해 안전관련 정보 및 공연내 시설안내, 교통수단 등을 관람객에게 알려준다. 그러나 비디오 영상이 공연 · 행사장 내 모든 지역에서 보이지는 않으므로 정보를 제공할 수 있는 보완수단을 마련하도록 한다.

❑ 안내 방송은 대피로 및 안내표지, 시각적 표시(visual cues)등과 상호연계 되어야 한다. 위치를 알릴 때에는 명확하고 분명해야 한다. 사태가 심각할 경우 안내 방송 및 전광판 자막을 이용하고, 안전관리요원을 배치하여 안내한다.

❑ 대피행동요령, 사고 상황, 이동경로, 대피처 도착후 행동요령과 같이 핵심내용에 대해서는 반복적으로 안내하도록 한다. 대피하는 사람들에게 안내방송이 계속될 것이라는 것을 알게 해야 한다. 그렇지 않을 경우 잘못 들었나

16) 소방방재청, 공연 · 행사장 안전매뉴얼, 2007, PP.33~37. http://www.nema.go.kr.

싶어 도중에 현장 진행요원에게 확인하거나 다음 방송을 기다리며 멈춰 서서 흐름을 방해할 수 있기 때문이다. 상황이 변할 때마다 사람들에게 알리도록 한다. 변동사항이 없더라도 안내방송을 계속 내보내서 사람들이 개별적으로 문의하는 일이 없도록 하여 작업자의 부담을 덜어주도록 한다. 개별적으로 안내하는 것보다 방송이 더 훨씬 용이하고 효율적이다.

❑ 공연·행사 자체가 어린이를 대상으로 한 경우가 아니라면 광고 전단물에 어린이에게 적합한 공연인지 아닌지 그리고 어른들과 동행을 해야 하는지 여부 혹은 몇 살 이하는 입장이 안 된다는 내용을 명확히 표시하여야 한다.

❑ 공연·행사 개최장소를 찾는 관람객이 당일 혼란을 겪지 않도록, 개최일 수일 전에 공연·행사개최 내용을 홍보하여야 한다.

- 행사의 개요
- 차량 통행규제와 우회로
- 주차장 및 자전거보관소의 유무와 있는 경우 그 장소
- 공공교통수단 안내
- 공연·행사장 주변에 있는 보행자 등의 동선과 우회로
- 안내소, 구호소, 화장실 등의 장소
- 혼잡 예상 장소, 상황 및 그에 대한 협조사항
- 기타 사고를 방지하기 위한 필요사항을 분명히 해 둔다.
- 공연·행사 개최 전 공연 · 행사장 배치도, 관람 동선, 이용시간, 주차장 시설, 유의사항 등 행사전반에 대한 홍보를 실시한다.
- 공연·행사 중간에 질서유지를 위한 지속적인 안내방송을 반복 실시한다.
- 사람들이 현장을 모두 떠난 후에도, 공연 · 행사가 언제 다시 재개될지, 차량 인도는 언제 가능한 지, 공연·행사가 연기되거나 취소될 경우 행동요령의 안내가 필요하다.
- 광고전단물 또는 입장권 뒷면에 사고 발생시 비상 대피경로를 알기 쉽게 표시하는 것도 좋다.

(11) 노점상 관리

❑ 노점은 공연 · 행사계획과 관리에 포함하여 검토하여야 한다.

❑ 공연 · 행사장 설계 시 노점상에 대하여 아래사항을 고려하여야 한다.

- 가판대와 노점은 출입구 통행에 지장을 주지 않고 관중이 집중되지 않도록 그 위치, 크기, 공간에 대한 요건을 준수하여야 한다.
- 전력 공급이 필요한 경우, 공연 · 행사의 총 전력 공급량의 일부로써 고려해야 한다.
- 가판대와 노점에 대하여 차량 이동을 고려하여야 한다.

❑ 쓰레기 보관 및 수거방법을 정해야 한다.

❑ 가판대 및 매점 직원은 공연 · 행사장의 안전수칙을 숙지해야 하며, 특히 공연 · 행사장내 반입 가능 혹은 반입 불가능한 물건에 대해 잘 알고 있어야 한다.

❑ 동선 상 위험한 곳이나 관중이 집중되기 쉬운 공연 · 행사장 출입구 부근에는 노점을 세우지 않도록 하여야 한다.

❑ 매점 및 간이식당이 진입로를 막아선 안 되며, 공연 · 행사장 내 혼잡하지 않은 구역에 설치한다. 특히 간이식당의 경우 LPG 가스사용 등으로 인해 화재 위험성이 매우 높으므로 위치 선정에 더욱 신중을 기하여야 한다.

❑ 도로의 노점배치는 도로 한쪽에 배치하여 공연 · 행사에 지장을 주지 않도록 하여야 한다.

❑ 공연 · 행사 중 노점을 이동하지 않도록 하여야 된다.

❑ 노점상은 공연 · 행사장의 출입구 등 공연 · 행사에 지장이 없도록 일정구역에 설치하지 못하도록 하고, 안전관리요원을 배치하여 단속을 강화하여야 한다.

❑ 공연 · 행사장 내부에는 노점상이 들어오지 못하도록 단속을 실시하여야 한다.

(12) 관중 진 · 출입 관련시설물 안전

❑ 인파 집결 · 해산 등 이동에 따른 안내표지판 설치, 안전통로 확보 · 유지를 위한 유도시설물 설치를 확인한다.

❑ 출입구 등 인파 압박이 예상되는 곳에는 입장유도 안내선 설치로 일시 입장에 따른 군집현상을 방지한다.

❑ 퇴장 시에는 입장통제용 바리게이트 등 안내시설 사전 제거로 병목현상을 방지하여야 한다.

❑ 모든 방화문은 정상작동 여부 및 닫힘에 대한 점검이 정기적으로 이루어져야 하며, 자동폐쇄장치가 효율적으로 운영되는지도 점검해야 한다.

❑ 비상구가 관람석에서 잘 보이지 않거나 혼란을 일으킬 수 있는 경우, 비상구 유도안내판·비상구 유도등을 설치한다. 비상구 유도 안내표시판은 눈에 잘 띄는 위치에 설치해야 하며 가능한 지상에서 2-2.5m높이로 설치하는 것이 좋다.

❑ 비상구 및 비상통로 유도등은 시간에 상관없이 늘 켜져 있어야 한다. 야외공연의 경우 악천후에도 영향을 받지 않는 전천후형 이어야 하며, 밤에도 잘 보일 수 있도록 조명이 설치되어야 한다.

❑ 관중 규모에 맞는 적정 출입구를 확보하여야 한다.

- 관중의 동선이 가능한 한 직선상으로 출입구를 배치하고 경사로나 계단은 가급적 피한다.
- 관중 흐름이 서로 충돌하지 않도록 일방통행 원칙으로 한다.
- 출입구 통로에 장애가 될 만한 구조물을 사전에 제거하여야 한다.
- 출구 너비를 입구의 너비보다 좁게 하지 않는다.
- 통로계단, 로비, 현관, 통행로는 비상시 안전하게 탈출할 수 있도록 전체적으로 폭이 동일해야 한다.
- 비상대피로를 가로질러서는 아니 되며, 출입문이 90도 이상 열려야 하며 바닥에 단 또는 턱이 져서는 안 된다. 양쪽 모두 열릴 경우 반대편을 볼 수 있는 부분이 있어야 한다.

❑ 공연·행사가 진행되는 동안에는 출입문을 자물쇠나 사슬을 채워서는 안되며, 관계자 외에는 접근하지 못하도록 하여야 한다.

2) 공연 · 행사장 내부 혼잡 예상지역 검토[17)]

(1) 출연자 진 · 출입시설 및 안전거리 확보

- 만일 출연자가 관중들의 지나친 관심을 끌 것으로 판단될 경우에는 안전관리요원을 충분하게 배치하도록 한다. 특히 인기연예인, 평소 신변의 위협을 받는 출연자, Anti 팬들이 많은 출연자, 10代 팬들이 많은 출연자 등은 안전관리요원을 많이 배치하여야 한다.
- 공연 · 행사 후 출연자가 나갈 때 처음 진입했던 통로와 다른 통로를 이용하는 것도 한 방법이다.
- 출연자들도 일반관중과 마찬가지로 비상사태 발생 시 신속하게 대피할 수 있도록 사전에 진 · 출입 통로에 대해 알아두도록 하며 현장 도착 시 비상구의 위치를 숙지하도록 한다.
- 출연자의 현장 도착방법과 출입구의 계획을 미리 세우되 가능한 관람객들이 적은 시간대를 택해 혼잡을 피하도록 한다.
- 출연자를 만나거나 예약한 경우 적절한 보안절차를 거치도록 하며, 출연자와 연관 된 관계자의 수는 최소한으로 해 번잡해지지 않도록 하고 확실하게 통제하도록 한다.
- 공연 · 행사 도중 출연자가 대피통로를 쉽게 찾을 수 있도록 바닥램프를 설치하는 등 배려하는 것도 좋다.
- 출연자의 출입구는 가능하다면 관람객들과 달리 사용해야 하며, 무대와는 가까운 곳에 있을수록 좋다.

(2) 무대주변 혼잡예상지역의 안전성

- 무대와 관람석의 경계선이 명확하게 설정되어 있지 않은 경우 도구가 아니면 제 거할 수 없는 설비를 설치하도록 하며, 적정한 안전관리요원을 배치하도록 하여야 한다.

---

17) 소방방재청, 전게서, pp.51~58.

- 흰색, 적색의 테이프나 야광테이프로 관람석과 무대와의 경계선을 표시하도록 한다.
- 오케스트라 피트(Orchestra Pit), 덧마루(무대의 바닥을 부분적으로 높여야 할 경우에 쓰는, 일정규격을 가진 마루 형식의 무대장치), 리프트 등의 추락위험이 있는 무대사용일 경우 출연자들이 사고가 나지 않도록 별도의 안전대책을 강구하도록 한다.(예: 바닥램프사용, 가이드라인 설치, 안전띠착용, 안전그물 설치 등)
- 특히 관중들이 출연자를 가까운 곳에서 보기 위해 무대 앞으로 몰려나오는 과정에서 압사사고 및 구조물의 붕괴·추락이 예상되므로 이에 대비한 적절한 예방이 필요하다. 이를 위해 지정좌석제를 실시하는 것이 좋으며, 안전관리요원을 무대 앞쪽에 충분히 배치하여 사전에 위험요소를 제거하고 관중들이 동요되는 것을 막는 것이 좋다.
- 공연의 위험성 정도와 공연자 및 관중성향, 예상수용인원 등을 종합적으로 판단하여 통제선의 유형과 설치 유무를 결정한다.
- 무대주변에는 공연·행사의 특성상 구조물이나 스피커, 조명기기 등의 위험시설이 많기 때문에 이러한 시설물들이 추락위험이나 감전, 큰 소음 등으로 무대주변 관람객들에게 위협이 되지 않도록 철저한 점검을 하도록 한다.
- 공연·행사 중 화재나 구조물의 문제가 발생하는 경우 무대일 가능성이 더 높기 때문에 무대주변 관중들은 무대방향이 아닌 관람석 출입구를 통해 안전하게 대피하도록 유도한다.
- 대형공연의 경우 무대와 관람석 뒤쪽과의 거리가 너무 멀게 되면 무대가 안 보여 관중이 앞으로 몰리면서 압사사고가 발생할 우려가 있다. 이런 경우 대형 스크린을 곳곳에 설치함으로써 관람객에게 만족감을 주며 관중이 무대 앞으로 몰리는 상황을 막을 수 있다. 또한 스크린을 세울 장소는 충분한 여유 공간을 두도록 한다.

(3) 화장실 적정 확보

- 많은 수의 인원이 공연·행사장에 참석할 것에 대비해 충분한 화장실 시설이

갖추어져야 한다. 이를 위해 화장실의 위치, 진입로, 조명, 안내판, 변기수를 관중 수용가능 인원수가 모두 왔을 경우로 간주해 준비한다.

- 화장실은 각 구역 주변에 곳곳에 배치되도록 하며 혼잡과 대기행렬이 길어지지 않도록 한 곳에 집중되지 않게 해야 한다. 또한 장애인이 사용하는 데도 불편이 없도록 접근하기 편리한 위치에 배치하도록 한다. 중요한 점은 화장실의 대기 행렬이 비상대피로를 막는 일이 없도록 설계되고 관리되어야 한다.
- 화장실은 쉽게 눈에 띄고, 조명이 환하고, 안내판이 잘 보이도록 해야 한다. 만일 관중들이 일부 화장실에만 몰릴 경우 별도의 안내판을 잘 보이는 곳에 두어 인원을 분산시키거나 안내요원이 유도할 수 있도록 하여 혼잡을 줄일 수 있어야 한다.
- 공중화장실 등에 관한 법률 제7조 ①에는 '여성화장실의 대변기 수는 남성화장실의 대·소변기수의 합 이상이 되게 하여야 한다.'고 나와 있다. 이는 여성이 화장실을 이용하는데 걸리는 소요시간이 더 긴 특성 때문이며, 보통 남성화장실의 대·소변기수의 1.5 에서 2배 정도가 좋다고 전문가들은 말한다. 만일 적정수의 변기수를 확보하기 불가능하다면 휴식시간을 길게 잡는 등 인원을 시간차로 분산시키는 방법도 고려하여야 한다.
- 휠체어를 사용하는 장애인이나 그 외의 특별한 편의시설이 필요한 사람들을 위한 위생설비에도 만전을 기해야 한다.(예: 자동문, 인터폰 등)

(4) 공연 · 행사장 내 안전관리요원 배치

❑ 안전관리요원은 필요시 경찰이나 구조대를 지원하는 임무도 맡는다. 안전관리요원은 경비업의 허가를 받은 경비업자가 채용한 고용인으로 채용 후 일정기간의 교육과 비상대피훈련을 받은 안전관리요원을 배치하여 안전사고에 대비하여야 한다.

❑ 공연·행사 위험성 정도에 따라 안전관리에 필요한 진행요원의 숫자를 파악할 수 있다. 군중관리와 관련한 위험성 정도를 수행할 때에는 공연·행사장내 각 구역 현황 및 관중 규모와 성향에 대해 충분한 조사가 이루어져야 한다.

❑ 안전관리요원의 배치 중 가장 중요한 것은 바로 안전관리요원 위치이다. 관중들이 주로 이용하는 주출입구, 현장테두리, 통제선, 통로, 사고의 위험성이 있는 곳, 노점상단속 등을 총괄책임 안전관리요원이 판단하여 중요도 순으로 인원을 배치하여야 한다.

❑ 안전관리요원은 쉽게 확인할 수 있는 별도의 복장을 착용하되, 모든 관중 및 다른 진행요원과 자신의 안전보건 관리에 필요한 아래와 같은 임무 사항을 숙지하여야 한다.

- 공연 · 행사 안전관련 사전 점검사항을 실시한다.
- 현장 도면을 잘 숙지하여 관람객에게 필요한 정보를 잘 전달할 수 있도록 한다.
- 관련정보에는 응급처치, 위생시설, 편의시설, 기타부대시설 등의 위치를 포함
- 공연 · 행사 입장 및 퇴장 시 관중 통제 및 자리 안내, 공연 · 행사장 내 다양한 시설로 이동하는 관중의 원활한 흐름을 관리한다.
- 관중의 안전한 분산 배치 및 몰림 현상을 방지하기 위해 관중 상태를 점검한다.
- 통로 및 출구를 통제하여 공연 · 행사의 안전한 진행을 유도하며, 좌석 위로 올라가는 행위를 금지 시켜야 한다.
- 공연 · 행사 사고 및 문제발생시 즉시 보고하여야 한다.
- 쉽게 흥분하는 관중들의 행위를 자제시킨다.
- 화재 초기 단계와 같은 긴급 상황 발생 시 대처요령 숙지하고, 경보음을 울리거나 응급대처행위를 수행한다.
- 비상시 관중 대피에 대비해 코드화된 메시지나 비상관련 임무를 수행시 몸에 익숙하도록 해야 한다.
- 비상시 사고 통제실이나 지휘자와의 긴밀한 연락을 취한다.
  - 공연 · 행사장 내 노점상 단속을 실시하여야 한다.
- 공연 · 행사진행 중, 화재 및 테러 발생 시를 고려한 비상 피난로를 작성하고, 안전관리요원 및 안전관리자가 이를 수행할 수 있도록 계획하고 훈련시켜야 한다.

(5) 공연 · 행사장 내 관중 동선 타당성

- 관람객의 입장이 허락되는 시간부터 모든 공연 · 행사장 출입구와 관람석 문은 개방되어 있어야 한다. 단 백스테이지(back stage)와 관람석으로 연결되는 통로는 제한할 수 있다.
- 모든 출입구와 관람석문은 만약의 사태발생시 관중이 밀고 나올 수 있도록 피난 방향으로 되어 있어야 한다. 만약 출입구가 회전문일 경우 병목현상을 줄이기 위해 좌우에 별도의 문을 설치하도록 한다.
- 관중이 어디로 가장 많이 몰릴 것인지와 예상 경로 최대 인원수, 출입구별 유동량 등을 계산하여 공연 · 행사장 출입구 수를 결정하여야 한다.
- 관람객이 많을수록 관람객 입장시간을 충분하게 설정하여 관람객 입장시 병목현상이 일어나지 않도록 하며, 안내원의 유도에 의해 적정인원 단위로 끊어서 입장할 수 있게 한다.
- 대형 공연 · 행사의 첫 회, 무대준비시 문제가 생겼을 경우, 예행연습이 예정보다 늦어지는 등 관람석 입장이 지연될 경우 무리하게 공연 · 행사시작 시간을 강행하기 보다는 관중들에게 공연시작 시간의 지연을 알려주어 사전에 계획된 공연 · 행사 입장시간을 준수할 수 있도록 한다.
- 공연 · 행사장의 로비와 관람석 통로는 어떠한 장애물도 없도록 하여 비상사태 발생 시 관람객들이 신속하게 가장 가까운 통로를 통해 건물 밖으로 대피할 수 있도록 한다.(각종 선전물, 음향 및 조명기기, 각종 판매대, 보조의자 등이 어떠한 형태로도 있으면 안 된다.)
- 비상사태 발생 시 특히 화재의 경우 엘리베이터의 사용은 금하고, 가까운 계단을 통해 가장 빨리 대피할 수 있는 피난층으로 안내한다. 이를 위해 평소 유사시 사용금지 사항을 엘리베이터에 표기하고, 사고가 발생할 경우 층마다 안전관리요원을 배치하여 엘리베이터의 사용을 금지하도록 한다.
- 공연 · 행사 후 사인회나 경품행사 등을 공연 · 행사장 로비나 야외에서 진행할 경우 관람석출구의 동선에 방해되지 않도록 하며, 충분한 가이드라인과 많은 수의 안전관리요원을 배치하고 공정한 줄서기를 유도 · 관리하여 압사사고를 사전에 방지하도록 한다. 특히 좁은 공간에서의 선착순 경품행사 등은 일체 금지하도록 한다.

- 안내 등 서비스는 진입이 편리하고 안내하기 좋은 장소에서 적절한 조명이 설치 된 시설에 위치해야 하며 현장에 있는 모든 관람객들에게 항상 개방되어 있어야 한다.

3) 공연 · 행사장 외부 혼잡 예상지역 검토

(1) 공연 · 행사 전 · 후의 관중 출입시설 안전성

❑ 공연 · 행사장 진입로는 주차시설에 따라 달라지며, 최대한 여러 군데로 분산하여 한 곳으로 집중되지 않도록 한다.

❑ 공연 · 행사 성격, 공연 · 행사장 구조 및 관람객 수에 따라 출입구를 같이 사용하거나 출입구를 분리하여야 한다.

❑ 최대 수용인원에 따라 출입구를 충분히 마련하여야 한다.

❑ 휠체어 전용 출입구를 마련하여야 한다.

❑ 줄을 서는 곳 및 대기장소, 매표소는 입구에서 멀리 배치한다.

❑ 입장이 지연될 경우를 대비하여 안내 방송을 실시할 수 있도록 안내방송문을 준비해 놓아야 한다.

❑ 관중의 안전을 위하여 이동통로 확보

- 공연 · 행사장 전면 공간이 협소한 경우에는 관중들의 이동로가 좁아져 도로를 이용하여 움직이는 경우가 잦으므로 사전 이동로를 안전라인과 안전봉 등으로 확보한다.
- 대형 현수막 등으로 인도와 차도의 구분을 막는 행위를 사전에 전면 차단한다.

(2) 출연자 진 · 출입 시설 및 안전거리 확보

❑ 지정좌석제가 아닌 경우, 무대 앞쪽으로 관람객이 몰리게 되는 것을 방지할 수 있는 방안을 마련하고, 안전선 및 안전관리요원을 배치하여야 한다.

❑ 관람객들의 지나친 관심으로 위험할 수 있는 곳에서는 출연자의 차량이 눈에 띄지 않는 곳에 주차할 수 있도록 계획한다.

❏ 주차장이나, 공연 · 행사장 입구 중 연예인이 출입하는 곳은 팬들로 인하여 매우 복잡해지게 마련이다. 이는 사고의 위험성이 상당히 염려되는바 안전관리요원을 배치하여 사전에 이동로를 설정, 차단시킨다.

(3) 공연 · 행사장 밖 안전관리요원 배치

❏ 안전관리요원은 맡은바 역할에 충실하고, 공연 · 행사에 관심을 두어서는 안 된다.

❏ 안전관리요원 준수사항

- 허락없이 위치 이탈 및 술과 마약 등 금지
- 관람객에게 정중하고 예의 바르게 행동
- 쉽게 확인할 수 있도록 별도의 복장 착용하고 최소한은 완장과 호각, 무전기, 비상조명(또는 교통신호봉)을 준비하여야 한다.

(4) 공연 · 행사장 밖 관중 동선 타당성

❏ 입구를 개방하는 시점에서 관중이 한꺼번에 몰릴 경우를 대비해 안전선을 설치하거나 안전관리요원을 배치하여 질서를 유지하여 현장 위험을 예방하여야 한다.

❏ 지정좌석제가 아닌 공연 · 행사의 경우, 입구가 개방되면 사람들이 무대 앞으로 한꺼번에 몰리면서 넘어지거나 부상당할 위험이 있다. 따라서 무대 앞쪽을 어떻게 관리하고 안내할 것인지 사전에 고려해야 한다.[18]

18) 소방방재청, 전게서, pp.51~60.

3. 행사 진행 시 관중관리

1) 입장 시 관중관리

(1) 안전관리요원 배치 및 안내요령

❑ 안전관리요원은 안전표시 조끼를 착용하거나 눈에 잘 띄는 표시를 하여 관람객과 쉽게 구별되도록 한다. 이를 통해 관람객은 도움이 필요할 경우 즉시 찾을 수 있다. 관람객이 안전 통로로만 다녀야 할 경우 쉽게 눈에 띄는 복장을 착용한 안전 진행요원이 그 길을 쉽게 안내할 수 있다.

❑ 관중 집결 전 안전관리요원을 사전에 취약요소에 배치, 초기 질서 확보에 만전을 기하여야 한다.

❑ 초기 관중통제에 실패하게 되면 차후 통제하기는 사실상 어려움이 있으므로 관중관리에 만전을 기한다.

❑ 입장 시 안전관리자 근무요령

- 입장은 가능한 천천히 하며 관중이 절대 뛰지 못하도록 한다. 앞쪽의 관중이 뛰기 시작하면 뒤에 따라오는 관중들도 뛰게 되므로 절대 뛰지 못하게 하여야 한다.
- 한꺼번에 많은 인원을 동시에 이동시키지 않는다. 이동시에는 50명, 100명 등으로 인원을 잘라서 이동시켜야 한다. 너무 많은 인원을 동시에 이동시켰을 시 뒤쪽에 줄서있는 관중들이 앞으로 나아가는 진행방향을 멈추지 못하여 서로 밀고 밀리는 사고를 유발할 수 있다.

(2) 출입통제 및 이동 동선 관리

❑ 관중 입장 시 고려할 사항은 다음과 같다.

- 관중 입장은 공연·행사 시작 1시간~2시간 전에 개방하도록 하며, 관련 사항은 입장권이나 공연 포스터, 기타 방법을 통해 알리도록 한다. 만일 제시한 시간보다 먼저 사람들이 몰릴 경우에는 공연·행사 준비가 완료된 상태에

서는 안내 시간보다 조금 앞당겨서 개방하도록 한다. 관중 입장은 사전행사 등으로 인해 앞당겨 질 수 있다.

- 일정 출입문에 집중적으로 출입하여 혼잡사태가 발생하지 않도록 분산 출입을 유도 한다.
- 출입문에 직각으로 군중이 집결하지 않도록 조치한다.
- 단일 출입문으로 입장시키는 사례를 지양한다.

❑ 날씨를 확인하여 고·저온의 날씨가 예상될 때에는 관람객들이 줄서있는 시간을 최대한 줄인다.(탈진 및 동상 대비)

❑ 눈으로 인하여 땅이 얼었을 때에는 얼음을 제거하고 모래 등을 깔아 미끄러움을 방지한다.

❑ 위험물의 공연·행사장 반입을 차단한다.

❑ 입구검색대는 현장 내 반입 물품을 검사하는데 필요하다. 검색은 관련분야 전문 지식 및 경험이 있는 진행요원으로 배치한다.

❑ 선수·연예인 등 유명인사, 문제성 인사의 이동로 및 비상통로를 확보하고 극성팬 등 관중들의 돌출행동을 차단한다.

❑ 주류·병·깡통·폭죽·폭음탄 등 위험물질 반입을 차단하여야 한다.

❑ 출입문·비상구·출입시간 등은 안내방송을 통해 알려주고, 무질서 상태가 발생하지 않도록 유도 한다.

❑ 정원 외 입장, 무료 선착순 입장 출입사례는 지양 한다.

❑ 공연·행사장 진입로를 확보하고 원활한 교통소통 및 사고를 예방한다.

(3) 대규모 관중의 분산대책 강구

❑ 공연·행사 참여인원을 통제가능 단위로 분산한다.

❑ 출입구를 분산하여 입장, 퇴장 유도한다.[19]

---

19) 소방방재청, 전게서, pp.69~72.

2) 행사 진행 중 관중관리

(1) 안전관리자 변경배치

❑ 위험성 정도에 따라서 안전관리요원을 공연 · 행사전 위치에서 공연 · 행사장 내로 변경 배치한다.

❑ 공연 · 행사시 안전관리요원 근무요령

- 안전관리요원의 적절한 배치로 공연 · 행사 중 일어날 수 있는 이탈행위나 흥분한 가운데 발생할 수 있는 각종 사고의 위험을 막는다.
- 공연 · 행사시 좌석에 앉아있는 관중들은 일어서지 못하도록 한다. 좌석이 경사로 이루어져 있기 때문에 상층부에 있는 인원이 넘어질 경우 도미노와 같이 연쇄적으로 넘어질 수가 있다.
- 공연 · 행사시 무대 앞에서 서서 관람하는 관중들은 안전라인으로 경계를 확실히 구분해주고 안전관리요원도 적절하게 배치하여 이탈하거나 흥분하여 소요를 일으키는 현상을 막는다.

(2) 공연 · 행사장 이동통로 확보

❑ 고정좌석이 있는 경우 관중이 통로를 막는 것을 금지한다.

❑ 공연 · 행사장 이동식 좌석이 있는 경우 이동을 금지하여 이동통로를 확보한다.

❑ 스탠드 · 관람석 통로에 관중 착석금지 및 이동통로를 확보한다.

(3) 무대주위 안전 공간 확보

❑ 관중이 무대 앞으로 나아가는 것을 금지 한다. 필요한 경우 안전관리요원을 배치하여 무대로의 접근을 제지한다.

❑ 무대 전면 쪽에 관중들의 압력이 가해질 것으로 예상되면 통제선이 필요하다. 고려해야 할 요소들에는 관중들의 밀집정도, 관중들의 규모와 성향, 공연 · 행사장의 성격 등이 있다.

❑ 관중들의 압력은 보통 무대전면 통제선 쪽에서 가장 많이 받는다. 관중들이

파도 치듯이 밀어닥치는 경우에는 동적인 하중에 대해 고려해야 한다.

- ❑ 무대와 관중석 간에 충분한 안전공간 확보하고 무대진출 관람객을 차단 조치한다.
- ❑ 조명탑, 촬영대 등 공연 · 행사시설물에 관중이 올라가지 못하도록 차단하여 안전사고를 미연에 방지하여야 한다.

(4) 출연자 대기실 및 이동 동선 관리

- ❑ 관람객들이 출연자 대기실로 접근하는 것을 금지한다.
- ❑ 별도의 출연자 이동로를 확보한다.
- ❑ 부득이 출연자가 별도의 이동로를 통하여 이동할 수 없는 경우, 안전 요원을 배치하여 출연자가 안전하게 이동할 수 있도록 통로를 만든다.
- ❑ 출연자 분장실, 무대간, 싸인 요구, 꽃다발 증정 등 열성팬 등을 차단한다.

(5) 기타 사항

- ❑ 무대, 경기장 그라운드 주변 안전관리요원 배치, 일부 영웅심리자 · 정신이상자 · 주취자 등에 의한 위해물질 투척행위 및 진출행위를 차단한다.
- ❑ 체육행사의 경우, 응원단과 일반 관중 사이 계단에 안전관리요원을 배치하여 분리 조치한다.
- ❑ 국가 간 라이벌전(한 · 일 축구경기)과 같은 행사는 각 팀 응원석의 분리 · 완충지대 설정 상호충돌 방지 및 돌발상황 발생 시 즉시 조치한다.
- ❑ 대규모 관중일 경우 수개의 블록으로 구분, 블록통로 확보하고 안전관리요원을 배치한다.
- ❑ 고층건물 옥상, 가로수, 담벼락에 올라가 구경하는 위험행위 차단한다.
- ❑ 공연 · 행사장 주변 건물주와 협조하여 옥상 출입문 잠금장치 확인, 위험물 투기 · 추락을 방지한다.[20]

20) 소방방재청, 전게서, pp.74~76.

3) 행사 종료 시 관중관리

(1) 안전관리요원 배치 및 안내

- ❑ 사전 수립한 계획에 의하여 안전관리요원을 재배치하여 관중 퇴장을 안내한다.
- ❑ 관중의 동선 및 주차장의 차량을 정리한다.

(2) 출연자 이동통로 및 안전거리 확보

- ❑ 공연·행사가 종료된 후에도 인기 연예인들이 차량을 타고 나가는 모습을 보기 위하여 주차장 주위는 인산인해를 이룬다. 이때 안전관리요원은 주차장 입구의 동선을 미리 확보한다. 관중들이 전부 빠져나오기 전에 안전관리요원들이 주차장에 나와 동선을 확보한다.
- ❑ 출연자가 안전하게 퇴장할 때까지 이동통로를 확보한다.
- ❑ 신속하게 차량이 빠져 나갈 수 있도록 교통정리를 한다.

(3) 관중 퇴장

- ❑ 공연·행사 후 관중들이 퇴장할 때 입장시보다 짧은 시간에 많은 관중이 몰리기 때문에 모든 출입구를 개방하여 관중의 퇴장을 돕는다. 특히 특정 공연·행사나 편의를 위해 일부 문만 개방하여 퇴장을 유도하는 것은 보다 일찍 귀가하려는 관중들로 인해 압사사고를 유발할 수 있다.
- ❑ 해산과정에서, 일부 과열 시민들의 차도점거·음주소란·기물파손·폭력난동 등 돌출행동 및 공연·행사장 출구·지하철 입구 등 다중 일시 퇴장에 따른 안전사고 등에 대비하여야 한다.
- ❑ 병목현상을 최소화하기 위하여 시뮬레이션을 통하여 이용할 출입문을 미리 지정하여 분산퇴장을 유도한다.
- ❑ 공연·행사가 끝난 후 대부분 관중이 현장을 빠져나간 후에, 진행요원들이 일렬로 서서 출구 쪽으로 천천히 이동하여 남아있는 관중을 공연·행사장 밖으로 유도하도록 한다.
- ❑ 공연·행사가 완료되면 관중이 퇴장할 수 있도록 모든 출입문을 개방한다.[21)]

4) 행사 중 사고 발생 시 대응과 관중관리

(1) 안전관리요원 배치 및 안내

- ❑ 사전 수립한 계획에 의하여 안전관리요원을 재배치하여 관중이 사고 현장으로 집중되지 않도록 안전관리를 강화한다.
- ❑ 사고가 발생한 경우에는 사고발생 즉시 관객이 동요하지 않도록 안내방송을 실시하고, 피난유도등을 이용하여 안전한 곳으로 관객을 유도시킨다.
- ❑ 안전사고 방지를 위하여 경찰 및 소방관서에 즉시 협조요청하고 신속하고 안전하게 대처하여야 한다.

(2) 인명 우선 구조조치

- ❑ 사고가 발생하였을 때에는 우선 신속하게 인명을 구조·구급하여야 한다.
- ❑ 경찰·소방 등 관계기관에서는 협조 요청이 있는 경우에는 즉시 출동하여 인명구조·구급 하여야 한다.
- ❑ 사상자가 발생한 경우에는 "중증도 분류(triage)"에 따라 환자 이송의 우선순위(긴급, 응급, 비응급)를 정하여 신속하게 이송조치 후 관계 행정기관에 보고하여야 한다.

(3) 2차 재난방지

- ❑ 사고가 발생하면 즉시 공연·행사를 중지하고 2차 재난이 발생되지 않도록 긴급안전점검을 실시하고 안전대책을 강구하여야 한다.
- ❑ 사고현장에 통제선을 설치하여 출입을 통제하는 등 현장질서 유지를 위하여 필요한 조치를 한다.
- ❑ 우선, 부상자 구호 후 행사장 주변 취약시설 점검을 실시, 위험요인을 해소하고 현장정리 등의 안전조치를 취해야 한다.

---

21) 소방방재청, 전게서, pp.78~79.

(4) 긴급구조 및 응급조치 등

- ❑ 긴급구조 활동과 현장통제를 위하여 필요하다고 판단될 때에는 긴급구조통제단을 설치 운영한다.
- ❑ 긴급구조지원기관(경찰)에서는 교통정리, 현장 접근통제 등을 실시한다.
- ❑ 지역안전대책본부장은 긴급구조기관, 지원기관, 자원봉사자 등에 대한 임무를 총괄 조정한다. 단, 인명구조, 응급조치 등 긴급한 조치에 대하여는 긴급구조 통제단장이 수행한다.
- ❑ 사상자를 응급조치 및 의료기관으로 이송한다.
- ❑ 관계행정기관의 장 또는 긴급구조통제단장은 필요시 인근거주자 응급조치 종사를 명하고, 시ㆍ도 및 인접 시ㆍ군ㆍ구에 응원요청 하여야 한다. 단, 긴급구조통제단장은 인명구조, 응급조치 등 긴급한 조치에 한한다.
- ❑ 관계행정기관의 장은 필요시 인근거주자 응급조치 종사를 명하고, 토지ㆍ가옥 사용 등 응급 부담 조치를 하여야 한다.[22)]

5) 관람객 행동요령

- 공연ㆍ행사장 입장 시 뛰거나 앞사람을 밀면 안전사고의 원인이 되므로 걸어서 입장을 하여야 한다.
- 관람객은 진출입시 안전관리요원의 안내를 받아 줄을 서서 이동통로와 출입문을 이용하여 입ㆍ퇴장한다.
- 관람객은 공연ㆍ행사 시간을 사전에 확인하고 입장 및 퇴장을 하여 공연시간을 잘 지켜야 한다.
- 공연ㆍ행사 주최자 및 시설물 운영자는 관람객에게 공연ㆍ행사 시작 전에 위급상황 발생 시 대처방법을 충분히 설명하여야 하며 관람객은 이를 숙지하여 위급상황 발생 시 협조하여야 한다.
- 공연ㆍ행사장 등 공공장소에서는 흡연을 하여서는 안 된다.
- 공연ㆍ행사장내에서 관람객이 소리를 지른다거나 장난을 쳐서는 안 되며, 특

22) 소방방재청, 전게서, pp.81~82.

히 어린이와 함께 공연 · 행사를 관람하는 경우에는 더 주의가 요구된다.

- 공연 · 행사 시간에는 핸드폰이 울리지 않도록, 진동으로 하거나 꺼두어야 한다.
- 공연 · 행사장내에서는 공연 · 행사 주최자의 안내에 따라 행동을 하여 공연 · 행사가 잘 진행될 수 있도록 협조하여야 한다.
- 공연 · 행사시간에는 옆에 있는 관람객이 관람을 하는데 지장을 주는 행동을 하여서는 안 된다.
- 공연 · 행사장에서는 폭죽, 폭음탄 등 위험물을 사용하는 경우에는 화재 위험성이 있으므로, 사용하지 말아야 한다.
- 공연 · 행사장에 관람객이 가지고 온 물건 등은 버리지 말고 가져가야 한다.
- 공연 · 행사장에서 관람객 행동요령을 잘 지켜 공연 · 행사가잘 끝날 수 있도록 협조하여야 한다.[23]

4. 행사장 유형별 안전관리요령

1) 체육행사

- ❑ 체육행사장은 울타리 안에 위치해야 하며 행사장과 울타리사이의 공간은 충분한 거리를 확보한다.
- ❑ 울타리 안에는 아무것도 설치되지 않은 빈 공간 상태로 되어 있어야 한다. (이렇게 함으로써 울타리에서 1차적으로 입장권의 검표와 필요한 경우 입장객의 몸수색을 실시할 수 있도록 하기 위함)
- ❑ 울타리에 설치된 출입문들 중 몇 개는 출구전용으로 사용해야 한다.
- ❑ 관중이 일시에 입구로 몰리지 않도록 예방조치를 위한 통로체계를 마련 한다. (입장객이 각자 배정된 좌석구역의 입구로 각자 찾아가도록 통로체계를 마련해야 할 것임)

---

23) 전게서, p.14.

- ❑ 관중 출입동선에 따른 단계별 검색방안을 수립하고 안전관리요원 등의 업무 협조 지원체계를 구축한다.
- ❑ 난동 발생 요소를 예측하고 방지하기 위한 대책 수립한다.
- ❑ 일반 관중을 위한 시설물(화장실, 식당)등은 행사장 수용능력에 맞추어 출입 통로 근처가 아닌 복도에 설치한다.
- ❑ 각종 구역으로 통하는 통로를 안내하기 위해 행사장 주변과 내부에 명확하고도 알기 쉬운 안내표시판을 설치한다.
- ❑ 관중이 행사장 외각의 공용통로에서 부터는 각자가 찾아갈 곳을 정확히 안내받을 수 있도록 유도한다.
- ❑ 주차장의 차량수용규모는 행사장의 위치와 그 지역의 인구밀집 상태와의 관계, 그리고 차량이외의 교통수단의 유무에 따라 결정한다.
- ❑ 행사장의 정전사고에 대비한 비상전원 가동 등 긴급대응 절차를 숙지하고 정상 가동 여부를 수시로 확인한다.
- ❑ 누전·가스누출사고 발생 시 주변 인원대피 등 초동조치 방법을 숙지하고 현장안전통제실 등과 상황전파 및 협력·공조체제를 유지한다.
- ❑ 입장권에 표시된 안내 자료는 경기장내외에 설치된 안내표시물에 나타난 자료와 일치해야 한다.
- ❑ 입장권을 색채표시로 구분하면 입장절차에 도움이 된다.
- ❑ 관람객이 보관하고 있는 입장권원부에는 경기장 내부에서 이동하는데 활용할 수 있는 안내자료가 기입되어야 한다.
- ❑ 언어사용이 불가능한 사람도 쉽게 이해할 수 있도록 대형안내도를 설치하여 관람객을 유도해야 한다.
- ❑ 장애인 관람객이 확실하고 안전하게 경기장내의 관중석에 착석할 수 있도록 적절한 조치를 취해야 한다.(이러한 조치들 중에는 이들에게 경기 그라운드가 잘 보이는 위치를 제공한다든가 휠체어용 램프를 비롯하여 특수화장실 및 기타 보조 시설을 제공하는 것 등이 포함)
- ❑ 휠체어를 사용하는 장애인 뿐 아니라 모든 장애인이 스스로 불편함 없이 다른 관람객에게도 불편을 주지 않고 경기장에 도착하여 자기 좌석에 착석하도록 할 수 있어야 한다.

2) 공연 · 전시회 · 박람회

- ❑ 관중 출입구와 동선 상 이동을 방해하는 장애물 설치여부를 확인하여 병목 현상이 발생하지 않도록 유도동선을 설정한다.
- ❑ 동선이 서로 충돌되지 않고 순조롭게 진행될 수 있도록 설정되었는지, 안내판 설치완료 여부를 사전에 확인한다.
- ❑ 관중의 사전 집결 상태를 수시로 확인하여 출입문 개폐시간 조정, 안내요원 재배치 등 융통성 있는 공연 · 행사 현장관리를 위한 책임자 배치 및 지시계통 확립여부를 확인한다.
- ❑ 유명 연예인 팬 사인회, 인기 품목 전시, 기념품 배부 등 이벤트성 공연 · 행사 포함 여부를 확인하여 관중이 집중되는 취약시간대에 대비한 안전관리계획을 수립한다.
- ❑ 출연자의 특별한 행위, 성향을 파악한다.
- ❑ 관람객의 연령에 따른 성향을 파악한다.
- ❑ 야외 전시회나 박람회의 경우, 야간 개장에 따른 문제점 파악, 조명, 질서유지 등 대책을 세운다.

3) 대규모 야외 시민축제

- ❑ 대규모의 관중이 집중되는 공연 · 행사 특성상 다수의 관중이 일시에 집중되지 않도록 공연 · 행사 프로그램을 편성한다.
- ❑ 공연 · 행사 중간에 질서유지를 위한 지속적인 안내방송 실시로 자율적인 질서유지 분위기를 조성한다.
- ❑ 공연 · 행사 계획 시 유형별, 테마별로 구분, 관중을 공간과 시간별로 통제할 수 있도록 공연 · 행사장을 배치한다.
- ❑ 공연 · 행사 사전 안내 입간판 설치 홍보, 차량 우회로를 확보하고 안내관리요원을 배치, 차량우회 안내 등 관중 집결 상황에 따른 신축적인 교통통제를 실시한다.
- ❑ 불꽃놀이 가능 지역을 구분하여 실시한다.

- 야간 조명을 설치한다.
- 공연 · 행사장 내 질서 및 치안을 유지한다.

4) 심야 공연·행사

- 오랜 시간동안 저녁 혹은 겨울의 추운 날씨에 줄을 서서 기다리는 사람들을 생각해서 기다리는 시간을 최소화 하여야 한다.
- 며칠에 걸친 밤 공연의 경우에는 밤에 일하는 직원들이 현장 주변에서 "간단한 응급 수리"를 할 수 있는 장소가 필요하다. 이런 공연은 기간에 따라 근무자와 외주업자의 적절한 휴식이 필수적이다.
- 실외공연은 날씨에 영향을 받기 쉬우며, 날씨가 가혹한 경우 발아래 상황은 급격히 나빠질 수 있기 때문에 적절한 우발사고에 대한 준비는 반드시 필요하다. 인공조명을 적정한 수준으로 유지함으로써 미끄러지고 넘어지는 위험을 막을 수 있다.
- 현장 주변의 차량 이동은 특히 어두워지는 시간에는 사람들이 개별적으로 앉아 있거나 누워 있을 수 있어 잠재적으로 매우 위험할 수 있으므로 금지해야 한다. 가능한 곳에서는 전용도로를 이용해야 한다. 경계 펜스 사이에 도랑 등을 내어 차량으로부터 안전하게 하여야 한다. 하지만 펜스의 지지 구조물(예를 들어 버팀목)은 반드시 형광 테이프나 흰색 페인트로 분명하게 강조해야 한다.
- 심야공연 · 행사에 사용되어지는 창고형태의 공연 · 행사장은 일반적으로 냉난방이 잘되는 환경이 적다. 그럼에도 불구하고 환기를 위한 기준을 달성할 수 있는 다양한 방법들이 있다. 빼내야 할 덥고 습기찬 엄청난 공기 양 때문에 충분히 환기시키기 위해서는 엄청 빠른 환풍기(강제 혹은 유도 통풍)가 필요하게 된다. 가능하다면 '균형' 시스템을 빼낸 공기를 신선한 공기로 대체하여 공연 · 행사장에 집어넣을 곳에 이용해야만 한다. '증기' 기계를 사용하거나 비슷한 효과를 갖는 기계를 사용한 것은 신중을 기할 필요가 있다.
- 심야 댄스 공연 내내 사람들은 온도에 따라 다른 옷을 입을 필요가 있다.

춤출 때 사람들은 가볍게 입는다. 그리고 일부의 옷은 공연이 진행되는 동안 벗어두게 된다. 가방, 재킷, 코트 등을 보관하기 위한 휴대물품 보관소는 필수적이다.

- ❑ 심야 공연·행사시 비상전원 공급계획을 수립하여야 한다.

5) 유원시설(놀이시설) 무료행사

- ❑ 무료행사에 3,000명 이상 유원시설을 이용하는 경우에는 사전에 재해대처계획서를 시장·군수 또는 구청장에게 제출하여 유관기관의 협조·검토를 거쳐 안전사고를 미연에 예방하여야 한다.
  일정기간 무료로 유원시설을 일반인에게 이용하게 하는 경우 사전에 지방자치 단체, 경찰서, 소방서 등과 사전 대책회의를 실시하여야 한다.
- 무료시설 이용 예상인원 예측
- 안전관리요원 인원 적정여부 평가
- 안전관리요원 배치장소 및 행동요령 숙지
- 안전관리요원에 대한 사전 안전교육 실시
- 예상 문제점 확인 및 해결방안 협의
- 유사시 기관별 역할분담 등
- ❑ 수용능력 범위 안에서 인터넷 등을 활용하여 사전에 입장권을 배부하여야 한다.
- ❑ 입장은 이용시간 개시 시간 1~2시간 전에 분산 입장시켜야하며, 선착순 입장은 지양하여야 한다.
- ❑ 입장 시에는 안내원의 안내에 따라 질서 있게 입장하도록 하여야 한다.
- ❑ 입장 및 행사 중 수시로 안내방송을 통하여 안전에 대한 홍보활동을 강화하여야 한다.
- ❑ 대형사고가 발생하였을 경우 비상 차단조치가 필요하며 경찰서, 소방서와 협의하여 차단선을 어떻게 설치할 것인지에 대해 정하되, 상황에 따라 유동적으로 설치할 수 있도록 하여야 한다.

- ❑ 시설물 주변의 주차장 또는 교통체증이 발생하지 않도록 해소방안을 강구하여야 한다.
- ❑ 출입구 등에서 시설이용자 관리에 실패한 경우에는 행사장의 안전사고 등 돌발상황발생 시 조치사항에 따라 조치하여야 한다.
- ❑ 행사장내 안전관리요원을 충분히 확보하여 안전사고를 예방하여야 하며, 행사장 안전은 시설업자가 모든 책임을 지고 추진하여야 한다.[24]

5. 긴급 상황 발생 시 행동요령

1) 사고발생시 조치요령

일단 돌발사고가 발생하여 혼란이 생기면 수습이 불가능한 사태로 번질 우려가 있다. 적합한 대응부(반) 운용, 홍보, 교통규제 등의 조치를 통하여 사고의 확대를 방지하며, 침착하고 냉정한 태도로 부상자를 구출, 구호하여 사태를 조기에 수습해야만 한다.

(1) 사고 개요 파악과 즉시 보고

사고를 인지했을 때에는, 즉시 발생시간, 장소, 부상자의 유무 등 사고의 개요와 원조의 필요성을 즉시 보고하여 이후 순차적으로 부상자 수, 부상정도 등 구체적인 상황을 보고한다.

(2) 부상자의 구출 · 구호와 피난 등의 조치

구조대와의 연대를 통해 피해자의 구출 · 구호부(반), 관중정리부(반)(미리 지정해 놓는다)를 투입하여 신속하게 피해자 등을 구출 · 구호함과 동시에, 관중을 피난 · 유도시킨다.

24) 전게서, pp.91~95.

(3) 사태 수습조치

① 관중의 분산

- 경계선을 두어 관중을 피난장소로 유도, 분단 조치하여 공간을 확보한다.
- 부근에서 가장 가까운 역 · 사거리 등에서 참가자들의 입장 제한, 우회 · 유도 등을 실시한다.

② 철저한 홍보활동

- 혼란을 막고 사람들을 안심시키기 위하여, 주최자와 연대하여 신속하게 사고 개요에 대한 홍보활동을 벌여 사고의 확대를 방지하기 위한 협력을 얻고자 노력한다.
- 사고의 개요를 설명하는 경우, 생생하게 묘사하는 것은 피한다.

③ 공연 · 행사의 중단(중지) 조치

- 주최자 측에게, 공연 · 행사의 중단, 중지에 대한 지도를 한다.

④ 피해실태 파악

- 피해조사반을 병원으로 파견
- 부상자와 부상의 정도를 조기에 파악하고, 그 가족들에게 연락한다.

⑤ 사건화 조치 대책

- 장래에 업무상 과실치사 사건으로 취급될 시의 대응을 염두에 두어 현장보존을 확실하게 하고, 주최자 측 책임자, 참고인 등 관련자를 확보한다.

⑥ 보도대책

- 지방자치단체 홍보부서 등 관계 부서와 연대하여 보도대책을 확립한다.

2) 화재 발생 시 조치요령

(1) 화재 시 안내요원 행동요령

- 화재발생을 인지하면 비상연락체계에 따라 신속하게 화재발생을 보고한다.
- 공연 · 행사주최자는 전 근무자에게 상황을 전파하고, 소방서 등 유관기관에 화재발생 신고를 한다.
- 안내요원들은 관람객을 침착하게 출입구로 유도한다.
- 관중이 일시에 출입구로 집중되지 않도록 침착한 상황 설명과 대피 안내를 실시한다.

❑ 화재신고요령

- 침착하게 전화 119번을 누릅니다.
- 불이 난 것을 말합니다.
- 화재의 내용을 간단 · 명료하게 설명합니다.
- 주소를 알려 줍니다.(○○구 ○○동 ○○○번지예요 / ○○초등학교 뒤 쪽이에요)
- 소방서에서 알았다고 대답할 때까지 전화를 끊지 맙시다.
- 공중전화는 빨간색 긴급통화 버튼을 누르면 돈을 넣지 않아도 긴급신고(119, 112 등) 통화를 할 수 있습니다.
- 휴대전화의 경우, 사용 제한된 전화나 개통이 안 된 전화도 긴급신고가 가능합니다.

※ 119는 화재신고는 물론 인명구조, 응급환자이송 등을 요청하는 번호이다.

(2) 화재 시 관람객 대피요령

- 불을 발견하면 '불이야'하고 큰소리로 외쳐서 다른 사람에게 알린다.
- 화재경보 비상벨을 누른다.
- 엘리베이터는 절대 이용하지 않도록 하며 계단을 이용한다.

- 아래층으로 대피가 불가능한 때에는 옥상으로 대피한다.
- 낮은 자세로 안내원의 안내를 따라 대피한다.
- 불길 속을 통과할 때에는 물에 적신 담요나 수건 등으로 몸과 얼굴을 감싸 준다.
- 출입문을 열기 전에 문손잡이를 만져 보았을 때 뜨겁지 않으면 문을 조심스럽게 열고 밖으로 나간다. 손잡이가 뜨거우면 문을 열지 말고 다른 길을 찾는다.
- 대피한 경우에는 바람이 불어오는 쪽에서 구조를 기다린다.
- 밖으로 나온 뒤에는 절대 안으로 들어가지 않는다.
- 다른 출구가 없으면 구조대원이 구해줄 때까지 기다린다.
- 연기가 방안에 들어오지 못하도록 문틈을 옷이나 이불로 막는다.(물을 적시면 더욱 좋다)
- 옷에 불이 붙었을 때에는 두 손으로 눈과 입을 가리고 바닥에서 뒹굴어 준다.

❏ 연기가 많을 때 주의사항

- 연기층 아래에는 맑은 공기층이 있다.
- 연기가 많은 곳에서는 팔과 무릎으로 기어서 이동하되 배를 바닥에 대고 가지 않는다.
- 한 손으로는 코와 입을 젖은 수건 등으로 막아 연기가 폐에 들어가지 않도록 한다.

❏ 화재의 종류에 따른 소화기

- 일반화재(A급 화재) Ⓐ〉
  - 연소 후 재를 남기는 가연물 화재로 목재, 섬유, 종이, 합성수지 등의 화재이며, 백색마크로 표시된 소화기를 사용한다.
- 유류화재(B급 화재) Ⓑ〉
  - 연소 후 아무것도 남기지 않는 가연물 화재로, 인화성 액체에 의한 화재이며, 황색마크로 표시된 소화기를 사용한다.

- 전기화재(C급 화재) Ⓒ〉
  - 전기가 흐르는 상태하의 전기기구 화재로, 청색 마크로 표시된 소화기를 사용한다.

※ 단, 전류가 차단된 경우 일반화재 또는 유류화재가 된다.

❑ 소화기 사용요령

- 소화기를 불이 난 곳으로 옮깁시다.
- 손잡이 부분의 안전핀을 뽑아주세요.
- 바람을 등지고 서서 호스를 불쪽으로 향하게 합시다.
- 손잡이를 힘껏 움켜쥐고 빗자루로 쓸듯이 뿌립시다.
- 소화기는 잘 보이고 사용하기에 편리한 곳에 두되 햇빛이나 습기에 노출되지 않도록 합니다.

❑ 소화전 사용요령

- 소화전함 상부의 기동용 버튼 또는 발신기 버튼을 누릅니다.
- 한 사람은 소화전함 내 노즐과 호스를 꺼내 불이 난 곳으로 향합니다.
- 다른 사람은 호스의 접힌 부분을 펴주고 노즐을 가지고 간 사람이 물 뿌릴 준비가 되었으면 소화전함 내 개폐밸브를 돌려 개방합니다.
- 노즐을 잡고 불이 타고 있는 곳으로 물을 뿌립니다.

(3) 건물 내부에 고립되었을 경우 대처요령

- 무리하게 통로나 계단을 통하여 대피하기보다는 건물 내에서 안전조치를 취한 후 고립된 사실을 외부에 알린다.

※ 연기가 들어오면 낮은 자세로 엎드려 담요나 타월 등을 물에 적셔 입과 코를 막고 짧게 호흡하고, 화기나 연기가 없는 창문을 통해 소리를 지르거나 물건 등을 창밖에 던져 고립 사실 알린다.

- 불에 타기 쉬운 물건에 물을 뿌려 불길의 확산을 지연시킨다.

- 화상을 입기 쉬운 얼굴, 팔 등을 물에 적신 수건 또는 두꺼운 천으로 감싸 예방한다.
- 구조된다는 신념을 가지고 기다리고, 함부로 창밖으로 뛰어 내리거나, 문을 열어서는 안 된다.

3) 건물 내 정전 시 안내요원 행동요령

- 관중이 동요하지 않고 조명이 들어올 때까지 제자리에서 대기토록 침착하게 안내를 실시한다.
- 화재, 붕괴, 전기사고 등에 의한 정전이 아닌지 원인조사를 위하여 상황을 보고체계에 의해 신속하게 전파한다.
- 정전원인을 구체적으로 인지할 수 있을 때까지 관중 대피유도를 자제한다. (이 기간 동안 모든 안내요원은 손전등, 야광조끼 등 안내용 장비를 갖추고 비상위치로 이동)
- 장기간 정전복구가 불가능하여 관중을 대피시켜야할 경우 비상구에서 가까운 관중부터 천천히 대피토록 안내한다.
- 모든 관중이 대피 완료할 때까지 안내요원은 정 위치에서 안내한다.
- 대피 완료 후 잔류하거나 부상당한 관중은 없는지 확인한다.

4) 가스 누설 시

- 냄새 등 가스 누설을 감지하면 먼저 점화 콕과 중간밸브, 용기밸브를 잠가서 가스공급을 차단한다.
- 창문과 출입문 등을 활짝 열어 누출된 가스를 밖으로 몰아내고 신선한 공기로 환기한다.
- LPG의 경우 공기보다 무겁기 때문에 바닥으로 가라앉으므로 침착히 빗자루 등으로 쓸어내듯 환기한다.
- 전기기구 스위치 조작 시 발생하는 스파크에 의해서 점화되어 폭발할 가능성이 있으므로 전기기구는 절대 사용 금지한다.

- LPG 판매점이나 도시가스 지역관리소에 연락하여 필요한 조치를 받고 안전을 확인한다.
- 누출이 심각할 경우 침착하게 관중을 대피 유도한다.
- 가스 흡입환자가 발생했을 경우 신선한 공기가 통하는 장소로 옮기고, 신속하게 119로 구급요청 한다.

5) 폭탄 테러 시

❑ 폭발물이 발견된 현장에서는

- 주변 사람들에게 알리면서 폭탄이 발견된 지점의 반대방향 계단으로 즉시 대피하도록 유도한다.
- 엘리베이터는 절대 이용하지 말아야 하며 계단의 한쪽만을 이용(좌측통행)하여 폭발물처리팀이나 소방관들이 이동할 수 있도록 안내한다.
- 휴대전화 · 라디오 · 무전기 등은 기폭장치를 작동시킬 수 있으므로 사용하지 않도록 홍보한다.
- 밖으로 빠져나온 후에는 안전거리(붕괴 : 건물높이 이상, 폭발 : 500m이상) 밖으로 대피한다.
- 대피경로에도 제2의 폭발물이 설치되어 있을 수 있으므로 주의하면서 대피한다.
- 대피도중 폭발물이 터지면 비산 · 낙하물을 피하는데 유의한다.

❑ 폭발현장에서는

- 신체를 보호하기 위해서 즉시 바닥에 엎드려 양팔과 팔꿈치를 옆구리에 붙이고 손으로 귀와 머리를 감싸도록 안내한다.
- 2차 폭발이 있을 수 있으므로 미리 일어나지 말고 이동할 필요가 있을 때에는 엎드린 자세로 이동하도록 유도한다.
- 강당, 로비 등 기둥 간격이 넓은 곳은 붕괴위험이 높으므로 이런 곳에서 벗어나도록 유도한다.

- 유리 · 간판 · 전등 등의 비산 · 낙하물이 없을 만한 곳이나 책상 등의 아래로 피신시킨다.

❏ 생물테러 의심 물질(물체)이 발견된 현장에서는

- 건드리지 말고 그대로 두도록 안내한다.
- 실내에서 열었을 경우에는 창문과 문을 모두 닫고 주변 사람들을 대피시키며 에어컨 · 환기시설 등을 모두 정지한다.
- 의심 물질이 날릴 염려가 있을 경우 옷, 신문지 등으로 조심스럽게 덮어 두어야 한다.
- 방독면을 찾아 쓰거나 손수건 또는 휴지 여러 장 이용하여 입과 코를 가리고 현장을 즉시 벗어나도록 해야 한다.
- 현장을 벗어난 다음 손과 몸을 비누로 씻고 옷을 갈아입도록 유도한다.

6) 인질극 발생 시

- 자체 비전문 대응인력의 성급한 대처는 절대 삼간다.
- 전문 인력 도착 시까지 최초 신고자는 인질범과의 대화를 최대한 삼가고 "책임자를 불러주겠다" 라는 식으로 답변한다.
- 주변 안내요원은 즉시 관계기관에 연락한다.
- 대피가능한 주변의 관람객을 피난 유도한다.

7) 기타 긴급사항 발생시

- 피해 상황을 파악, 인명피해 발생 시 먼저 신속하게 119에 신고하고 긴급 구조 활동을 추진한다.
- 119 구급요원들이 구급활동을 원활하게 진행할 수 있도록 공연 · 행사주최자는 모든 안내요원에게 상황을 전파하고 구급대원의 진 · 입출통로를 확보한다.
- 긴급을 요하는 환자의 경우 우선 구급활동이 가능한 안내요원을 투입하여 응급조치한다.

- 구급에 동원되지 않은 안내요원은 관중이 동요하지 않도록 현장질서를 유지한다.
- 관중 대피를 요하는 경우, 일시에 군집되지 않도록 출입구쪽 관중부터 순차적으로 대피토록 유도한다.
- 안전한 지역까지 피신할 수 있을 때까지 관중 안내를 실시한다.

8) 응급환자 및 사망자 발생 시 대책

- 먼저 신속하게 피해상황을 119에 신고한다.
- 119 구급요원들이 구급활동을 원활하게 진행할 수 있도록 공연 · 행사주최자는 모든 안내요원에게 상황 전파하고 구급대원의 진입통로 확보한다.
- 긴급을 요하는 환자의 경우 우선 구급활동이 가능한 안내요원을 투입하여 응급조치 한다.
- 구급에 동원되지 않은 안내요원은 관중이 동요하지 않도록 현장질서를 유지한다.
- 현장조사 등 수사 활동에 대비하여 현장을 보존한다.

(1) 응급처치

- 인간의 뇌는 4~6분의 산소공급 차단으로도 돌이킬 수 없는 영구적 손상이 초래되므로, 구급차나 의사가 도착하기 전 응급처치로 환자의 생명을 구할 수 있으므로 매우 중요하다.
- 응급처치는 부상자의 생명뿐만 아니라 상태 악화를 방지하며, 고통 경감 및 회복에 목적이 있다.

(2) 응급처치 시 준수사항

- 사망판정은 금물이다.(사망판정은 의사만이 할 수 있다.)
- 원칙적으로 의약품 사용을 피한다.

- 의사의 치료를 받기 전까지의 응급처치로 종료한다.

※ 의사가 도착하면, 응급처치 내용을 설명하고 인계한 후에는 모든 것을 의사의 지시에 따라야 하며, 불필요하거나 정확하지 않은 처치는 환자의 상태를 악화시킬 수 있음에 유의한다.

- 동의를 구하여 실시한다.

※ 성인은 의식이 있는 경우 본인에게, 의식이 없는 경우 보호자에게 동의를 구하고, 소아나 유아의 경우 보호자의 동의를 구함과 동시에 응급처치를 함께 실시한다.

- 의사의 진단과 사건해결에 참고가 될 수 있는 환자 배설물, 토한 것, 남은 음식물이나 약품, 환자의 소지품을 보존한다.

(3) 응급처지 단계별 조치요령

- 의식확인 ⇒ 구조요청 ⇒ 기도유지 ⇒ 호흡확인 ⇒ 인공호흡 ⇒ 맥박확인 ⇒ 흉부압박 ⇒ 재평가

(4) 응급현장 조사 시 고려사항

❑ 현장은 안전한가?

❑ 무슨 일이 일어났는가?

❑ 몇 명이나 다쳤는가?

❑ 도움을 받을 수 있는 사람이 있는가?

6. 행사장 안전사고 사례

1) 공연 및 운동경기 중 주요 안전사고 사례[25)]

(1) 뉴키즈온더블록공연

- 1992. 2. 18 19:55분, 서울 올림픽공원 체조경기장
- 5,000명의 팬들이 주최 측이 나누어 준 야광램프를 흔들며 광란에 가까운 환호 를 하다 인기곡 '투나잇' 순서가 되자 앞으로 몰려 나와 맨 앞의 관람객이 넘어지면서 압사, 1명 사망, 19명 부상(경력 8중대 동원, 사고 후 공연 중단시킴)

(2) LG : 해태 프로야구 경기

- 1993. 8. 17 18:07경 서울 잠실야구장
- 입장권을 구입하지 못한 관중 1,000여명이 닫혀져있는 1-1문 셔터를 강제로 밀치고 일시에 입장하는 과정에서 수명이 넘어져 그 중 2명이 부상

※ 동일 18:30경 경기관람을 위해 3만여 명 매표입장하고 1만여 명은 귀가하였으나 극성 관람객 1,000여명이 잔류, 계속 입장시도하다 사고 발생

(3) MBC 공연

- 1996. 12. 16. 16:50, 대구 두류공원 우방타워랜드 내 잔디광장
  달서구 두류동 우방타워랜드 내 잔디광장에서 대구MBC 주최 「별이 빛나는 밤에」 공연장의 좋은 자리를 차지하려는 관중들이 앞쪽 관중을 덮쳐 여고생 3명 사망(수용인원 2,200명)

---

25) 전게서, pp.114~117.

(4) K-리그

- 1998. 10. 28. 19:00
- 경기 중 입장치 못한 관중 1만 명이 출입문을 밀고 트랙 안으로 들어와 약 15분 간 경기중단(대비경력 2중대)

※ 구단 측이 경기장 수용능력을 고려치 않고 수용정원(3만명)보다 많은 입장권 판매, 문제발생(질서요원 수 알 수 없음)

(5) H.O.T 콘서트

- 1999. 9. 18. 19:30～22:30, 잠실주경기장
- 청소년 3만여 명 참석 하에 개최된 서울기획주관 HOT 콘서트장에서 HOT 리더 문희준이 공연 중 비가와 미끄러운 바닥에 넘어지면서 1.5m 아래로 추락하자 중·고 여학생 76명이 흥분 실신(경찰 7개 중대 및 사복 40여명 배치)

※ 자체 질서요원 200여명으로 무대주변 안전대비 소홀1999. 1. 23. 17:00, 세종문화회관관람객 4,000명이 참석한 콘서트가 끝난 후 그룹멤버들을 보기 위해 복도로 수백 명이 몰려들어 여고생 1명 부상(대비경력 1중대)

(6) 마이클잭슨 자선공연

- 1999. 6. 25.19:00～23:00, 잠실 주경기장
- 관람객 50,000여명 참석, 경찰 15개 중대, 교통 등 60여명 대비

※ 행사주관 제일기획에서 경비과다소요 이유로 에스텍에서 안전관리요원 257명, 캡스 보안공사에서 경호원 77명만 확보, 경찰부담 가중

【수범사례】

관람객 50,000명 참석, 경력 15중대 대비, 자체안전관리요원 589명 동원 세계적인 가수의 공연으로 보훈단체, 재향군인회에서 6.25일에 공연하는 점에 반발, 행사방해 설이 있었으나 완벽한 경비실시

(8) 프로축구

- 2001. 7. 28
- 프로축구 수원 對 대전 경기 시 후반 종료 직전 수원이 결승골을 넣자 열성적으로 응원을 하던 양 팀 응원단이 흥분하여 경기장 밖으로 나와 집단적 폭력을 행사하며 충돌, 투석전도 벌여 수명 부상(대기경력 즉각 출동, 양측 차단, 40분후 해산)

(9) MBC가요콘서트

- 2005. 8. 22. 17:30, 전남 광양 중동체육공원
- 제4문 앞에 대기하고 있던 3만 5천여명의 관중들이 문이 개방되자 앞자리를 차지하기 위해 일시에 입장하던 중 출입문 앞쪽에 대기하고 있던 노약자 3~4명이 앞쪽으로 밀리면서 부상

(10) MBC가요콘서트

- 005. 10. 3. 17:40경, 경북 상주 시민운동장
- "제7회 상주자전거 축제"(10.1~3 상주 북천시민공원 및 시내일원)의 부대행사 중 하나인「MBC 가요콘서트」(19:00~21:00간 예정) 공연장에, 관람객 5,000여명이 일시에 출입문 쪽으로 물리면서 넘어져 주민 11명이 압사하고 162명이 부상

(11) 광주 디자인 비엔날레

- 2005. 10.30. 10:40, 광주 김대중컨벤션센터 야외행사장
- 광주 김대중컨벤션센터 야외행사장에서 광주디자인비엔날레 전시장 우측출입구로 입장하기 위하여 광주시내 중·고교생 3,000여명의 학생들이 질서정연하게 줄을 서서 기다리던 중, 어떤 학생이 가수 "○○○"라고 외치자 일부 학생들이 순간적으로 몰려들어 넘어지면서 학생 10여명 부상〈교통근무자 5명,

순찰차 3대(6명), 타격대 순찰근무 12명 배치, 비엔날레 자체 직원 50명 · 보안요원 2명〉

※ 주최 측에서 경비협조요청은 없었고, 260명의 자체질서유지요원 운영(재단직원 60여명, 자원봉사자 200), 연예인 초청공연은 없었음

※ 동 사건은 학생들이 일반인을 연예인으로 오인한 우발적 사고였으나 상주 사건 직후에 발생한 안전사고로 언론의 스포트라이트 받음

2) 일반 행사장 주요 사고 사례

(1) 보신각 타종행사

- 2000. 12. 31. 서울 종로1가
- 새해맞이 보신각 타종행사에 시민 6만명이 참가한 가운데, 5세 남아가 인파에 깔려 사망, 주변에 있던 9명 부상(대비경력 25중대)

(2) 대구 통일교, 남북통일 촉진대회

- 2000. 3. 9 11:00～13:00, 대구체육관
- 대구 산격동 소재 대구체육관에 신도 7,000명 참석, 행사 후 14:00경 해산 시 2층에서 1층 사이 계단 없는 평면 내리막길에서 밖으로 나오던 다수인원이 넘어져 1명 사망, 8명 부상

(3) 서울 청계천 새물맞이 행사

- 2005. 10. 1 22:56, 서울 청계천 삼일교
- 삼일교 상단에서 청계천 관람키 위해 이동 중이던 유수진(50세, 여)이 부주의로 실족 3m 아래 바닥으로 추락, 사망

(4) 서울 롯데월드 놀이동산 무료개방 행사

- 2006. 3. 26 07:20, 서울 롯데월드
- 지하철 잠실역과 연결된 롯데월드 지하통로, 매표소 앞 등에 11만여명 인파가 일시에 운집하여 밀치면서 35명 부상

3) 외국의 안전사고 사례

(1) 벨로루시 공연

- 1999. 5. 30. 20:00, 벨로루시 수도 민스크 야외공연 콘서트장
- 공연 중 갑작스러운 폭우로 인근 지하철역으로 몰린 인파들로 인해 압사사고 발생(54명 사망, 150명 부상)

※ 이 사고로 군중을 정리하던 경찰관 2명 압사

(2) 97프랑스 월드컵 예선경기

- 1997. 10. 16, 프랑스 마테오폴스타디움
- 정원 3만 2천명을 초과한 4만 5천명을 수용하다 경기장 스탠드가 붕괴되어 사망 78명, 부상 156명의 사상자 발생[26)]

(3) 인도의 압사사고사례[27)]

① 2005.1.25일 낮 12시경. 서부 마하라시트라주의 한 힌두 사원에서 축제 도중 압사사고가 발생, 300명 이상이 사망.
   뭄바이에서 250㎞ 지점인 마하라시트라주 사타라 지구 와이마을 인근의 언덕 위에 있는 만다라 데비 사원에서 연례 힌두축제가 진행되던 중 화재에

---

26) 상게서, pp.114~117.

27) 연합뉴스, http://media.daum.net/foreign/others/view.html?cateid=1046&newsid=20050125114220081&p=yonhap(검색:2012.01.27)

놀란 순례객들이 한꺼번에 몰리면서 초대형 압사사고가 발생했다. 이 사고로 어린이와 여성을 중심으로 최소한 300명이 사망했으며 부상자도 수백명에 이르는 것으로 알려지고 있다.

이날 사고는 사원의 화재 때문이란 설도 있으나 현재로서는 사원 인근 가게에서 누전으로 불이 나자 사원을 출입하던 순례객들이 놀란 나머지 한꺼번에 비좁은 골목에 몰리면서 발생했다는 주장이 설득력을 얻고 있다. 힌두여신인 만다라 데비를 숭배하는 이 사원에는 매년 이 때마다 순례행사가 열리고 있으며 사고 당시 30여만명이 운집했던 것으로 알려졌다.

② 2003. 8월 마하라시트라주 나시크강(江) 양안에서 입욕축제를 즐기던 순례객 39여명이 사망했고

③ 1999년에는 남인도의 한 힌두사원에서 안전을 위해 설치된 로프가 끊기면서 51명이 사망.

④ 1986년, 북인도의 하리드와르 마을에서 압사사고로 50명이 사망

⑤ 1954년에는 북인도 알라아바드에서 압사사고로 800여명이 사망하는 사상 최악의 참극이 발생하기도 했다.[28)]

28) 소방방재청 공연 · 행사장 안전매뉴얼, www.nema.go.kr

Chap. 3

생활 속의 응급대처

1. 응급처치의 개요
2. 응급의료
3. 응급을 요하는 증상
4. 외상처치
5. 응급질환
6. 위험환경 및 위험물에 의한 응급처치
7. 기본 인명구조술

제 3 장 생활 속의 응급대처[1)]

1. 응급처치의 개요

1) 응급처치의 기본 개념

응급처치란 응급환자에게 행하여지는 기도의 확보, 심박의 회복, 기타 생명의 위협이나 증상의 현저한 악화를 방지하기 위하여 긴급히 필요로 하는 처치를 말하며 일반인도 어느 정도 할 수 있지만 이를 위하여 응급처치에 대한 교육을 받아야만 한다. 이러한 응급처치 또는 응급의료의 목적은 급한 신체적 이상에 대해 환자의 생명을 구하고 환자의 상태를 최단시간 내에 정상 내지는 이에 가까운 상태로 회복시켜 계속 요구하는 치료의 효과를 높이는데 있는 만큼 응급처치만으로 모든 것을 해결하려 들면 안 되고 신속하게 의료기관으로 이송하는 것도 중요하다.

응급환자란 응급의료에 관한 법률에 질병, 분만, 각종사고 및 재해로 인한 부상이나 기타 응급상태에서 즉시 필요한 처치를 받지 아니하면 생명을 보존할 수 없거나 기타 심신상의 중대한 위해가 초래될 것으로 판단되는 환자라고 되어있다.

그러나 일반적으로 일반인이 응급환자인지 아닌지 정확히 구별하기는 쉽지 않으므로 상식적으로 급하다고 생각되는 환자는 일단 응급환자로 생각하고 응급처지를 준비하는 것이 좋다. 여기서 우리가 응급처치를 시행하여야 하는 이유는 생명을 유지시키고, 상태의 악화를 방지하고 회복을 촉진시키는 것임을 명심해야 한다.

1) http://www.emergency.or.kr/sens/html/emer01_02.htm(검색일: 2012.01.07)

2) 응급처치의 중요성

현장에서 응급처치를 하는 목적은 사망률과 불구가 될 확률을 감소시키자는 것이다. 병원 도착 전의 응급처치여부에 따라서 사망률과 불구가 될 확률에 많은 차이가 있음은 이미 선진국에서 증명된 바 있다. 이 목적을 달성하지 못한다면 현장에서 응급처치를 해야 할 이유가 없다.

사인(死因)분류가 가능한 사망원인을 분석한 결과 고혈압성 질환, 뇌혈관질환, 동맥경화증, 심장질환과 같은 순환기계 질환으로 숨진 이가 사망자 전체의 1위를 차지하였고, 암으로 인한 사망이 2위, 교통사고와 자살과 같은 각종 사고사가 3위였다. 이들 3대 사망원인은 전체사망의 3분의 2정도를 차지하고 있다.

응급처치의 주요 대상 질환은 순환기계 질환과 각종 사고이다. 순환기계 질환으로 인한 사망과 각종 사고는 전체적으로 증가율을 보이는 추세이다. 전체적으로 이들 3대 사인 질환이 사망에서 매우 중요한 부분을 차지하고 있다.

미국의 통계자료를 보면 1972년 이후 심혈관계 질환으로 인한 사망률은 급격한 감소를 보였는데 이중 뇌혈관질환은 1958년에 50%까지 사망률이 감소하였고 관상동맥질환으로 인한 사망률은 30%이상 감소하여 평균 약 35%의 사망률 감소를 나타냈다. 사망률이 감소하는 원인은 최근 10년간의 한국의 사망률을 볼 때 의학의 발전에서 찾을 수 있다고 생각할 수 있다. 우리나라에서도 병원에서의 진료의 질은 좋아졌으나 신속하고 효과적인 응급처치가 병원도착 전에 체계적으로 충분하게 이루어지지 않고 있는 실정이다. 만일 병원에 이송되기 전 단계 응급처치가 충분히 이루어진다면 선진국의 예에서처럼 사망률을 현저하게 감소시킬 수 있을 것이다.

비정상적 심장박동으로 인한 심장정지를 일반인도 교육만 받으면 시행할 수 있는 기본심폐소생술과 전문가에 의한 전문심장소생술을 실시하게 되면 43%의 생존율을 나타내지만 기본심폐소생술과 전문심장소생술이 늦어지면 생존확률은 점점 떨어져서 12분이 경과하게 되면 100% 사망하게 된다.

주요 심혈관 질환의 발병률을 보면 뇌졸중이나 관상동맥질환은 고혈압에 비하여 대단히 적게 발생한다. 그에 반하여 사망숫자는 심장마비와 뇌졸중이 대부분을 차지하고 있다. 관상동맥질환이나 뇌졸중은 발생률에 비하여 사망률이 매우 높다는 것이다. 이러한 급성 부정맥 사망의 주요원인은 급성심근경색증과 같은 관상동맥질환이다. 따라서 사망은 이미 병원 밖에서 발생하기 때문에 병원 전 응급처치에 대한 대책이 절실히 필요하다.

심장이 정지된 환자가 현장에서 즉시 심폐소생술을 하면서 구급차를 불러 전문소생술을 실시한다면 30~40%가 살아날 수 있다. 즉시 구급차호출, 심폐소생술, 제세동술에 이어 전문소생술을 하는 과정이 잘 연계되면 환자는 최대의 생존확률을 가질 수 있다. 이때 만일 아무런 처치도 하지 않는다면 100%가 사망하게 된다. 최대한 생존율을 보장하기 위해서는 신고, 심폐소생술, 제세동술, 전문소생술의 이 4가지 과정이 연쇄적으로 신속하게 이루어져야 한다. 이 4가지 과정을 응급처치에서 가장 중요한 개념으로 생존의 연쇄고리(Chain of survival)라고 부른다.

미국의 경우 1960년경에 심폐소생술이 도입되었다. 관상동맥질환에 의한 사망률을 비교해보면 심폐소생술이 도입된 1960년 이후 급격하게 떨어져서 1984년에는 사망률이 35%가량 감소하였음을 보여주었다. 특히 뇌졸중에 의한 사망은 50%까지 감소하였다. 뇌졸중은 심장이 아닌 호흡정지나 의식상실이 원인이 되어 기도폐쇄로 사랑하는 수가 많아 기도유지와 인공호흡만으로 소생이 가능하기 때문이다. 심폐소생술은 현장에서 즉시 하지 않으면 그 효과가 전혀 없기 때문에 현장응급처치의 중요성을 단적으로 잘 보여주는 대표적인 예라 하겠다. 따라서 국민들은 이러한 현장응급처치방법과 응급의료체계의 이용방법 등에 대하여 잘 알아야 한다.

상기한 바와 같이 응급환자가 살 수 있는 방법은 현장에서 즉시 응급처치가 이루어지면서 신속히 전문적 처치와 연계되어야 한다. 그러나 사람이 살아가다 보면 어느 상황에서나 응급상황을 겪을 수 있는데 이러한 경우 주위의 사람이 응급처치와 신고를 해 주어야 한다. 따라서 여기에 필요한 것은 응급처치 교육이라는 기본적 지식, 능력의 배양과 타인을 응급상황에서 구해주고자 하는 시민정신이다. 이 책의 내용은 이러한 시민정신이 발휘된다는 가정 하에 기술되어 있다. 선진국에서는 선한 사마리아인법이라고 하여 응급상황에 처한 사람에 대한 응급처치를 시행하면 일반인이 하여도 그 결과에 대하여 면책 받을 수 있도록 응급처치자에 대하여 법적 보호가 되어 있다. 우리나라는 특히 시민정신이 강조된다고 하겠다.

2. 응급의료

1) 응급의료체계의 개요

응급의료체계란 일정지역 내에서 응급환자 치료를 위한 양질의 응급의료 서비스를 제공하는데 필요한 인력, 장비, 자원 등의 모든 요소를 효과적으로 운영하기 위하여 조직화한 체계라고 볼 수 있다. 그러나 일반인이나 환자가 실제적으로 느끼는 응급의료체계는 응급환자가 발생하였을 때 신속히 조직적으로 누군가가 도움을 주는 체계일 것이다. 예를 들어 가정에서 간단한 상처가 나서 스스로 소독을 하고 지혈을 했다면 여기서 응급의료체계란 말을 이야기 할 필요는 없을 것이다. 그러나 스스로나 가까운 일반인의 힘으로 어떤 응급환자에 대하여 해결하려 하면 꼭 응급의료체계가 필요하며 이에 대하여 접근, 이용하는 방법에 대하여 국민 누구나 알고 있어야 한다. 아무 지식은 없더라도 적어도 119에 신고하면 응급환자에 대한 도움을 받을 수 있다는 것만 알더라도 응급의료체계로의 접근은 가능하다

2) 응급의료체계의 내용

응급의료체계는 환자 발생에서 의료기관으로 도착 전까지의 병원전단계, 의료기관에서 진료를 시행하는 병원단계로 대략 단계를 구분할 수 있는데 실제로 국민들이 더 급하게 느끼고 제대로 못하는 단계가 병원전단계이다. 이러한 체계 내에서 도움을 줄 수 있는 사람은 의사, 간호사, 응급구조사, 소방구급대원, 신고접수자, 경찰, 구조대원, 안전관리자 등 다양하다. 그러나 가장 중요한 것은 자신의 동료, 가족이 신속히 현장에서 응급처치와 신고를 하여 도움을 주어야 한다는 것이다. 이것이 응급의료체계의 출발이다. 이것이 없이 잘못된 응급환자를 갖고 누

구를 탓할 필요가 없다. 우리나라에서는 모든 현장 응급환자의 처치, 이송 신고는 119번호로 통일되었고 병원정보, 상담, 등은 1339를 이용할 수 있다. 게다가 이러한 이용이 현재까지는 무료라서 선진국조차도 없는 무료이송을 하고 있다는 것을 참고하기 바란다.

3) 응급의료체계의 이용

주변에서 응급상황이 발생한 경우에는 119나 1339로 전환하여 응급처치를 위하여 빨리 도움을 요청한 후 그 다음 누구라도 간단한 응급처치를 시행하는 것이 중요하다. 119에 전화를 하면 환자 이송 및 응급처치의 도움을 받을 수 있으며, 응급환자 정보 센터인 1339에 연락 시에는 응급처치 요령, 병원안내, 질병상담 등 전화로 도움을 받을 수 있다. 응급상황이 발생하면 증상이 경미한 경우에는 인근의 의료기관(병 · 의원)을 직접 방문하는 것이 바람직하며, 증상이 매우 심하다고 판단되는 경우에는 친지나 주위사람보다 바로 응급의료체계 즉 소방서의 119구급대에 즉시 연락하여 도움을 요청해야 한다. 119로 전화가 연결되면 119상황실 통신 근무자(전화상담원)에게 기본적인 사항을 정확히 구두로 전달하여야 하며, 구급차가 현장에 도착할 때까지 연락체계를 계속 유지함으로써 간단한 응급처치법 등에 대한 조언을 받아가며 위급한 상황에 대처해야 한다. 다음과 같은 상황은 반드시 119 연락하여 빨리 도움을 받아야 하는 응급 상황들이다.

〈표 3-1〉 빠른 도움을 받아야 할 응급상황(반드시 119로 연락)

1	기도폐쇄	8	경련 환자
2	호흡곤란이나 무호흡	9	마비환자
3	심장마비	10	물에 빠졌을 때(익수)
4	심장질환이나 흉통	11	중증도 이상의 화상(火傷)
5	의식이 없는 경우	12	전기손상
6	심한 출혈	13	자살기도
7	척수 손상이 의심되는 경우	14	분만

〈표 3-2〉 응급환자 신고 시 반드시 전달해야 할 사항

1	환자가 발생한 위치, 주소 및 전화번호를 정확히 알려 준다
2	응급상황이 발생할 경위와 환자상태
3	주위의 위험요소 유무 : 화재, 사고, 위험물질 등
4	환자의 수

〈표 3-3〉 경미한 증상이라도 반드시 응급진료가 필요한 경우

1	기침 시 혹은 가래에 피가 섞여 나오는 경우
2	소량이라도 피를 토하는 경우
3	흉통(가슴에 갑자기 통증을 느낀 경우)이 발현한 경우
4	잠시라도 의식을 잃었던 경우
5	신체에 마비증상이 일시적이라도 나타났던 경우
6	기타(갑자기 숨이 찬 경우)

4) 응급상황에 대비한 준비

응급상황 발생 시를 위한 최소한의 필요한 준비를 반드시 하여야 하며, 몇 가지 준비물품들을 비롯하여 신고할 전화번호 등도 알아두어야 한다. 그러나 가장 기초적인 준비는 기본적인 응급처치법에 대한 교육을 받아두는 것이다. 또한 평소에 응급물품들을 점검하여 예기치 못한 상황에서 오는 응급상황을 미리 준비해야 한다.

준비물품으로는 전화기, 반창고, 핀셋, 거즈, 방부제, 거즈패드, 운동화, 신고 전화 손전등, 예비 건전지, 물수건, 구급함, 일회용 장갑, 마스크, 다양한 크기의 밴드 및 얼음주머니 등이 있다.

준비하는 방법으로 일단 구급함부터 준비하도록 한다. 여러 물품이 여기저기 흩어져 있으면 응급상황 시 대처하기 어렵고 같이 모아져 있어도 손에 들고 달려갈 수 있어야 한다. 구급함이 준비되어 있으면 들어갈 물품의 목록을 적고 구

급함에다 붙여둔다. 여기에는 비상 시 연락할 수 있는 연락처들도 적어야 한다. 응급의료체계의 접근 전화번호가 가장 중요하지만 의료기관, 도움을 줄 수 있는 동료, 친지 등의 연락처도 급할 때 유용하다. 아직 우리나라의 응급의료체계가 완벽하게 구비되지 않았기 때문에 의료적인 도움 외의 사회적인 도움을 구할 수 있는 전화번호도 유용할 수 있다.

5) 기본 응급처치함의 상비품목

〈표 3-4〉 기본 응급처치함의 상비품목

기구	붕대 및 상처처치 물품
가위, 주머니칼, 소독장갑, 핀셋, 체온계, 얼음주머니, 손전등, 면봉, 안전핀, 신호탄, 다용도 부목, 흡입기, 넓은 은박지(보온용), 마스크	거지, 패드, 반창고, 거즈붕대, 압박붕대, 일회용 반창고, 일회용 소독거즈, 알코올 처리패드, 화상처치용 수용성 소독패드, 소독수건
연고류	구급약
일회용 얼음팩, 항생제 연고, 항진균 연고, 스테로이드 연고, 칼라민로션, 자외선 차단 크림, 벌레 물린 곳 통증 제거용 연고	진통제(아스피린, 이부로펜, 아세트아미노펜), 항히스타민제, 소화제, 변비약, 멀미약, 기침약, 먹고 있던 약

6) 응급처치의 우선행동

- 환자에게 다가가지 전에 자신이나 환자에게 위험한 요인이 없는지 반드시 현장의 안전을 먼저 확인하고 필요하면 소방, 경찰서 등에 먼저 연락 하여야 한다.
- 환자를 응급처치 할 때에는 위험물질이나 전염성 질환으로부터 자신과 환자

를 보호하기 위한 준비를 하여야 한다. 가능하면 장갑, 보호경, 마스크 등을 착용하도록 하며 사용한 거즈 등은 비닐봉지에 담아 처리해야 한다.

- 119에 신고하여 도움을 요청해야 한다. 119에 신고함으로써 응급의료체계를 활성화시켜 구조대원, 응급구조사, 응급의학과 전문의 등 전문가의 도움을 받을 수 있도록 해야 한다.
- 흔들거나 자극을 주어 의식을 확인한다. 의식이 없으면 즉시 도움을 요청하고 환자의 생명과 직결되는 문제 즉, 기도(숨길)는 유지되는지, 호흡은 있는지, 순환(맥박)은 유지 되는지 심한 출혈은 없는 지를 먼저 확인하여야 한다.
- 일차평가 후에는 머리에서 발끝까지 살펴야 한다. 다친 경우에는 상처가 있는지, 변형이 있는지, 만지면 아픈 곳은 없는지 붓지는 않았는지를 살핀다.
- 일차평가를 시행하는 동안 환자가 숨을 쉴 수 있는지, 숨을 쉬고 있는지 확인 하여야 합니다. 호흡이 없다면 인공호흡을 시행해 주어야 한다.
- 의식 확인, 구조요청(119), 기도유지, 인공호흡, 순환(맥박)의 확인, 흉부압박으로 이루어지는 심폐소생술은 환자의 생명을 구할 수 있다.
- 과민반응, 출혈 등으로 쇼크증상(불안, 찬 피부, 식은 땀, 어지러움, 힘 빠짐 등)이 있으면 다리를 높여주고 체온을 유지해 주어 쇼크의 진행을 늦추어 주어야 한다.
- 연부 조직이나 피부의 손상, 출혈에 대한 올바른 처치는 환자의 고통을 덜어주고 상처의 회복이 빠르게 해줄 수 있다.
- 근육이나 뼈의 손상이 의심되면 골절에 준해서, 다친 부위를 올바른 방법으로 고정하고, 차게 해주고, 압박해 주고, 올려 줄 수 있어야 한다.
- 모든 외상환자는 척추(특히 목뼈)손상을 주의해야 한다. 간단한 주의로 예방할 수 있지만 잘못하면 등골이 손상되어 전신 마비, 하반신 마비 같은 평생 장애를 남길 수 있다.
- 어려움에 처한 사람을 도와주는 것은 당연 하지만 응급처치팀을 기다리지 않고 환자를 옮기거나 승용차 등을 이용하여 병원으로 이송하는 것은 매우 위험하다.

3. 응급을 요하는 증상

1) 의식변화

(1) 혼수상태

의식의 변화는 간단한 사고의 장애로부터 완전히 의식이 없는 상태까지 매우 다양하게 나타나며, 혼수상태는 아무리 강력한 외부 자극을 주었을 지라도(예 : 환자를 꼬집어보는 등) 전혀 반응하지 않고 깨어나지 못하는 경우를 말한다. 일반적으로 의식변화는 다음과 같은 원인들로 오게 된다.

① 구조적 병변 : 외상, 뇌종양, 간질, 두 개내 출혈 등

② 대사성 : 무산소증, 저혈당, 당뇨성 케토산증, 간부전, 신부전

③ 약물

④ 심혈관계 : 고혈압성 뇌증, 쇼크, 과민성 쇼크, 부정맥, 심정지, 신부전

⑤ 감염

원인이 이와 같이 다양하므로 일반인들이 이를 감별하기란 어렵다. 그러나 이런 상태에 있는 사람을 발견했을 경우 가장 먼저 확인해야 할 상황은 그 사람이 숨을 쉬고 있는지에 대한 여부이다. 원인이 어떠하건 간에 의식이 없는 사람은 혀가 목구멍 뒤로 쳐지기 쉬우며 기도를 막아서 숨을 쉬지 못하여 생기는 것이 가장 시급하게 해결해야 되는 사항이다. 만일 호흡이 좋지 못하다면 기도를 유지하여 환자의 호흡이 가능하도록 한다. 만일 환자가 호흡이 없다면 기도유지를 다시 하고 인공호흡을 통하여 그 사람에게 산소를 공급할 수 있도록 한다.

또한, 이런 경우에 처해 있는 사람의 주변인들은 다음과 같은 것에 주의하여 정보를 모아 처치자가(예: 응급구조사, 119 구급대원 등) 도착하였을 때 정보를 제공하는 것이 중요하다. 처치자가 여유시간이 좀 있다면 환자를 더욱 자세히 관찰하여야 하는데 이때에는 자극에 반응하는지, 호흡의 상태나 횟수, 깊이 정도를 알아보아야 한다. 또한 가능하다면 다음도 확인하는 것을 잊지 않도록 한다.

① 의식변화의 기간이 얼마나 되는가?

② 갑자기 시작 되었는가 혹은 서서히 시작되었는가?

③ 최근 4주 이내에 두부외상이 있었는가?

④ 현재 치료 중인가?

⑤ 술을 마셨다거나 약을 먹었는가?

⑥ 변화이전의 특별한 행동이 있었는가?

⑦ 현재 먹고 있는 약이 있는가?

– 이때 행할 수 있는 처치는 다음과 같다.

① 기도를 열어주기 위해 고개를 들어준다.

② 호흡이 없다면 인공호흡을 실시한다.

③ 만일 경추(목)손상이 의심되는 사람이라면 함부로 건드리지 말고 전문 처치사에게 조언을 받아서 행동 할 수 있도록 한다.

환자의 머리와 신체가 정중앙에 오게 한 후 환자의 이마는 눌러주고 턱은 검지와 중지 두 손가락으로 들어준다.

기도유지를 해준 상태에서 환자의 얼굴에 구조자의 얼굴을 가져가대고 구조자의 눈은 환자의 가슴을 보며 환자의 10초간 호흡유무를 확인한다.

a. 구강 대 비강법 : 구조자는 손으로 환자의 입을 막고 환자의 코에 구조자의 입을 댄 후 공기를 불어넣는다.

b. 구강 대 구강법 : 구조자의 손가락으로 환자의 코를 마고 환자의 입에 구조자의 입을 댄 후 공기를 불어넣는다.

(2) 경련

경련은 흔히 간질이라고 이야기되는 대발작부터 소아의 열성 경련, 그 외, 다양한 형태로 나타나므로 평소 경험이 없던 일반인들은 당황하기 십상이다. 어른은 간질이 원래 있던 사람은 평소에 약을 잘 복용하는 것이 중요하고 갑자기 처음으로 생기는 경련은 의료 기관에 가서 궁극적으로 원인을 알아서 처치해야 한다. 소아는 열이 심하게 날 때 경련이 생기기 쉬우므로 해열제나 옷을 벗기고 물로 닦아주는 노력을 해야 한다.

경련의 증상은 갑자기 이상한 행동이 나타나는데 눈이 뒤집힌다던가, 온 몸을 부르르 계속하여 떨고 거품을 물며 신체가 비정상적인 행동이 반복하는 등이다.

물론 이러한 증상 중의 일부는 진짜 경련이 아니고 정신적인 문제 때문에 나타날 수도 있어 겉으로만 급한 것 같고 내용적으로는 응급환자가 아닐 수도 있다. 이는 일반인으로서는 감별하기 힘들다.

① 처치

무엇보다도 숨을 쉴 수 있도록 기도확보가 중요하다. 원인적 치료는 의료기관에 이송하여 실시할 수 있지만 도착하기 전까지 숨을 쉴 수 있도록 기도확보를 잘 실시하여야 한다. 대발작 환자 중에는 쓰러져서 다른 물체에 부딪히기 쉽고 혀를 깨무는 동시에 혀와 구강 내 손상을 최소화 할 수 있도록 경구기도기를 입속에 삽입하도록 하며 없을 때에는 임시로 딱딱하고 부드러운 막대같은 물체로 이를 대신할 수 있다.

소아는 이와 더불어 열성경련이 많으므로 미지근한 물로 몸을 닦아주도록 하며 이에 앞서 옷을 전부 벗겨서 수분의 증발 시 체온이 떨어질 수 있도록 한다.

② 주의

대발작 시는 환자가 발작하며 다칠 수 있으므로 주위에 부딪혀서 다치거나 찔릴만한 물건을 치워주어야 한다.

무엇보다도 경련 자체보다도 기도확보를 통하여 숨을 계속 쉴 수 있게 하여야 하며 경련 중에는 호흡이 멈출 수도 있으므로 인공호흡을 하며 신속히 이송한다.

2) 통증

(1) 복통

복통은 흔히 오심(구토할 것 같은 느낌), 구토, 배 근육의 수축, 다른 부위의 통증과 같이 나타나는 경우가 많으며, 어떤 경우는 배가 아픈 상황이 수술에 의해 치료 받지 않는다면 치명적일 수도 있으므로 심한 통증 호소의 정도를 평가하고 그냥 지나치지 않는 것이 필요하다. 계속되는 복통은 꼭 응급실에 이송되어 진찰되도록 해야 한다는 것도 잊어서는 안 된다.

배 아픈데 대한 민간요법도 많은 것이 사실이나 배 아픈 원인이 수백 가지 이상 있을 수 있고 그에 대한 치료도 조금씩 다를 수 있다는 것을 이해해야 한다. 중요한 것은 단순 배앓이가 아닌 상황을 가볍게 넘기지 말아야 한다는 것이다. 배가 아픈 환자들은 때로 토하거나 춥다고 하고, 설사나 변비, 소변이나 대변에 피가 섞여 나오거나, 열이 나기도 하며 환자의 자세는 다양하게 나타나는데 움츠리는 행동을 하거나 움직이지 않으려고 할 수도 있다. 또한 배가 아플 때 위험한 것 중 하나는 신체 내에서 일어나는 출혈인데 피가 나는 정도를 눈으로 알 수 없기 때문에 혈액량의 감소를 생각하고 쇼크가 일어나는지 주의 깊게 관찰해야 한다. 피를 토한다던지 변이 붉게 나오면 출혈이 같이 있는지 알지만, 짜장 색깔 같은 검은 변이 나와도 상부위장관의 출혈이 있다는 신호이므로 철저히 점검되어야 한다.

이런 사람에게 병원으로 가기 전 취해 줄 수 있는 처치로는 편안한 체위를 취해 주며, 어떤 음식도 주지 않고 또, 그 통증부위를 배꼽을 경계로 하여 4부위로 나누어 어느 쪽에 통증이 있는지도 조사해두어 처치자가 도착했을 때 정보를 주면 도움이 되며, 혈액을 토하거나 또는 변에 섞여 나왔는지 그 양과 색깔을 알아두고 그 증거물을 처치자가 도착할 때까지 보존할 수 있으면 그렇게 하도록 한다.

그러나 이런 사람을 병원으로 이송하기 전에 현장에서 할 수 있는 처치는 그리 많지도, 효과적이지도 못하므로, 너무 오랜 시간을 끄는 것은 도움이 되지 않으므로, 병원으로 빠르게 이송할 수 있도록 신고하는 것이 중요하다.

(2) 두통

두통의 흔한 원인은 축농증, 감기, 긴장, 눈의 피로, 수면부족, 배가 고플 때 등 다양하다. 그러나 머리나 척추에 손상이 있을 때도 역시 두통을 유발한다. 그 증상은 머리의 아무 부분이나 지속이거나 가끔씩 통증이 오는데, 처치는 환자의 이마에 찬 것이나 뜨거운 물을 담은 병을 싸서 누르며, 환자로 하여금 어두운 방에 누워 있도록 권한다. 만약 두통이 계속되고, 구역질 구토, 열, 목이 뻣뻣해지거나, 시력이 혼란스럽거나, 두부손상, 혼란, 점진적인 의식의 소실이 동반된다면, 의학적 도움을 요청하여야 한다. 평소 느끼던 두통과 느낌이 다르고 너무나 심하고 오래간다던지, 상기한 다른 심한 증상이 같이 있을 때는 뇌수막염, 뇌졸중, 뇌출혈 등 다양한 뇌의 병변이 동반될 수 있을 가능성이 있다. 이는 응급상황이므로 빨리 이송하여야 한다.

(3) 치통

치통의 가장 흔한 원인은 이빨의 에나멜질의 부식에 의한 것이다.(즉, 이빨이 썩는 것) 그러나, 농양, 잘못 깨물어서 가해진 압박에 의해서 유발될 수도 있으며, 안면신경의 염증으로 인해 유발된 통증이 방사되어 치통을 유발할 수 있다. 그 증상은 치아와 턱의 통증이 있으며 지속적이거나 가끔 통증이 있고, 치통은 찬 것이나 뜨거운 것을 먹거나 하면 더 심해진다. 치료는 심하고 지속적인 통증이 있으면 뜨거운 물을 넣은 병을 싼 것이나 뜨거운 헝겊으로 상한 이가 있는 쪽의 얼굴에 댄다. 만약 증상이 계속되면, 혹은 그 이 주위로 열이 나고 부으면 지체하지 말고 의사나 치과의사를 찾아가도록 한다.

(4) 귀의 통증

귀의 통증은 그 통증이 굉장히 심하다. 이것은 귀 안이나 귀 주위의 감염에 의해 초래되다. 즉, 귀의 종기나 농양 등에 의해 초래된다. 그러나 가장 흔한 이유는 특히 어린아이에 있어서 목을 통해 세균이 귀로 퍼져 유발된 중이염에 의한 것이다. 이런 종류의 감염은 편도선염, 홍역, 감기 등을 앓고 나서 잘 온다. 귀의 통증은 귀지가 너무 많을 때 또는 비행기 여행이나 잠수 시 갑자기 고막에 가해지는 압력의 변화가 있을 때도 잘 나타나며, 그 증상은 지속적이거나 가끔 귀의 통증이 생기고, 치료는 심하고 지속적인 통증을 해소하기 위하여 아픈 쪽 귀에 뜨거운 것을 다물고 침을 삼키거나 양 볼이 불룩해지도록 불게하며, 통증이 지속적이건, 분비물 · 열 · 청각의 이상이나 들리는 정도가 다를 때는 즉시 의학적 도움을 구하도록 한다.

(5) 목이 아플 때

가벼운 통증이나 경직이 목의 근육에 발생하는 경우로는, 장시간 한 자세로 앉아 있거나 누워있는 경우나 장기를 두거나 정신적 긴장이 계속될 때 생길 수 있지만 바이러스성 질환이나 타박에 의해서도 유발 될 수 있다. 그 증상은 목 부위의 통증이 있고 움직이면 심해진다는 것이고, 치료는 통증을 해소하기 위해서 아픈 부위에 뜨거운 것으로 찜질을 하고 목을 부드럽게 움직이도록 한다. 증상이 계속되거나, 목이 붓고 구역질이나 구토, 두통, 혼란, 의식의 상실, 명백한 목의 외상이 있을 때 의학적 도움을 구하도록 한다.

3) 기절 · 절도

기절이란 잠깐 동안 의식을 잃는 것이다. 흔히 뇌로 가는 혈액의 일시적 감소로 인해 생기는 현상으로 회복은 빠르고 완전하게 된다. 통증이나 공포에 대한 신경반응으로 올 수 있으며 혹은 감정적 혼란의 결과, 탈진, 굶었을 때도 일어날 수 있다. 그러나 실제로 오랫동안 움직임이 없었을 때 신체의 다리에 많은 양의 피가 고이게 되어 다른 부분의 순환을 감소시킬 때가 더 흔하다. 이런 사람의 특징적인 증상은 매우 창백해 보이고 맥박이 느리고 약한 것을 알 수 있으며 그 처치는 다음과 같다.

(1) 처치

- 만일 환자가 불안정해 하면 앉히고 두 무릎 사이에 머리를 앞으로 기울이게 하여 심호흡을 하도록 한다.
- 목이나, 가슴, 허리의 쪼이는 옷을 풀어 준다.
- 의식을 찾으면 환자를 안심시키고 점차 앉은 자세로 일으킨다.
- 의식을 완전히 찾을 때까지는 입으로 아무것도 주지 말고 회복 후 찬물을 조금씩 마시도록 한다.

(2) 주의

일반인들은 졸도한 것과 다른 심각한 질병으로 인하여 의식을 잃은 것과 구별하기 힘들다. 따라서 기절한 현장에서 회복을 바라고 너무 오래 시간을 끌지 않도록 하며 의료기관에서 확인하는 과정이 필요하다. 중간에 환자의 호흡과 맥박은 계속 확인하고 없으면 신속히 그에 대한 조치를 해야 한다.

4) 이물질 삽입

(1) 눈의 이물 - 귀나 눈의 이물질, 낚시 바늘, 못

① 처치

눈에 가해지는 손상은 모두 심각할 가능성이 있다. 왜냐하면 이물이나 조각들이 안구에 손상을 주고 그 결과 안구 내부의 손상과 감염을 일으킬 가능성이 있기 때문이다. 눈은 자극적인 이물질을 씻어내기 위하여 눈물의 생성과 분비가 증가하여 계속 눈물을 흘리는데, 대부분의 경우에 눈물로 이물을 제거 될 수 있다.

환자의 대부분은 눈에 이물이 들어가면 눈을 비비게 되는데, 그것을 멈추게 하고 환자를 의자에 앉힌 후 불빛을 마주보게 하고 뒤로 기대게 한다. 환자의 뒤에 서서 손가락으로 환자의 눈을 상하로 벌린 후 가능한 눈의 모든 부위를 살펴본다. 만약 눈 속의 이물이 보이면 소독된 물이나 생리식염수를 이용하여, 머리를 이물이 들어간 눈 쪽으로 기울여서 눈을 씻어낸 물이 다른 쪽 눈으로 가지 않고 뺨을 따라 흘러내리도록 한다. 만약 이것이 어렵거나 물이 없고, 또 이물이 눈에 박혀있지 않으면 젖은 솜이나 깨끗한 손수건의 구석을 적셔 이물을 제거한다. 만약 이물 제거가 실패하면 상처받은 눈에 안대나 거즈를 대고 그 반대편 눈도 가려 병원으로 신속히 온다.

② 주의

눈에 들어간 이물질 중에서 날카로운 것은 절대로 물로 닦거나 문지르지 않도록 한다. 예를 들어서 유리조각이 튀어 들어갔을 때 눈이 입는 손상은 유리조각의 오염보다는 유리조각에 긁히거나 찔리는 것이 더 심각할 것이다. 이러한 상황에서 물로 씻던지 비비면 눈의 상처만 더 증가시킬 뿐이다. 이는 의료기관에서 전문 장비를 갖고 해결해야 할 문제이다.

(2) 코의 이물

① 처치

코의 이물은 자갈이나, 공기돌, 또는 가지고 놀던 장난감 등을 코에 집어넣을 수 있는 어린아이들에게서 흔히 일어 날수 있는 일이다. 부드러운 것은 코 안에서 꽉 끼게 되지만 날카로운 것은 코의 조직에 손상을 줄 수 있다. 이때 환자는 코로 숨 쉬는 게 힘들고 코가 붓게 되는데, 입으로 숨을 쉬고 코로 공기를 밖으로 배출하게 한다. 이것으로 이물이 밖으로 빠져 나오면 좋지만, 그렇지 못할 경우 당황해져서 코의 이물을 가정에서 흔히 집게나 기타 도구로 제거하려는 시도를 많이 하게 되는데 이 방법은 코의 이물을 코 속으로 더욱 깊이 들어가게 할 수 있다. 그러므로 환자를 입을 통해 숨 쉬게 하고, 안심시킨 후 병원으로 빠르게 이송한다.

② 주의

이물질이 겉에서 보인다고 억지로 잡아 빼려고 너무 노력하지 않는다. 쉽게 나오는 것은 괜찮지만 반복하고 힘을 가할 때는 코에 상처를 주게 된다. 특히 날카로운 물질이 들어갔을 때에는 이러한 노력을 시도하지 말고 병원에서 처치받아야 한다.

(3) 귀의 이물

귀의 이물은 어린 아이들에게 있어서 가장 흔한 형태이다. 귀의 이물은 일시적으로 귀가 들리지 않지만, 깊은 침투는 고막의 손상을 유발한다. 예를 들어 벌레나 파리 또는 작은 곡식 알갱이 등이 귀에 들어가는 경우가 그것이다. 귀에 이물이 들어가면 환자는 귀의 통증을 호소하고 벌레가 들어간 경우에는 귀 속에서 진동을 느끼게 되거나 이물이 들어간 쪽의 청각에 이상을 호소한다. 벌레가 들어가서 움직일 때에는 그 통증은 매우 심하다.

우선 환자를 안심시킨 후 만약 벌레가 들어갔으면, 미지근한 물을 귀에 부어 흘러 넘치게 한다. 미지근한 물을 사용하는 것은 환자에게 차가운 물로 귀를 씻어 낼 경우 환자가 떨림이나, 어지러움을 호소할 수 있기 때문이다. 다른 이물이 들어갔을 때 애써 가정의 도구로 제거하려 할 경우에 이물이 더욱 깊이 들어갈 수 있으므로 제거하려 하지 않도록 하고 병원으로 빠르게 이송한다.

5) 기타 응급증상들

(1) 흉통(가슴이 아플 때)

① 처치

흉통이나 흉부에 불편함이 있다고 하는 것은 심장질환에서는 흔한 증상이다. 흉통은 심근경색의 가장 흔한 증상이다. 흉통을 호소하는 환자와 마주친다면, 병력에 대한 다음 것들을 알아두어 처치자가 도착하였을 때 자료를 제공해 주어야 한다.

a. 흉통의 특별한 위치
b. 통증이 옮겨가는 위치(예 : 턱, 등 또는 어깨)
c. 통증의 시간
d. 통증이 나타나게 된 이유(예 : 운동, 스트레스 등)
e. 통증의 양상이나 질 (예: 둔함, 심함)
f. 통증에 따라 오는 현상(예: 메스꺼움, 호흡곤란)
g. 통증을 심하게 하는 행동이나, 약화시키는 행동
h. 유사한 통증이 예전에 있었는가?

가슴이 아프다고 하여 이것이 꼭 심장에 이상이 있는 것은 아니다. 그러므로 병력을 조사하여 처치자에게 정보를 주는 것은 중요하다는 것을 알아야 한다. 이런 사람에게 해 줄 수 있는 응급처치는 통증을 경감시킬 수 있는 자세를 취해주거나, 그 사람이 그럴 때 먹는 약이 있다고 하면, 그 약을 먹을 수 있도록 도와주고, 옷을 느슨하게 하여 호흡하기 편할 수 있도록 도와준다.

② 주의

심장질환으로 인한 흉통은 갑자기 사망에 이를 수 있는 위험한 것이다. 이러한 경우 갑자기 심장마비가 생길 수도 있으므로 증상이 시작된 시간부터 얼마나 빨리 응급실에 도착하고 정확한 치료가 신속히 되었는가가 중요한 향후 전망을 결정짓는 요소이다. 상기한 설명은 신고하고 기다릴 때 해당되는 것이지 신고하지 않고 시간을 지체하라는 뜻은 아니다. 앞가슴이 뻐근하게 짓누르는 듯이 아프고 더불어 식은 땀, 메스꺼움, 어깨나 목 또는 등의 통증이 같이 있을 때는 지체 없이 119에 신고하여 응급실로 가도록 한다.

4. 외상처치

1) 상처의 소독 · 보호-드레싱

드레싱은 상처를 덮어주어 균으로부터 보호하고 지혈과정을 돕는다. 가능하면 치료용도로 포장된 소독붕대를 사용한다. 만일 소독된 것이 없으면 깨끗하고 보풀이 없는 삼각건이나 손수건으로 붕대를 대신할 수 있다. 보풀이 있는 천은 상처에 붙어 오염시킬 수 있으므로 사용하지 않는 것이 좋다.

드레싱의 일반수칙은 다음과 같다.

- 상처 부위에는 소독거즈를 두텁게 덮어야 한다.
- 거즈는 상처 위에 직접 놓는다. 옆에서 밀어 놓지 않도록 하고 비껴진 것은 제자리에 놓는다.
- 만일 소독된 붕대가 하나밖에 없으면 그것을 상처 위에 놓고 다른 깨끗한 물품으로 덧댄다.
- 처치자는 장갑을 착용하고, 붕대는 바깥쪽이 상처부위에 닿도록 한다.

또한 처치자의 호흡이나 손에서 상처부위로 균이 옮는 것을 최소화하기 위해서는 다음 사항을 지키는 것이 좋다.

- 가능하면 1회용 장갑을 착용한다.
- 처치 전 손을 깨끗이 씻는다.
- 상처에 손을 대거나 닿은 때는 붕대를 건드리지 않는다.
- 상처에 대고 이야기 하거나 기침을 하지 않는다.

(1) 멸균드레싱

- 이 드레싱은 붕대가 달린 드레싱 패드를 말한다. 멸균된 드레싱은 다양한 크기가 있고 낱개로 잘 포장되어 있다. 만일 포장이 파손되면 그 드레싱은 더 이상 무균상태가 아니다.
- 포장을 벗기고 붕대 끝을 찾아 들어 놓는다. 멸균된 패드를 펴놓되 과정 중 닿아서 오염되지 않게 조심한다.
- 패드 양쪽의 붕대를 잡고 상처 위에 바로 패드를 놓는다.
- 붕대의 짧은 쪽을 팔이나 다리에 한번 돌려 잘 고정한다.
- 붕대의 긴 쪽으로 상처부위를 감싸고 있는 거즈의 전체를 고정하며 감는다. 만일 드레싱이 벗겨 나가면 제거하고 새 드레싱을 사용한다.
- 붕대 끝을 매듭으로 묶고 고정한다. 매듭은 상처부위 위에 묶어 압력을 가할 수 있게 하고 만일 출혈이 새어 나오면 그 위에 다른 드레싱을 덧댄다.
- 피가 잘 통하는지 점검한다.

(2) 거즈 드레싱

- 멸균된 드레싱이 없으면 거즈 패드를 사용할 수 있다. 이것은 거즈를 몇 겹으로 접어서 만들며 부드럽고 유연하게 상처를 감쌀 수 있다.
- 거지패드의 가장자리를 잡고 상처 위에 곧바로 놓는다.
- 거즈 위에 몇 겹을 덧댄다.
- 반창고로 고정하거나 감은 붕대로 잡는다.

(3) 접착 드레싱

- 흔히 반창고(밴드)를 이용하는 것으로 작은 상처에 사용한다.
- 포장을 벗기고 패드를 아래로 향하게 하영 보호대를 잡는다.
- 보호막을 벗기되 완전하게 떼어내지 않는다. 드레싱패드는 만지지 않도록 하면 서 상처 위에 놓는다.
- 보호막을 떼어 내어 끝을 눌러 붙인다.

(4) 냉찜질

- 타박상이나 삔 곳은 차갑게 하면 부식와 통증을 줄일 수 있다. 다친 부위를 흐르는 찬물에 대고 있거나 물 안에 담글 수 있다. 상처 부위가 머리나 가슴 같이 다루기 힘든 부위이거나 장시간 냉각시켜야 하는 경우는 얼음주머니나 냉습포를 이용한다.
- 비닐주머니에 절반이 넘을 정도로 얼음을 채운다. 주머니 끝을 묶고 수건 같은 헝겊으로 싼다.
- 부상부위에 얼음주머니를 놓는다.
- 20-30분간 상처부위를 냉찜질 하고 얼음을 보충한다.

(5) 냉습포 대기

- 수건이나 천을 아주 찬물에 담갔다가 건져 찬 기운과 물기가 남아 있을 만큼만 짜내고 상처부위에 갈다 댄다.
- 같은 방법을 5분 동안 반복하여 냉기를 유지시킨다.

(6) 붕대감기

붕대를 감는 데는 여러 가지 목적이 있다. 드레싱을 제자리에 고정시키고, 출혈을 억제하며, 부상부위를 지지 고정시키고, 붓기를 감소시키는 것이다.

① 붕대감기 전

- 부상자에게 무엇을 하려는 지 설명한다.
- 가능하면 앉거나 눕는 자세로 부상자를 편하게 한다.
- 항상 부상자 앞에, 가능하면 부상 입은 쪽으로 서 있는다.

② 붕대 감을 때

- 멈추고 드레싱을 고정시킬 수 있도록 단단히 감아야 하나 혈액순환에 지장이 없도록 한다.
- 다친 부위를 받쳐준다.
- 가능하면 손가락이나 발가락이 붕대 끝으로 나오게 하며 혈액순환 상태를 점검할 수 있게 한다.

③ 다리고정을 위한 붕대감기

다리 사이에 부드러운 패드를 대준다. 넓은 붕대로 무릎 위를 고정하고 좁은 폭의 붕대로는 발과 발목을 팔자붕대로 하여 고정한다.

④ 혈액순환상태를 식별하는 법

다음과 같은 경우에는 혈액순환 상태가 좋지 않을 가능성이 있다. 물론 신경, 근육 등이 같이 손상되었을 수도 있다.

- 손발의 피부가 차고 창백하다.
- 나중에는 피부가 거무스레한 회색이나 푸른색을 띤다.
- 저리거나 따끔거린다.
- 그 부위를 움직일 수 없다.

(7) 롤붕대 감는법

- 붕대 꼬리를 부상 부위 아래에 대고 안쪽에서 바깥쪽으로 두 번 머리를 똑바로 돌려 감는다.

- 사지를 나선형으로 감아나간다. 전 층의 1/2-2/3를 덮는다.
- 끝날 때는 한번 똑바로 감고 끝을 고정한다.
- 팔 다리의 순환을 점검한다.

(8) 팔꿈치와 무릎에 붕대감기

- 부상 입은 팔을 약간 구부린 자세로 유지한다.
- 붕대꼬리를 팔꿈치 안쪽에 댄 뒤 관절주위를 한번 반쯤 감아 돌려 팔꿈치를 덮는다.
- 붕대머리를 팔꿈치 뒤에서 상박 쪽으로 가져가 한번 돌리되 그 전 층의 절반을 덮도록 감는다.
- 붕대머리를 팔꿈치 관절 바로 아래로 가져와 아래쪽 팔을 한번 돌려 감되 처음에 똑바로 돌려 감은 것의 절반을 덮도록 한다.
- 이런 식으로 양쪽 계속 감아 나가는데 항상 전 층의 2/1내지 3/2를 덮으면서 감는다.
- 붕대감기를 끝내려면 두 번 똑바로 감은 뒤 끝을 고정한다.
- 혈액순환 상태를 점검하고 붕대가 너무 꼭 조이면 손의 혈액순환이 회복될 때까지 붕대를 풀었다가 느슨하게 다시 감는다.

(9) 삼각붕대

① 붕대 접기

- 삼각붕대를 수평으로 밑변에 닿게 한다.
- 붕대를 다시 반으로 접는다.

② 삼각붕대로 손, 발에 감기

- 붕대의 밑변을 따라 가장자리를 한번 접는다. 드레싱을 위로 오게 하여 부상자의 손을 붕대 위에 얹고 정점을 손목 위에 오게 덮는다.
- 두 끝을 손목 주위에 오게 하여 엇갈리게 하고 매듭으로 묶는다. 정점을 끌어당겨 붕대가 단단히 되게 한 다음 매듭위로 덮어서 그 밑에 밀어 넣는다.

③ 삼각붕대로 머리 감기

- 붕대 밑변의 중앙부를 부상자 이마에 맞추어 눈썹 바로 위에 오게 한다. 정점은 머리 뒤로 떨어지게 한다.
- 양끝을 귀 바로 위로 하여 뒤쪽 머리를 감는다. 목덜미에서 정점 위로 양끝을 교차 시킨다.
- 양끝을 돌려 앞으로 오게 한 뒤 이마 가운데서 매듭으로 묶는다.
- 부상자의 머리를 흔들리지 않게 하면서 붕대 정점을 잡아당겨 탄탄히 한 뒤 머리 정수리로 올리고 안전핀으로 고정한다.

④ 삼각건을 이용한 걸대

- 붕대를 팔과 가슴사이에 놓는다. 한끝을 목 위로 돌려 다친 쪽으로 잡아당긴다.
- 붕대의 아래쪽 끝은 부상자의 아래팔을 넘어서 위로 올려 어깨에서 다른 끝과 만나게 한다.
- 부상 측 쇄골 위 오목한 곳에서 맞매듭으로 묶고 끝을 그 밑으로 집어넣는다.
- 고정하기 위해서 정점을 팔꿈치 앞으로 당긴다. 붕대의 느슨한 부분은 모두 정점 밑으로 밀어 넣고 안전핀으로 팔꿈치 위에서 고정한다. 만일 안전핀이 없으면 걸대가 팔꿈치에 편안하게 맞을 때까지 정점을 비틀어 꼬아서 정점을 팔 앞부분에서 걸대 안으로 밀어 넣는다.

⑤ 임시 팔걸이 만들기

- 환자가 자켓을 입고 있다면 자켓 자락을 위로 올려 손상된 팔을 놓고 자켓 가슴에 핀으로 고정한다.
- 환자가 자켓이나 코트를 입고 있다면 단추를 풀고 손상된 쪽의 손을 넣고 단단히 잠근다.
- 환자의 소매를 반대쪽 셔츠나 자켓의 가슴부위에 핀으로 고정한다. 임시팔걸이를 높게 하려면 소매를 더 올려 어깨를 고정한다.
- 벨트 타이 부목 또는 타이즈를 이용해 목걸이형 걸대 지지대로 만들 수 있다. 그러나 팔의 골절이 의심되는 경우에는 이 방법을 사용하지 않는다.

(10) 폐쇄성 손상

- 넘어지거나 무딘 물체로 맞았을 때 생기며 타박상 또는 반상출혈(즉 멍)을 유발. 폐쇄성 손상이 심하면 혈압이 저하되어 의식을 잃을 수도 있다. 손상 직후에 얼음물 찜질이나 상처부위를 압박하여 조직 안의 출혈을 조절하고 부목으로 고정하 여 심장보다 위쪽으로 상처를 올려준다.

(11) 개방성 손상

① 베인 상처 : 칼이나 면도칼 혹은 날카로운 종이의 끝으로 상처를 입는 것
② 찢어진 상처 : 철조망, 기계 혹은 동물이 발톱등과 접촉하여 피부가 불규칙하게 찢긴 상처
③ 찔린 상처 : 못, 바늘, 압정 등에 의한 상처로 깊이 다칠 수 있다.
④ 벗겨진 상처 : 보통 미끄러져 넘어지는 것이 원인

(12) 총상

총알이 몸에 박혀있거나, 뚫린 상처를 말하며 처지(지혈, 오염방지, 부목고정)는 다음과 같다.

- 상처에 소독 거즈를 덮고 손으로 압박하여 지혈시킨다.
- 누르고 있던 상처를 들어 올리고 압박붕대로 감는다.
- 출혈이 계속되면 압박붕대 위에 다시 소독 거즈로 덧대어 압박한다.
- 상처 부위를 부목으로 고정한다.

2) 출혈 시의 처치

(1) 외부 출혈의 조절

출혈이 심하면 즉시 상처부위를 지혈하고 출혈부위를 심장 높이 보다 높게 해야 한다. 상처가 크거나 출혈이 심한 경우에는 병원에서 수술을 받게 될 수도 있

기 때문에 부상자에게 물을 주어서는 안 된다.

① 지혈 방법은 직접압박, 간접압박, 지혈대 사용 등의 방법이 있다.

a. 직접압박: 압박붕대나 손으로 출혈부위를 직접 압박.

b. 간접압박(선택적 동맥 압박) : 국소 압박으로도 지혈되지 않을 때 출혈부위에서 몸통 쪽으로 가까이 위치한 동맥부위를 압박한다.

c. 지혈대 : 지혈의 마지막 수단으로 이용된다.

- 출혈부위 가까운 곳에 7-10cm넓이의 띠를 2번 감는다.
- 띠를 묶어서 매듭을 짓고, 그 위에 막대를 놓는다.
- 막대를 매듭하고 출혈이 멈출 때까지 막대를 감는다.
- 출혈이 멈추면 막대 감는 것을 멈추고, 막대를 다시 고정한다.

(2) 코의 출혈

피나 액체가 흘러나오도록 손상 받은 쪽으로 귀를 기울인다. 소독 거즈로 귀를 덮고 접착성 테이프로 살짝 붙인다. 이때 귀를 마개로 막거나 혈액이 흐르는 것을 방해 하지 말 것.

(3) 내부 출혈의 지혈

내부출혈은 겉에서는 출혈이 보이지 않지만 신체 내부에서 출혈이 되는 것을 말한다. 출혈 시에는 직접적으로 시행할 수 있는 지혈법이 아무것도 없으므로 빨리 병원으로 이송되어져야 한다. 이송 시 다음과 같은 점에 유의한다.

- 이송 시 다리를 들어 준다.
- 목이나 가슴을 쪼이는 의복은 느슨하게 풀어주고 환자를 안심시킨다.
- 다른 손상이 없는지 확인하고 필요하면 처치를 한다.
- 부상자에게 입으로 어떤 것도 주지 않도록 한다.

3) 골절(삐거나 뼈가 부러진 경우)의 처치

(1) 골절의 종류

① **폐쇄 골절** : 손상 뼈의 주위 피부가 찢어지지 않은 골절이다.

② **개방 골절** : 골절로 피부 표면이 상처가 나거나 깨진 뼈가 피부를 뚫은 경우의 골절로 외부 출혈 뿐 아니라 세균이 살과 깨진 뼈로 들어갈 수 있기 때문에 감염의 위험이 심각하다.

③ 골절이 있음을 의심할 수 있는 경우

- 변형

  본래의 상태에 위치하지 않고 짧아지거나, 각이 지거나 사지가 회전하게 되는 것을 말한다. 변형상태를 검진할 때에는 반드시 손상 받은 사지와 반대편의 정상적인 사지를 비교해야 한다.

- 압통

  그 부위를 부드럽게 압박하면 골절부위에 통증이 있다.

- 운동제한

  손상부위를 움직이면 통증을 느끼므로 움직이려 하지 않고 움직임이 어렵거나 제한된다.

- 부종 및 반상출혈

  골절부위에서 부어오르거나 피부 밑으로 출혈된 것이 피부색 변화로 보인다.

- 마찰음

  골절부위에서 골절된 양측 뼈의 면이 맞부딪힐 때 마찰을 감지할 수 있다.

  가성 운동

  관절이 아닌 부위에서 관절처럼 골격의 움직임이 관찰되기도 한다.

④ 골절환자의 일반적 처치 원칙

- 골절 환자를 함부로 옮기거나, 다친 곳을 건드리어 부러진 뼈끝이 신경, 혈관 또는 근육을 손상시키거나 피부를 뚫어 복잡골절이 되게 하는 일이 없도

록 조심한다.

- 골절 부위에 출혈이 있으면 직접압박으로 출혈을 방지하고 부목을 대기 전에 드레싱 먼저 시행한다.
- 뼈가 외부로 노출된 경우 억지로 뼈를 안으로 밀어 넣으려 하지 말고, 만약 뼈가 안으로 다시 들어간 경우에는 반드시 의료진에게 알려 주어야 한다.
- 골절 환자를 가능한 한 움직이지 말아야 한다. 환자를 편안하게 해주고 손으로 지지하여 더 이상의 이상과 통증을 유발시키지 말아야 하다.

⑤ 부위별 골절 처치

- 척추 골절 : 환자를 움직이지 말고 손으로 머리를 고정하고 감은 옷을 따라 대어 환자를 지지한다. 모포로 환자를 덮고 의료 지원을 기다린다.
- 팔 골절 : 상처 입은 쪽의 팔을 가슴에 대고 가슴과 팔 지지해준다. 가슴과 팔 사이에 부드러운 헝겊 조각 같은 것을 끼워준다.
- 골반 골절 : 다리를 펴준 채로 환자를 눕히거나 무릎을 구부리는 것이 더 편안하다고 하면 무릎 밑에 담요를 말아서 대준다. 골반 골절 시에는 과다의 출혈로 쇽에 빠질 수 있으므로 주의해야 한다.
- 발의 골절
  환자를 눕히고 구두와 양말을 조심스럽게 벗긴다.
  아픈 쪽의 발을 들고 발바닥에 헝겊을 대고 부목을 받쳐준 후 고정한다.
- 쇄골 골절
  환자를 앉히고, 손상된 쪽 팔을 가슴을 지나 반대쪽으로 가게 한다.
  넓은 천으로 다친 쪽 팔을 가슴에 고정시키고 병원으로 이송한다.(삼각건으로 고정)
  골반 골절 : 자동차 사고나 추락 사고로 흔히 발생한다. 다리를 펴고 등으로 눕도록 도와주며, 묶어서 다리를 고정하는데 관절 사이에는 패드를 넣는다.

(2) 탈구

- 탈구는 관절에서 원래 있던 뼈가 빠져 나가는 것이다. 탈구는 어깨, 팔꿈치,

손가락, 턱 등이 자주 발행한다. 탈구와 골절을 구별하기 힘들 때의 처치는 골절과 같은 치료를 한다.

- 베개나 쿠션을 사용하여 부상자를 가장 편한 자세로 유지해 준다. 가능하면 붕대나 삼각붕대로 고정시켜 준다.

(3) 염 좌

- 관절 주위의 인대나 조직이 갑자기 뒤틀렸을 경우 발행하는 손상으로 예를 들어 걷거나 뛸 동안 발이 예기치 않은 방향으로 뒤틀렸을 경우 발목에서 발생한다. 흔히 삐었다고 이야기 하는 것이 이에 해당된다.
- 부상자가 가장 편한 자세로 관절을 지탱해주고 손상 받은 부분을 높게 해준다. 찬 얼음으로 부은 것과 통증을 감소시켜주면 효과적이다. 그리고 골절과 같은 처치로 부목을 대준다.

(4) 부목법

부목은 통증을 감소시켜 줄 뿐만 아니라 부러진 뼈끝이 움직이지 않도록 하여 근육 · 신경 · 혈관이 더 이상 손상되지 않도록 방지해 준다. 따라서 폐쇄골절이 개방골절로 되는 것을 예방할 수 있다. 부목사용 시 원칙 및 주의사항은 다음과 같다.

- 다친 부위가 보일 수 있도록 해야 한다.
- 부목 대기 전에 다친 곳 아래를 만져보아 감각이 있는지, 맥박을 만져 피가 잘 통하는지, 사지를 움직이게 하여 운동 능력이 있는지 확인한다.
- 개방된 상처는 부목 대기 전에 깨끗하게 드레싱 해주고 부목은 개방 상처의 반대편에 대어준다.
- 부목의 사용 시는 손상 받은 곳의 위 · 아래의 관절을 함께 고정하여 움직이지 않도록 한다.
- 골절이나 탈구가 의심되는 곳은 가능한 부목을 대준다.

4) 수지절단 시 대처법

(1) 절단 부위의 처치

- 환자를 안정시키고 절단부 상태를 살펴본다.
- 절단 부위를 직접 압박하고 올려준다. 불완전 절단 시에는 절단 부위와 연결 부위를 같이 드레싱하고 올려준다.
- 압박드레싱을 시행한다.
- 출혈의 정도를 확인하고 지혈이 안 되면 지혈점을 찾아 압박한다.
- 계속 출혈이 되면 마지막 방법으로 절단 부위 5cm 이내에서 고무줄 등으로 묶어 압박을 시행하며 이 때 압박을 시작한 시각을 기록한다.

(2) 절단된 신체 부분의 관리

- 절단된 부위를 생리식염수로 깨끗이 씻은 후에 젖은 멸균 거즈로 싸서 물이 새지 않는 비닐봉투나 플라스틱 용기에 넣는다.
- 이를 다시 다른 비닐 봉투에 넣고 주위에 물을 채운 후 얼음을 몇 조각 넣는다.

(3) 주의점

- 얼음이 직접 절단 피검물에 닿지 않도록 유의한다.
- 드라이아이스는 사용하지 않는다.
- 절단 부위를 직접 물속에 넣지 않는다.

5) 환자를 옮기는 방법

(1) 환자를 옮길 때 고려 사항

- 구조자가 하고자 하는 일을 환자에게 설명하여 환자가 협조하도록 한다.
- 도움이 가능하면 환자를 혼자 옮기지 않으며 돕는 사람들에게 할 일을 미리 설명하여 각각이 충분히 협조하도록 해야 한다.

- 여러 사람들이 환자를 움직일 때는 한 사람만이 말로 지시해야 한다.
- 환자를 들어서 움직이는 경우 척추 손상에서 보호하기 위해 항상 정확한 이송 방법을 사용해야 한다.

(2) 담요로 들기

- 담요의 반을 길이로 말아서 평행하게 놓는다. 환자를 담요가 있는 반대쪽으로 굴린 후 환자의 등에 담요말이를 놓는다.
- 환자를 담요 위 반대쪽으로 굴린다. 담요말이를 펴고 환자를 편안히 다시 눕힌다.
- 펴진 담요자락을 환자 쪽으로 단단히 다시 감는다. 이것은 운반자가 손잡이로 사용한다.
- 환자의 몸통과 다리 쪽에 한편에 2명씩 운반자가 앉아 담요말이를 단단히 잡는다.
- 신호에 맞춰 4명의 운반자가 등을 기울인 채 무릎을 피는 동작으로 환자를 들어올린다.

(3) 들것 옮기기

- 들것의 네 손잡이마다 1명씩 운반자가 선다. 운반자가 3명뿐일 경우 2명이 머리 쪽에 선다.
- 운반자들의 앉아 손잡이를 잡는다. 신호에 따라 같이 일어나 들것의 평행을 맞춘다.
- 신호에 따라 보폭을 짧게 하여 바깥쪽의 발부터 걷기 시작한다.
- 환자를 내려놓을 때는 신호에 의하여 정지한다. 신호에 따라 앉고 들것을 땅에 조심스럽게 내려놓는다.

5. 응급질환

1) 심각한 응급질환

(1) 뇌졸중

뇌졸중은 뇌에 있는 혈관이 터지거나(뇌출혈) 막혀서(뇌경색) 생기는 병이다. 흔히 중풍이라고들 말하지만 그 결과는 다양하다. 멀쩡해 보이는 사람이 어느 날 갑자기 쓰러져 사망하거나 반신불수가 되는 등 치명적인 결과를 가져올 수 있기 때문에 공포의 대상이다. 실제로 50대 이후 사회적으로 어느 정도 성취하여 중추적인 역할을 할 시기에 뇌졸중을 포함한 뇌혈관 질환이 사망 원인 중 수위를 차지하고 있어 그 예방과 처치를 잘 알아두어야 한다. 뇌졸중은 사망하지 않더라도 평생, 혹은 오랜 기간 동안 식물인간, 반신불수, 언어장애 등 그 후유증이 심각하기 때문에 사회적으로 미치는 손실은 실로 크다 할 것이다. 뇌졸중과 관련하여 식사, 운동, 담배 등 생활 전반이 규칙적이고 합리적이라야 한다. 이로 인한 고혈압, 심장질환, 고지혈증 등으로 뇌졸중 발생의 확률을 높일 수 있기 때문이다. 예를 들어 고혈압 환자는 혈압 조절, 식사, 운동, 적절한 투약으로 뇌졸중의 발생을 최소화할 수 있다. 또한 심한 뇌졸중은 종종 치명적이지만, 많은 사람들이 미소 뇌졸중으로부터 성공적인 회복을 한다. 따라서 나이 드신 분들이 잠시 행동이 이상하거나 마비 증상을 겪으면 가벼이 보지 말고 의료기관으로 가서 치료에 임하여야 한다.

A. 증 상

- 갑작스럽고 심한 두통이 있다.
- 심한 구토를 한다.
- 환자는 방향감각을 잃고 혼동하며, 불안해하기도 한다.
- 현기증과 의식소실도 가능하다.
- 입가가 밑으로 처지고 침을 흘리며, 말을 더듬거나 발음이 어눌해진다.
- 한쪽 내지 양쪽 사지가 약해지거나 움직이지 못한다.
- 몸의 감각이 이상해지거나 없어진다.

- 눈동자는 한쪽만 확장될 수 있고 동공이 좁아질 수도 있다.
- 방광과 장 조절이 약해질 수 있어 소변을 잘 보지 못하고 변비가 생긴다.
- 의식이 없어진다.

B. 치료

뇌졸중은 시간이 경과함에 따라 급격히 악화될 수 있다. 따라서 환자의 의식 상태와 관계없이 즉시 응급의료체계에 도움을 요청한다. 호전될 수 있는 환자가 상태가 안 좋아지는 상황의 많은 수가 뇌졸중인지 모르고 집에서 방치하고 있다가 치료시기를 놓치는 것이다. 뇌혈관이 막힌 경우에는 증상 발생 후 빨리 치료에 임하게 되면 적절히 막힌 혈관을 뚫어주는 약물요법을 사용할 수도 있지만 시간이 지나면 약물을 사용해도 소용없게 되고, 뇌출혈인 경우에는 신속히 수술 등의 치료를 해야 할 상황인데도 적절한 수술시기를 놓칠 수 있다. 일반적으로 일반인이 병원 도착 전 할 수 있는 뇌졸중의 응급치료는 보완적인 것이다. 그러나 그러한 처치가 없어 사망할 수도 있다. 치료의 원칙은 간단하고 일반적이다. 기도를 확보하고 심폐소생술이 필요하면 시작한다. 그러면서 가능한 빨리 병원에 후송한다. 뇌졸중 환자는 의식이 떨어진 상태에서 구토를 하게 되는 경우가 많다.

이런 경우에 기도가 막혀 제대로 된 치료도 못해보고 숨을 못 쉬어 사망하게 되는 수도 많다. 병원에 도착할 때까지 의식이 없는 뇌졸중 환자는 기도를 확보하여 숨을 잘 쉬게 해 주는 것이 가장 중요한 것임을 명심하여야 할 것이다.

C. 병원 도착 전의 구체적 처치

- 의식이 있다면 환자의 머리와 어깨를 약간 올리고 지지한 채로 환자를 눕힌다.
- 머리를 한쪽으로 기울인 상태로 이물이 입으로 흘러나오게 한다.
- 목이나 가슴을 조이는 옷을 풀어 순환과 호흡을 원활하게 한다.
- 환자에게 입으로 아무것도 주지 않는다.
- 환자가 의식을 잃으면 회복자세로 둔다.
- 호흡과 심박동이 멈추면, 즉시 심폐소생술을 시행한다.
- 치료 자세를 유지하면서 즉시 병원으로 이송한다.

(2) 심근경색

사람은 어떤 원인이든 사망 시에 심장이 정지되어 사망하게 된다. 따라서 심장 자체에 문제가 있어 갑자기 심장이 멎어버리고 다시 돌아오지 않으면 그 사람은 신속히 사망에 이르게 되는데 이렇게 되는 흔한 원인이 심근경색증이다. 심장은 심장 내의 관상동맥이라는 혈관을 통하여 혈액을 공급 받아 에너지를 얻는데 이 관상동맥이 어떤 원인으로 막혀버려 혈액을 받지 못하고 시간이 지나 심장이 썩게 되는 것이 심근경색증이다. 이러한 원인으로는 담배, 스트레스, 고혈압, 비만, 당뇨나 콜레스테롤이 높은 경우 등 다양하므로 심근경색증의 예방을 위하여 식사, 운동, 생활습관의 조절 등을 통하여 갑작스러운 심근경색증 발현을 막아야 한다. 심근경색증은 식사 습관의 서구화, 사회 발전으로 인한 스트레스의 증가 등으로 증가 일로에 있으므로 모든 응급질환 중에 가장 주목해서 알아두어야 한다.

A. 증 상

- 갑작스럽게 짓누르는 쪼이는 것 같은 통증이 앞가슴 중앙에 있으며 팔이나 목과 턱 혹은 어깨 등이 같이 아프기도 하다. 증상 중에는 앞가슴의 통증이 가장 중요하다.
- 갑작스러운 어지러움이나 현기증으로 주저앉거나 벽에 기대게 된다.
- 피부는 잿빛 같고 입술이나 사지는 푸르러 진다.
- 토하고 싶거나 식은땀이 나기도 한다.
- 숨이 차서 헐떡거릴 수도 있다.
- 의식이 없어질 수 있다.
- 갑자기 호흡과 맥박이 정지할 수 있다.

B. 치료

갑자기 앞가슴의 통증을 호소하는 모든 이는 신속히 응급실로 가야 한다. 증상 시작 시간부터 전문 치료의 시작 시간이 그 환자의 장래를 결정짓는 중요한 요소이다. 이 시간이 그 환자의 장래를 결정짓는 중요한 요소이다. 이 시간이 짧을

수록 환자가 생존할 확률은 높아지며, 그 사회의 응급의료체계가 제대로 되어 있는지의 평가 기준이 되기도 한다.

C. 병원 도착 전 구체적 처치

- 환자를 적절한 안정 자세로 하여 이송한다.
- 환자가 움직이거나 여러 어지러운 환경적 요인에 의하여 스트레스를 받게 되면 심근경색증을 악화시키게 되므로 조용하게 움직이지 않도록 하여 즉시 병원으로 옮기도록 한다. 산소를 줄 수 있는 상황이면 산소를 흡입하도록 한다. 의식이 있으면 부드럽게 받쳐주고 머리와 어깨를 지지하고 무릎을 구부린 반쯤 앉은 자세로 유지한다. 또한 목이나 가슴, 허리를 쪼이는 옷을 풀어준다.
- 때로 갑자기 환자가 의식을 잃으며 심박동이 정지할 수 있으므로 이때는 즉각 심폐소생술을 실시한다. 이러한 경우에 119 구급차를 통해 이송중이라면 자동제세동기를 통하여 응급구조사가 전기쇼크를 주어 처치할 수도 있다.

(3) 협심증

심장근육으로의 산소공급이 결핍되면 환자는 가슴에 통증을 느끼게 되는데 이것을 협심증이라 한다. 이는 심장으로 혈액을 공급하는 관상동맥이 좁아지거나 막히는 것 때문에 나타나며 때로는 심근경색증으로 갈 수도 있다. 정신적 스트레스, 과다한 식사, 흥분상태 등에서 잘 유발된다.

A. 증상

급작스럽게 발생하고 가슴을 쥐어짜는 고통 등을 호소하며 다음과 같은 특징을 갖고 있다.

- 휴식을 취하면 통증이 없어지기도 한다.
- 통증이 3-8분(드물게 10분) 지속된다.
- 호흡곤란, 메스꺼움, 식은땀이 동반되기도 한다.

- 환자에게 휴식을 취하기도 한다.
- 편안한 자세를 취하도록 한다.
- 니트로글리세린을 환자의 혀 밑에 넣는다.(복용하고 있는 약)
- 여전히 통증이 계속되면 병원으로 이송한다.

2) 특수한 상황에서의 응급질환

(1) 여행 중 응급

여행 중 일어날 수 있는 응급 상황은 아주 다양하다. 일반적으로 뼈가 부러지는 골절 사고, 기도가 막혀 숨을 못 쉬는 기도 폐쇄, 심한 운동으로 인한 심장마비, 더운 날씨에 체온이 심하게 올라가는 열사병, 추운 곳에 오래 방치된 경우 체온이 떨어지는 저체온증 등 일어날 수 있는 상황은 상당히 많다. 따라서 평소에 생각하지 못하는 예기치 못한 응급상황에 대처하기 위하여 일반적 응급처치법과 아울러 예방도 중요하다고 하겠다.

A. 해외여행자를 위한 안전식사 요령

관광여행, 상용여행, 또는 기타 목적의 해외여행 시, 오염된 식사나 음료는 건강에 치명적인 영향을 줄 수 있다. 많은 여행자들이 식중독에 의한 설사에 자주 시달린다. 더욱 언어의 장벽 때문에 적절한 치료를 받을 수 없게 되면 육체적인 아픔과 불쾌감 때문에 해외여행의 즐거움을 망치게 되는 수도 있다.

이러한 경우에 대비하여 미리 예방법과 대처법을 알아야 한다.

① 비위생적인 식사나 음료에 의한 질병의 예방과 식중독 발생 시 조치 요령

먼저 가고자 하는 여행목적지에는 어떤 질병이 많은지, 예방접종은 필요한지 기타 예방방법은 무엇인지에 대해 의사의 조언을 구하는 것이 좋다. 또한 탈수보충용 염류제제(Oral Rehydration Salts, ORS : 설사 시 깨끗한 물에 녹여서 마심)와 식수소독약을 다른 구급약품과 함께 반드시 준비한다.

다음의 사항은 노상의 간이음식점에서 뿐만 아니라 호텔에 있는 고급 음식점에도 지키도록 한다.

- 조리 된 음식이라 하더라도 실온에서 3-5시간 이상 방치되면 식중독을 일으킬 위험이 대단히 높아진다.
  따라서 드시는 음식이 완전히 조리 된 것인지, 먹을 때 아직 뜨거운 상태인지 아닌지를 확인한다.
- 껍질을 벗기거나 깎을 수 있는 과일과 채소 이외에는 조리 되지 아니한 어떠한 음식도 피하도록 한다. 또한 껍질이 손상된 과일도 피한다. "익히거나, 껍질을 벗길 수 없으면 버리시오"라는 격언을 기억해야 한다.
- 제조회사 또는 제조 원료가 확실하지 않은 아이스크림은 보통 오염되어 있어 질병을 일으킬 수 있으므로 의심이 되면 먹지 않는다.
- 어떤 나라에 있는 특별한 어패류는 충분히 가열된 경우에도 치명적인 독을 가지고 있을 수 있다.
- 현지 사람에게 조언을 구하도록 한다. 5. 살균 안된 우유는 반드시 끓여서 먹는다.
- 음용수의 안전성이 의심되면 끓이거나 식수소독약으로 소독하여 먹는다. 식수소독약은 약국에서 구입할 수 있다.
- 안전한 물로 만들어졌다고 확신 되지 않는 얼음은 먹지 않는다.
- 뜨거운 홍차, 커피 등 음료와, 병 등에 포장된 포도주, 맥주, 탄산음료, 과일주스는 일반적으로 안전하므로 마셔도 된다.

② 설사 시 대처법

대부분의 설사는 자연 치유되어 2-3일 안에 낫는다. 중요한 것은 탈수증상이 나타나지 않도록 하는 것이다. 설사가 시작되면 바로 병 포장된 것, 끓인 것 또는 처리된 음용수나 약하게 탄 홍차를 많이 먹는다. 안전한 물로 희석한 과일주스나 스프를 먹어도 좋다. 만약 설사가 하루 이상 지속되면 탈수보충용 염류제제 용액을 아래와 같이 마시고, 식사는 정상적으로 한다.

* 탈수보충용 염류제제용액 또는 섭취하여야 하는 수분량
  - 2세 미만의 어린이 : 매 설사 시마다 1/4-12컵(50-100ml)
  - 2-10세 어린이 : 매 설사 시마다 1/2-1컵(100-200ml)
  - 10세 이상의 어린이 및 성인 : 제한 량 없음

설사가 3일 이상 지속되면서, 물 같은 설사가 자주 나오거나, 대변에 피가 섞여 나오거나, 구토가 반복되거나 열이 있을 경우에는 의사의 도움을 구한다. 대변에 피가 섞여 나오는데 의사의 치료를 받을 수 없으면 Contrimoxnzole을 5일간 복용한다.

예방을 위하여 항생제를 복용하는 것은 필요하지 않다.

지사제(예를 들어 loperamide)의 복용은 필요하지 않지만, 성인에 한하여 증세를 완화시킬 목적으로 물이나 스프와 같이 복용할 수 있다. 어린 아이에게는 어떠한 경우에도 지사제를 사용하여서는 안 된다. 만약 다른 증상이 나타나면 의사의 도움을 구한다.

(2) 항공기 탑승 중 응급

항공여행 중에 발생하는 응급상황은 전문인의 도움을 구하기 어려운 경우가 많다. 그러나 통계에 의하면 일반 여객기 내에는 탑승자 중에 의료인이 동승하는 경우가 많으므로 일단 항공사 직원에게 도움을 청하는 동시에 기내의 의료인을 찾을 수 있도록 부탁해본다. 또한 항공여행 도중의 상황은 지상에서의 상황과 다른 경우가 많으므로 미리 위험요소가 있는 사람은 자문을 구하여 탑승할 지를 결정해야 하며 여행에 앞서 몸 상태를 점검해보아야 한다.

□ 해외 항공여행 건강안전 10대 수칙

- 출발 전 과음을 삼가자.
- 과중한 업무로 출발 전 과로를 하지 말자.
- 목적지 지역의 풍토병을 예방 하자.
- 기내에서 충분한 수분을 섭취하자.

- 기내에서 혈액순환 촉진을 위해 운동하자.
- 도착시간에 맞추어 음식섭취를 조절하자.
- 건강과 쾌적한 기내환경을 위해 금연하자.
- 첫출발부터 시차극복을 위한 노력을 하자.
- 무리한 수면유인을 위해 과음을 피하자.
- 끓인 물을 마시고 평소 개인위생을 실천하자.

□ 병약 승객에 대한 항공 의학적 지침

항공여행을 함에 있어 여객의 신체적, 정신적 적합여부를 판정함에는 아래와 같은 기준이 있다. 허약한 승객은 항공기 객실 내에서 아래와 같은 상태가 야기된다는 점을 명심하여야 할 것이다.

- 비교적 산소분압이 떨어짐
- 비교적 기압이 떨어짐(내장내의 Gas가 팽창될 수 있음)
- 거친 기류(불안을 초래할 수 있음)
- 타 여객에 대한 안전과 쾌적성을 염두에 두어야 함.

상기한 여러 조건에도 불구하고 때에 따라서는 여객의 생명을 구하기 위하여 이송치 않으면 안 될 경우가 있다. 물론 개별적으로 각 항공사에 재량에 따라 다르나 아래에 속하는 경우에는 원칙적으로 항공여행에 부적합한 것으로 되어 있다.

□ 항공여행에 부적합한 자

- 대단히 심하고 중태에 빠져있는 심장질환, 예컨대 심한 대체 불능성 심부전 환자, 또는 최근 심근경색으로 관상동맥폐색을 일으켰던 환자, 상기의 경우에는 그 상태가 중하지 않더라도 보통 발병 후 약 6주 이내에는 적합지 않다.
- 생후 14일 미만의 초생아
- 32주(8개월) 이상 된 임부
- 중증 중이염환자.
- 최근에 기흉 또는 뇌실조영으로 뇌신경 계통에 공기주입 등 체강 내에 기체

가 포함되어 있는 환자

- 거대한 종격실 종양, 또는 처치되지 않는 거대한 탈장증, 장폐색증, 뇌압상승을 수반하는 두부질환, 두개골 및 비골골절, 또는 하악골절로 최근 하악을 금속으로 영구식 고정을 한 환자
- 다량의 진정제 사용을 요하는 정신질환 또는 명백히 알코올, 약품 등의 중독상태에 있는 자
- 창상 치료에 충분한 시간을 못 가진 최근 수술환자(흉부 및 복부수술 후 10일 미만인자)
- 발병 후 1개월 미만의 소아마비환자, 연수성 소아마비환자의 경우에는 특수한 조치를 하지 않는 한 항상 부적합함
- 급성감염성 질환 또는 전염병 환자.
- 감염성을 가진 또는 타 승객에게 혐오감을 일으키게 하는 피부질환환자.

(3) 일상적 응급질환

A. 급성 복통

급성 복통은 흔한 배앓이로 쉽게 생각할 수도 있지만 다양한 질환이나 손상에 의하여 발생될 수 있으므로 증상이 복통을 유발하는 원인에 따라 다르게 나타날 수 있다.

① 급성복통의 증상과 증세

- 국소적 또는 전반적인 복통
- 국소적 또는 전반적인 복부 압통(배를 누르면 통증이 생김.)
- 식욕감퇴, 메스꺼움, 구토
- 움직이면 통증이 심해지므로 환자가 반듯이 누워있는 경우도 있다.
- 복통 때문에 빠르고 얕은 호흡을 한다.
- 복부강직, 복부팽만
- 전이통(등이나 옆구리 등이 같이 아프기도 한다)

- 열
- 변비 혹은 설사.

② 급성복통 환자의 응급처치

- 환자의 증상만으로 특정한 질환으로 추정하지 않는다.
- 기도를 유지한다.
- 구토에 대비한다.
- 입으로 아무것도 투여 하지 않는다.
- 진통제나 진정제를 무조건 복용하면 안 된다.
- 편안한 자세를 취해주며, 병원으로 이송한다.

B. 당뇨병

당뇨병은 혈속의 당을 조절하는 능력이 약화되어 에너지원으로서 당을 이용하지 못하게 되는 질병을 말한다. 당뇨가 있는 사람은 근본적으로 당뇨를 없애기는 어려우나 평소에 식사, 운동, 생활습관, 적절한 처치에 의해 문제없이 살아갈 수 있다. 그러나 평소에 할 일을 게을리 했다든지 당뇨 자체가 심해져 응급상황을 맞이할 수도 있는데, 당뇨가 있는 환자는 당뇨성 혼수와 저혈당증이라는 두 가지 응급상황에 빠질 수 있다. 이는 하나는 혈당치가 높고 또 하나는 혈당치가 낮은 대비되는 상황이지만 실제로 둘 다 혼수상태로 발견되기 쉬우므로 혈당치를 측정하여 감별할 수 있다. 따라서 당뇨가 있는 분은 집 안에 혈당측정기를 갖고 있는 것이 좋으며 가족들에게도 혈당 측정법을 가르쳐주어야 한다.

C. 당뇨성 혼수

고혈당에 의한 당뇨성 혼수는 실제 의학적으로는 케톤성, 비케톤성이라 하여 두 가지로 다시 구분되나 일반인이 쉽게 구별하기는 어렵고 그것보다는 빨리 발견하여 기도, 호흡을 제대로 유지하면서 이송하도록 하는 것이 더 중요하다.

① 원인

- 당뇨에 대한 치료를 받지 않은 경우
- 과식, 식사조절을 하지 않은 경우
- 인슐린 투여량이 심하게 적은 경우
- 당뇨환자로 다른 질환이 발생한 경우

② 징후

- 깊은 호흡을 하고 호흡 시에 달콤하고 향긋한 냄새가 난다(케톤성 혼수의 특징)
- 맥박은 약하고 빠르게 뛰고, 의식 장애가 있다.
- 혈압은 정상이거나 약간 저혈압인 경우가 있다.

③ 처치

- 기도, 호흡의 유지가 가장 중요하다.
- 혈당측정기로 혈당을 측정해본다.
- 혈당이 높다고 무조건 인슐린을 투여하지 않는다.
- 혼수상태인 사람에게 먹을 것을 주지 않는다. 5. 신속히 병원으로 이송한다.
- 혼수상태에 있다가 깨어났다고 해도 혈당 조절 및 기타 문제의 처치를 위하여 병원으로 이송해야 한다.

D. 저혈당증

저혈당증은 보통 당뇨 환자는 자기 자신이 그 증상으로 보아 어느 정도 느끼는 것이 보통이나 그 느낌이 항상 맞는 것은 아니다. 게다가 심한 저혈당증으로 혼수상태가 되었을 때 주위 사람들이 의식이 없어진 이유를 제대로 알지 못하기도 한다. 따라서 가까운 사람이 환자가 당뇨가 있음을 알고 대처해야 하며 혈당측정기 사용을 할 줄 알아야 한다. 혈당 측정기가 없는 경우에 설탕물이나 사탕 같이 당분을 섭취하면 증상의 호전이 있을 수 있다. 그러나 완전히 의식이 없어진 사람에게는 기도 확보 문제가 더 시급하므로 오히려 당분 섭취는 금해야 한다.

① 원인

- 너무 많은 인슐린을 투여한 경우
- 식사를 거르거나 적게 한 경우
- 과다한 운동이나 스트레스로 혈액 내의 당이 고갈된 경우

② 징후

- 정상이거나 빠른 호흡을 한다.
- 창백, 차고 축축한 피부, 식은 땀, 어지러움과 두통, 실신, 발작, 혼수 드이 있을 수 있다.
- 신경이 날카로울 수 있고 술에 취하거나 정신이상처럼 보일 수도 있다.

③ 처치

- 식사 여부를 묻는다.
- 의식이 있는 경우 : 각설탕, 가루설탕, 꿀, 과일시럽, 음료수, 초콜릿 등을 먹인다.
- 의식이 없는 경우 : 입으로는 아무것도 먹이지 말고, 병원에 이송하여 계속적 처치를 받아야 한다.

E. 쇼크

이것은 체내의 혈액이나 체액의 부피가 감소하는 손상이나 병으로부터 오는 전체 신체의 약화된 상태이다. 더 정확히 이야기하면 여러 원인으로 심장혈관계통이 정상적인 혈압, 맥박 등의 유지를 하기 힘든 상태라고도 이야기할 수 있다. 정신이 아찔한 상태부터 졸도까지 다양한 증상이 나타나나 이 정도로 쇼크라고 하지는 않고 몸에서 정상상태를 유지하려고 해도 그러한 보상 작용이 잘 일어나지 않는 상태이다. 쇼크는 대표적으로 혈액이나 체액손실에 의하여 일어날 수 있지만 균에 감염되어 전신에 염증이 심하거나 척추를 다쳤을 때, 심장에 문제가 생겼을 때도 일어날 수 있다.

① 원인 및 증상

- 전신이 약해지고, 아찔하며, 현기증이 나고 불안하여 안정을 취하지 못한다.
- 환자는 아프거나 토한다.
- 갈증을 느낄 수도 있다.
- 피부가 창백해지고 차갑고 땀이 난다.
- 호흡이 약해지고 빨라지며, 환자는 하품을 하거나 한숨을 쉰다.
- 맥박수가 증가하나 약해지고 때로 혈액이나 체액의 부피가 감소함에 따라 불규칙해진다.
- 의식이 없어질 수도 있다.
- 외부나 내부손상과 연관된 증거가 있을 수도 있다.

② 치료

- 즉각 안정시키고 환자를 편안하게 한다.
- 만일 환자의 상태가 허락하면 환자를 모포 위에 눕힌다.
- 혈압계가 있다면 혈압을 측정하여야 한다.
- 다리골절이 의심되지 않으면 다리를 든다.
- 환자를 따뜻하게 한다.
- 꽉 쪼이는 옷은 풀어주어 순환과 호흡이 용이토록 한다.
- 환자가 갈증을 호소하면 물로 입술을 적셔주되 절대로 마시게 해서는 안 된다.
- 만일 호흡이 어려워지거나 토할 것 같으면 회복자세로 둔다.
- 호흡과 맥박이 정지하면 즉시 심폐소생술을 실시한다.
- 치료 자세를 유지하면서 즉각 병원으로 이송한다.

F. 과호흡증후군

흔히 사람들은 놀라거나 심한 정신적 충격을 받았을 때 실신하거나 온몸을 떨거나 주위 사람들이 놀랄만한 증상을 보일 때가 있다. 때로는 진짜로 심한 질병이 있어서 온 몸을 어쩔 줄 몰라 하는 경우도 있지만 정신적인 원인이 처음에 작용하여 숨을 가쁘게 몰아쉬고 온 몸이 마비되는 증상을 호소하는 경우가 많다.

이럴 때에 사람들은 '쇼크 먹었어요' 라고 흔히 표현하지만 실제로 이는 의학적 용어가 아니고 과호흡증후군인 경우가 많다. 이러한 과호흡증후군은 숨을 가쁘게 쉬다보니 몸 안의 이산화탄소를 숨을 내쉴 때 과도하게 배출시켜 몸의 산·염기의 균형이 깨지게 되는 것이 근본적 문제이므로 이러한 균형을 교정하는 것이 치료의 원칙이 된다.

① 원인

- 정신적인 충격
- 심장, 폐, 신경계 질환
- 과도한 운동이나 스트레스
- 불분명한 경우도 있음.

② 증상

- 숨을 매우 가쁘게 쉰다.
- 손발이 마비되는 느낌이 들며 저리다.
- 손발이 뒤틀리고 움직이지 않는 경우도 있다.
- 가슴이 답답하다.
- 숨이 막혀 죽을 것 같은 느낌이 든다.

③ 처치

- 비닐봉지로 입, 코를 중심으로 얼굴을 느슨하게 덮어주어 자기가 내쉰 숨을 도로 들이 마실 수 있게 해주어야 한다. 너무 비닐봉지를 얼굴에 꽉 밀착시켜 질식을 시킬 정도가 되어서는 안 되니 주의하여야 한다.
- 환자를 최대한 안정시켜야 한다.
- 신속히 병원으로 이송한다.

6. 위험환경 및 위험물에 의한 응급처치

화재가 발생하였을 때 현장에서의 응급처치를 환자의 생명을 좌우할 만큼 중요하다. 따라서 숨을 쉬고 맥박이 뛸 수 있게 하는 처치가 우선되어야 하고 더불어서 화상에 대한 간단한 상식과 처치를 알면 도움이 된다. 화상은 원인에 따라 열상화상, 화학화상, 전기화상으로 분류할 수 있다. 일반적으로 지칭되는 화상은 열상화상을 의한다. 열상화상은 다시 화재에 의한 피부손상 혹은 기도 화상(Flame burn이라함), 끓는 물에 의한 조직손상(scalding burn이라 함) 및 주전자나 온돌방등과 같은 뜨거운 물질에 접촉하여 발생하는 화상(Contact burn)이 있다.

화상은 환자의 피부손상 이외에도, 기도가 부어서 생기는 기도 폐쇄, 기관지염이나 폐부종, 쇼크, 근육 파괴에 의한 신부전증, 부정맥 등이 발생할 수 있다. 인체의 피부는 표피, 진피, 피하조직으로 되어 있으며 세균침입 방지와 체온조절, 수분의 침투와 증발을 방지한다. 따라서 화상으로 인해 피부 소상 시엔 감염과 체액손실, 온도 조절 장애 등으로 죽음을 초래할 수도 있다.

1) 일반적인 화상의 진단

화상의 정도와 인체의 피해를 고려하여 다음과 같은 상황을 생각하여야 한다.

① 화재장소가 막힌 공간인지, 열린 공간인지? 화재장소에 독극물이 있는가? 환자가 호흡기에 문제가 있는가?

② **화상범위** : 화상이 심한 정도는 몸의 표면적 가운데 화상을 입은 부위의 비율에 따라 큰 영향을 받는다. 따라서 대략 그 비율을 알아두는 것이 좋다.

- 성인 : 얼굴 18%, 배18%, 팔 각각9% 다리 각각18%, 성기 1%
- 소아 : 얼굴 18%, 배18%, 팔 각각9% 다리 각각13.5%, 성기 1%

③ **화상의 깊이**

- 1도 화상 - 화상을 입은 부위가 붉게 변하지만 물집은 생기지 않고 붓고 경미한 통증을 동반하며 병원치료 시 후유증 없이 치유된다.
- 2도 화상 - 약간 더 깊이 침범한 화상으로 물집이 생기고 붓고 심한 통증이 발생하며 병원에 입원하여 전문적인 치료를 받아야 된다.

- 3도 화상 - 피부 전체 층이 화상을 입은 상해를 말하며 피부가 탄 것처럼 보이기도 하고 신경이 죽음으로 통증이 없기도 한다.

2) 화상의 종류

(1) 열화상

화재나 뜨거운 증기, 기름, 물, 주방기구, 등에 의해서 화상을 입으며 주로 어린이들에서 많이 발생한다.

① 처치

환자를 안전한 곳으로 옮기고 타고 있거나 그을린 옷은 먼저 제거한 다음 찬물이나 얼음물을 이용하여 물수건으로 30분 이상 식혀준다. 만약 환자가 심한 화상으로 인해서 정신을 잃거나 맥박과 호흡이 희미해지면 쇼크로 인해 위험하므로 빨리 119나 큰 병원으로 옮겨야 한다.

② 주의

물집은 세균에 감염을 일으키므로 벗기거나 터드리지 않는다. 어린아이들은 체온손실로 인한 저체온증에 빠질 수 있으므로 화상부위를 찬물에 10분 이상 담그지 않아야 하며, 로션, 된장, 간장, 소주 등은 감염을 일으킬 수 있으므로 바르지 않는다. 모든 화상은 병원으로 이송하여 치료를 받아야 한다.

(2) 화학 화상

화학반응을 일으키는 물질이 피부와 접촉할 때 발생한다. 때로는 화학물질의 연기가 호흡기나 눈에 화상을 일으키기도 한다. 예를 들면 수산화나트륨, 수산화칼륨, 페놀 등 화합물은 매우 조심하여 다루어야 한다.

① 피부와 접촉되었을 때

a. 처치

환자의 손상된 부위를 물로 씻어주며 옷은 제거하고 통증이 사라진 후에도 10 이상 씻어준다. (옷을 벗긴 상태에서 샤워기 등을 이용하여 물로 씻어준다).

마른 고형 화학물질은 (생석회, 소다회)물과 합쳐지면 더욱 심한 조직 손상을 유발하므로 씻기 전에 고형물질을 털어 낸 후 씻어준다.

b. 주의

안전을 위해 장갑을 착용한다. 씻을 때는 높은 압력의 물을 사용하지 않는다.

때로는 화학물질이 피부 깊숙이 침투할 수 있다.

② 눈에 들어갔을 때

a. 처치

눈 손상은 짧은 시간의 노출로 영구적인 실명을 초래할 수도 있으므로 빨리 물로 씻어준다. 이때 눈꺼풀을 벌려주어 세척이 잘되도록 하고 다른 눈으로 오염물질이 들어가지 않도록 주의한다.

b. 주의

눈을 비비거나 만지지 못하게 한다.

최소한 15분 이상 씻어낸다.

양쪽 눈에 보호대를 대고 즉시 병원으로 이송한다.

③ 기체를 마셨을 때(흡입손상)

순식간에 호흡부전을 일으킬 수 있으므로 가능한 빨리 병원으로 이송한다. 인공호흡과 산소투여를 해 주어야 한다.

(3) 전기 화상

감전 사고는 전기 에너지에 의해 부정맥을 유발시켜 심장정지를 발생시킬 수 있고 근육을 수축시켜 뼈가 부러지거나 빠질 수 있고, 또한 외견상 보이는 화상보다 조직 안쪽에 손상을 주기 때문에 매우 위험하다. 이때도 현장에 구조자가 감전당할 수 있는지 확인하는 것이 매우 중요하며 안전한 곳에 기본소생술에 의거하여 환자를 처치한다. 실제로 가정용 전기에 노출될 때에도 심장 정지가 올 수 도 있으며 고압전기 감전은 안전한 곳으로 환자를 일단 구출한 후 소생을 시행하여야 한다.

3) 고온이나 저온에 의한 손상 응급처치

(1) 고온에 의한 손상

열손상은 신체가 견뎌낼 수 있는 한계보다 더 많은 열에너지에 노출되었을 때 발생하는 것으로 종류에는 열경련, 열피로(일사병), 열사병 등이 있다.

① 열경련

더운 기후나 심한 운동 후에 주로 나타나며 땀을 많이 흘림으로 신체의 전해질을 변화 시켜서 손과 발, 복부에 경련을 일으킨다고 생각되고 있고 때로는 어지러워 쓰러질 수도 있다.

환자를 그늘지고 시원한 장소로 옮겨서 편안한 자세를 해주고 의식이 있는 경우 입으로 이론 음료를 마시게 한다. 만약 없다면 물을 먹여도 좋다. 경련이 있는 부위는 압력을 주어 마사지하거나 찬 수건을 대어주는 것이 좋다. 만약 경련이 계속된다면 병원으로 이송한다.

② 일사병(열피로)

열 손상 중에 가장 흔히 발생하는 것으로 더운 곳에서 열심히 운동을 하였거나 장시간 햇볕을 쬐면 일어나는 것으로 토할 것 같은 느낌과 어지러움, 두통, 경련, 일시적으로 쓰러질 수도 있다.

시원한 장소로 옮긴 후 편안한 자세로 하여주고 옷을 벗겨준다. 부채질을 해주거나 이온 음료 또는 물을 준다. 단, 의식이 없다면 입으로 아무것도 주지 않는다.

일사병은 보통 시원한 곳에서 안정시키면 좋아지는 경우가 많으나 주위가 덥고 의식이 없어졌다고 하여 다 일사병은 아니니다. 따라서 의식이 없는 환자는 의료기관에서 확인하는 것이 중요하다.

③ 열사병

흔히 일어나지는 않지만 치료하지 않으면 매우 위험한 병이다. 격렬한 신체활동이 있으면서 밀폐된 공간에서 자주 발생하고 때론 잠겨 진 차량 안에서도 어린이에게서 많이 발생한다. 또한 우리나라보다는 열대지방, 사막지방에서 더 흔히 발생할 수 있다. 이런 환자들은 피부가 뜨겁고 건조하며 붉은 색을 띠고 땀을 흘리지 않을 수 있는 것이 특징이다.

시원한 장소로 환자를 옮긴 후 옷을 벗기고 젖은 수건이나 담요를 덮어주고 부채질을 해준다. 가장 중요한 것은 체온을 내려주는 것이다. 그리고 병원으로 이송하여 신속히 치료를 받는다.

열사병 환자는 몸의 표면보다 중심체온이 상승한 것이 근본적인 문제이다. 따라서 겉의 피부만 시원하여서는 근본적 처치가 되지 않는다. 즉 얼음물로 환자를 식혀 체온을 놓이려고 하였다가는 몸 표면의 혈관이 수축되어 몸 안의 열이 잘 발산되지 않는다. 따라서 혈관이 수축되지 않을 정도의 너무 차지 않은 물로 자꾸 닦아주고 바람을 일으켜 열이 증발할 수 있도록 도와주어야 한다. 열사병은 앞에서 언급한 일사병과 달리 사망에 이를 수 있는 응급 상황이므로 신속한 이송도 중요하다.

(2) 저온에 의한 손상

① 저체온증

차가운 물에 감겼을 때 또는 여러 시간 추운 환경에 노출되었을 때 발생하며 체온이 35C이하로 떨어지면 신체의 중요 장기들의(심장, 폐, 뇌 등) 기능이 저하되고 열을 생산하는 방어기전이 상실하게 된다.

❑ 처치

먼저 따뜻한 장소로 옮기고 움직임을 최소화 시키고 젖은 옷은 벗겨 담요를 덮어 보온하여서 병원으로 이송한다. 환자는 평평한 자세를 처치나 이송 시 유지하여야 하고 경증의 환자에게는 따뜻한 물, 당분을 공급할 수도 있다. 가능하면 처치, 이송 시에 따뜻한 환경을 만들어주도록 하여야 한다. 의료기관에서는 전문적인 가온법을 사용하여 환자를 처치하게 된다.

❑ 주의사항

저체온증은 몸의 표면도 체온이 하강하지만 그 보다 중심체온이 하강한 것이 근본적인 문제이다. 따라서 겉의 피부만 따뜻하게 하여서는 근본적 처치가 되지 않는다. 또한 급히 열을 공급하면 환자의 신체가 온도의 급격한 변화로 적응하지 못하는 경우도 있다. 따라서 천천히 환자를 안정시키며 보온을 해 주어야 하며, 특히 심한 저체온증 환자는 환자에 대한 약간의 기계적 자극으로 심장이 멈출 수도 있기 때문에 조심해서 다루어야 한다. 저체온증에 오래 빠진 사람은 심폐소생술을 오래 하여도 돌아오지 않는다고 포기하지 말고 계속 시행하는 것이 원칙이다. 포기 여부는 체온이 정상화되고 의료기관에 이송된 다음 상황에 따라 의사가 결정하여야 한다.

② 동상(동창)

동상은 신체의 일부분이 추운 환경에 노출 시 발생하며 노출된 신체의 부분이 냉각되어 조직이나 세포의 수분이 얼어버린 상태를 말한다. 비슷한 것으로 참족병이란 것이 있는데 주로 발쪽에서 찬물이나 차가운 환경에 지속적으로 노출된 경우 나타난다. 주로 도보 여행자, 사냥꾼, 군인들에게서 자주 발생하며 피부에 주름이 잡히고 창백하고 차게 되다가 그 부분이 썩게 될 수도 있다. 흔히 귀나 코끝처럼 신체의 말단 부분이 혈액 순환이 미약하여 낮은 온도에 취약할 수 있는데 겨울에 귀, 코끝이 시린 것은 그곳의 결빙 상태는 아니나 저온으로 인해 통증을 느끼는 것이다.

❑ **처치**

환자를 따듯한 장소로 옮기고 따뜻한 물체에 접촉시켜 손상부위를 따뜻하게 한다. 이 때 자극을 주거나 문지르지 않게 하고 걷는 것도 못하게 된다. 동창이나 참족병은 젖은 신발이나 양말을 벗기고 점차적으로 따뜻하게 한다. 동창은 신속하게 손상된 부위를 가온시키는 것이 가장 효과적인 치료이기는 하나 무조건 가온하는 것보다 차라리 따뜻하게 보온시키면서 병원에서 전문적인 가온을 하는 것이 환자의 통증도 경감시키고 안전할 수 있다. 만약 이러한 상황에서 의료기관을 빨리 이용 할 수 없을 때는 38-42°C정도 되게 깨끗한 물을 가온하여(꼭 온도계로 정확한 온도를 측정하여야 한다) 손상된 발을 담가야 한다. 동창부위가 따뜻해지면서 붉은 색이 돌아올 때까지 계속 한다. 이렇게 할 수가 없을 때는 보온하면서 신속히 의료기관으로 이송하는 것이 더 좋다. 주의사항 38-42°C의 적당한 물의 온도를 지키기가 힘들 때에는 현장에서 가온을 하지 말아야 한다. 특히 50°C 이상의 뜨거운 물을 사용하게 되면 환자는 고온으로 인한 손상을 더 입게 되고 조직 손상도 커져서 환자에게 해를 끼치게 된다.

4) 위험물 중독

중독으로 일어나는 응급상황은 어떤 물질이 적은 양이라도 체내로 들어와 인체조직에 기능의 장애를 주는 것을 말하며, 신체에 그러한 물질이 들어올 수 있는 방법은 먹거나(복용), 기체를 마시거나(흡입), 찔리거나(주사) 또는 피부나 점막을 통하여(흡수) 가능하다. 여기서 말하는 중독은 마약중독처럼 약물을 끊지 못하는 경우나, 몇 십 년 동안 노출되는 만성 중독은 아니고 갑자기 어떤 물질이 체 내에 들어와 발생시키는 변화를 말한다.

(1) 복용에 의한 중독

① 처치

약물, 음료수, 오염된 음식물이나 독성식물을 먹었을 때는 먼저 한 두 컵의 우유나 여러 잔의 물을 마시게 하여 독물을 희석시키고 손가락으로 목구멍을 자극해서 토하게 한 후 병원으로 신속히 이송한다. 구급함에 들어갈 수 있는 약물 중에는 시럽으로 되어 있는 구토유발제가 있는데 억지로 토하기 힘들 때 이 약을 먹으면 구토가 쉽게 유발될 수 있다.

② 주의

환자가 의식이 없을 때는 먹이거나 토하게 하지 않는다. 오히려 기도를 막아 호흡을 방해할 수 있다. 만약 구토물이 호흡기로 들어가면 심각한 화학성 폐렴을 유발시킬 수도 있다. 강산(염산, 황산 등), 강알카리(양잿물 등), 세척액, 석유화학제품, 광택제 등은 토하게 하지 않는다. 이러한 물질은 접촉 자체만으로 자극을 주어 토하면 위나 식도에 자극을 더 주게 되는 셈이 된다.

(2) 흡입에 의한 중독

천연가스, 일산화탄소, 연소가스 등의 기체를 흡입하여 생긴 중독 시엔 저산소증, 기도폐쇄 등이 나타날 수 있다.

① 처치

신선한 공기가 있는 곳으로 환자를 옮긴다. 보통 이러한 중독이 일어나는 상황은 주위에 유독 가스가 많은 상황인 경우가 많다. 구조가 자신의 안전이 문제될 수 있으므로 구조자도 유독가스에 노출되지 않도록 한다. 즉 구조를 위하여 현장에서 오래 처치할 필요가 없이 빨리 안전한 곳으로 환자를 이송한다. 이후 인공호흡 등의 기본 소생술을 시행한다.

② 주의

독성가스 유출이 심한 곳에는 환자가 있더라도 함부로 접근하지 않도록 한다. 인공호흡자체로도 구조자에게 독성가스의 피해가 있을 수 있다. 가능하면 전문처치팀에게 많은 처치를 맡겨도 일단 안전한 곳으로 환자를 옮기는 것을 먼저 해야 한다.

(3) 피부를 통한 중독

양잿물이나 세척액 등과 같이 부식성 물질이 피부나 눈 등에 직접 접촉됨으로써 손상을 입을 시엔 감염, 화상이나 발작을 동반한다.

① 처치

흐르는 물에 씻어 준다. 눈 오염 시엔 20분정도 세척하여 준다.

② 주의

산이나 알칼리에 피부가 노출되었다고 해서 중화를 시키려고 반대되는(예를 들어 산에 노출되었을 때 알칼리 사용) 성분을 이용하여 닦아내면 절대로 안된다. 오히려 다른 성분에 의한 손상만 받을 뿐이며 깨끗한 물을 갖고 많이 씻어냄으로써 희석시켜야 한다. 자극성 물질이 아니더라도 물로 씻어 내면 흡수되는 양을 줄일 수 있다.

5) 물에 빠졌을 때의 응급처치

물에 빠진 사람을 발견하였을 때는 무조건 뛰어들면 안 된다. 왜냐하면 물에 빠져 겁에 질린 사람으로 인해 구조하러 들어간 사람까지도 위험해 질 수 있다. 물에 빠진 사람은 급하여 아무 것이나 손에 잡히는 것은 붙잡기 마련인데 구조자가 환자에게 잡혔다가 행동이 제한되면 같이 위험하다.

(1) 처치

구조 시 제일 좋은 것은 줄이나 긴 막대, 튜브를 이용하거나 배로 다가가야 한다. 하지만 이 방법으로 구조할 수 없을 때는 환자의 앞이 아닌 뒤로 접근해서 구조하여야 한다. 만약 환자가 숨을 쉬고 있지 않다면 수면에서라도 인공호흡을 하여야 한다. 물에서도 인공호흡은 가능하나 흉부압박은 되지 않으므로 신속히 육지로 인공호흡을 하며 이송하여야 한다.

환자의 체온이 낮다면 담요로 보온을 해주어야 한다. 그러나 가장 중요한 것은 숨을 쉬고 맥박이 뛰는 것이므로 기본 심폐소생술에 의거하여 처치를 시행한다. 그리고 환자가 토한다면 얼굴을 한 쪽으로 돌리게 한다. 환자가 물을 마셨다고 하여 물을 빼는 것은 도움이 되지 않고 산소 공급이 더 중요하다.

(2) 주의

물에 빠진 사람을 구조한 다음에 흔히 배를 눌러 마신 물을 토해내는 것이 필요하다고 생각하기 쉬운데 하지 말아야 할 행동이다. 물에 빠져 의식이 없는 사람에게 배를 눌러 위 속의 내용물이 역류하여 올라오면 기도 유지가 되지 않아 숨을 못 쉬게 될 수도 있고 이러한 구토물로 인하여 화학성 폐렴이 생겨 환자가 살아도 중하게 될 가능성이 있다.

6) 감전되었을 때의 대처

(1) 감전 시 대처

전기 손상 즉, 감전은 가정에서 쉽게 일어날 수 있는 사고이다. 물에 젖은 손으로 전기 제품을 만진다거나 아이들의 장난으로 생길 수 있다.

사고가 일어나면 환자에게 바로 접근하지 말고 전원을 차단하는 등 환자 주변의 위험 물질을 없애야 한다.

만약 전원을 차단할 수 없다면 전기가 통하지 않는 막대나 고무장갑 등으로 위험 물질을 환자의 주변에서 치운다. 특히 고압전선에 감전된 사람에게는 구조자가 절연물질로 구조하는 지혜가 필요하며 구조자가 감전되지 않도록 주위의 환경, 안전에 신경 써야 한다.

환자가 위험에서 벗어나면 119에 신고하여 구조 요청을 하고 정신이 드는지, 숨은 쉬는지 맥박이 뛰는지 살핀다. 환자를 안전한 장소로 옮겨서 다시 의식, 호흡, 맥박을 확인하고 즉시 병원으로 옮겨야 한다. 만약 환자가 숨을 쉬지 않고 심장이 뛰지 않는다면 심폐소생술을 시행한다.

(2) 낙뢰(번개)에 의한 손상

엄청난 에너지를 발생하기 때문에 신체내의 신경, 심장, 현관 등에 손상을 주며, 심정지를 초래할 수 있다. 낙뢰 손상은 전기가 지나가는 것이지만 일반 감전과 달리 몸의 표면으로 지나가는 경우가 많고, 엄청난 에너지와 열을 발산하므로 물이 갑자기 수증기로 변화하면서 부피의 팽창으로 옷이 터지고 호상의 흔적이 있다. 따라서 비 오는 날 번개가 치고 이러한 환자가 의식이 없이 발견되면 한번쯤 낙뢰 손상을 의심할 수도 있다. 번개에 맞아 모두 죽는 것은 아니며 기억 상실, 시력 상실, 말을 할 수 없게 되는 경우도 있다. 이런 증상들은 일시적으로 나타났다가 사라지지만 부정맥(심장이 불규칙하게 뛰는 것)을 유발하는 경우가 있다. 또한 뼈에 손상을 입을 수 있기 때문에 함부로 옮기지 말고 119에 신고한다.

보통 현장에서 심정지에 이르는 사람이 많고, 그렇지 않더라도 큰 손상을 입기 쉬우므로 기본소생술에 입각하여 처치하게 된다. 꽉 끼는 옷가지는 제거하고 신속히 의료기관으로 이송한다. 번개에 맞는다고 다 사망하는 것은 아니므로 조기에 처치에 임하고, 최선을 다한다.

7) 벌레나 동물에 의한 손상

(1) 뱀에 물렸을 때

뱀에 물린 사고가 많지만 독사의 종류는 세 종류 정도이다. 생물학적 분류 상 논란은 있지만 대략 우리나라에는 살모사, 까치살모사, 불독사의 세 가지 독사가 있는 것으로 알려져 있다. 독사는 머리가 위에서 보았을 때 삼각형 모양으로 생겼고 일반적으로 독이 없는 뱀과 구별되므로 독사에 물렸을 때는 확인을 위해 뱀을 잡아 나중에 치료방침을 결정하는 데 도움이 되기도 한다.

① 처치

환자를 안정시킨다. 물린 부위를 물로 씻어내고 깨끗한 넓은 천 같은 것으로 물린 부위의 위, 아래쪽에 적당한 압력으로 묶는다. 이 때 너무 꽉 묶어 전혀 피가 통하지 않게 하면 안 되고, 정맥피는 몸으로 되돌아가는 것을 막고, 동맥피는 어느 정도 흐를 수 있는 적당한 압력이 좋다. 몸을 고정시키고 손상부의를 심장보다 낮게 한 다음 빨리 병원으로 이송한다. 단 입으로 어떤 것도 주지 않는다. 환자를 안정시키고 움직이지 않게 하는 것이 중요하며 자꾸 움직이면 독이 몸으로 더 퍼질 수 있다.

② 주의

뱀에 물린 상처를 빨아내는 것은 도움을 줄 수도 있지만 아직 확인된 사항은 아니다. 특히 입에 상처가 있는 상태에서 시행하면 구조자의 몸에도 독이 흡수될 수 있다는 것을 명심한다.

상처 자체의 처치에는 여러 민간요법이 내려오지만 가능하면 된장 등 다름 물질을 상처에 바르는 것은 결코 도움이 되지 않는다. 오히려 상처를 자극하고 더럽히는 결과가 되기 쉽고, 또한 칼로 상처를 절개하는 경우도 있는데 학문적으로 반드시 도움이 되지 않는다고 이야기 되는 부분이므로 처치를 절대적으로 할 필요는 없다. 오히려 이러한 처치 때문에 의료기관으로의 이송시간이 늦어지는 것이 환자에게 해로울 수 있다는 것을 명심하고, 전문가의 처치에 따라야 한다.

(2) 개에 물렸을 때

개한테 물린 사고는 겉보기에 작은 상처라도 이빨에 찍힌 상처라 좁고 깊은 상처가 생긴다. 개나 동물의 입안은 세균 등으로 파상풍 및 기타 감염에 걸릴 수 있어 주의해야 한다. 파상풍 말고 조심해야 할 질병은 광견병인데 광견병 예방접종을 했는지 알아보고 만약 확인이 되지 않으면 의료기관에 향후 치료를 상의한다.

① 처치

입 속에는 세균이 많으므로 심한 감염이 발생 할 수 있으며 우선 환자를 안심시킨 후 비누나 물고 씻고 난 후 깨끗한 거즈로 덮어 주고 병원으로 이송한다.

② 주의

개에 물린 상처에 된장을 바르거나 피가 난다고 지혈가루를 뿌린다면 상처 치료에 도움이 되지 않으므로 바르지 않는다. 아기들은 피부 조직이 부드럽고 두께가 얇아 개에 심하게 물리면 목숨이 위험할 수도 있다. 따라서 현장에서 얼른 개와 격리하고 단순히 상처만 보지 말고 숨 쉬고 맥박 뒤는 것은 확인하는 것이 급선무이다.

(3) 벌에 쏘였을 때

벌에 쏘이면 그 부위는 붓고 아프다. 벌에는 꿀벌과 말벌이 있어 침을 쏘는 방식이 다른데 꿀벌은 침이 계속 살에 꽂히는 반면 말벌은 그냥 찌르기만 한다. 어떤 벌이든 쏘인 자리가 붓고, 가렵고, 아픈 경우가 대부분이고 때로는 두통, 어지럼증, 구토, 호흡곤란 및 심하면 쇼크 증세까지 보인다. 몰론 이러한 전신 증상까지 보이면 신속히 의료기관으로 이송하여야 한다.

① 처치

벌에 쏘인 자리는 얼음주머니를 대주면 독에 의한 붓기를 가라앉히고, 아픔이 가시는데 도움이 된다. 꿀벌은 침이 박혔나 살펴 침을 제거해 주는 것이 좋은데 침제거는 바늘로 살살 긁어 주어 시행한다. 여러 곳을 쏘인 후 온 몸이 붓고 가렵고 숨쉬기가 힘들어지면 빨리 병원으로 가서 치료를 받는 것이 좋다.

② 주의

벌침이 박힌 자리는 핀셋이나 손톱으로 제거하다 보면 벌침이 더 들어가는 경우가 많다. 바늘이나 칼로 긁어주는 것이 좋으며 없으면 신용카드 등으로도 긁어서 제거할 수 있다.[2]

---

2) http://www.emergency.or.kr/sens/top.htm

7. 기본 인명구조술

1) 기본 인명구조술의 기본 개념

심장마비에 의한 사망이 전체 사망원인 중 가장 높은 비중을 차지하고 있어 이에 대한 예방과 대책 마련이 요구되고 있다. 심장마비는 심장이 원인인 경우 이외에도 물에 빠진 경우나 질식, 감전, 약물 중독 등에 의해 나타날 수 있다. 그러나 심장마비가 일어난 경우에도 부상자가 주위로부터 심폐소생술의 훈련을 받은 자의 즉각적인 도움을 받을 수만 있다면 심장마비에 의한 사망은 크게 줄어들 수 있을 것이다. 심정지환자를 소생시키려면 심정지가 발생한 후부터 빠른 시간 내에 호흡을 유지하고 혈액 을 순환시켜서 조직으로 산소(혈액)를 공급해 주어야 한다.

호흡이 정지되거나 심장이 멈추게 되면 4-6분 이내에 심폐소생술이 시행되지 않으면 환자를 생존의 가능성이 낮다. 구급차가 환자에게 도착하기까지 적어도 4-5분 이상 소요되므로 일반인들도 심폐소생술을 시행할 수 있어야 한다.

환자의 연령이 9세 이상이거나 체중이 30kg 이상인 경우에는 아래의 심폐소생술의 단계에 따라 심폐소생술을 시행하지만, 8세 이하의 어린이의 경우에는 성인의 심폐소생술 시행 방법과는 차이가 있다. 일반적인 심폐소생술의 주요 단계별 처치는 다음과 같다.

〈표 3-5〉 심폐소생술의 단계별 처치

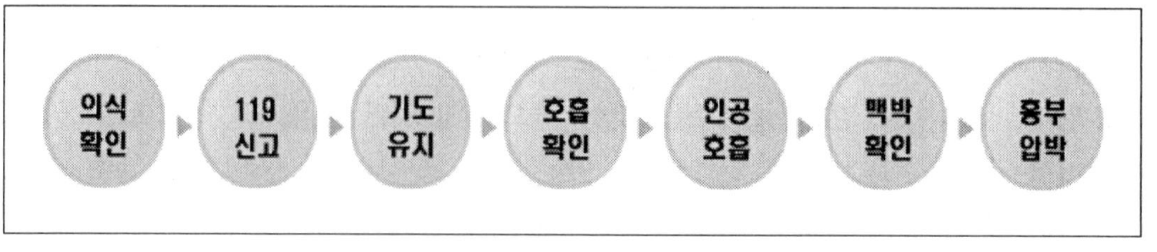

2) 기도유지 및 기도폐쇄의 처치

(1) 기도 유지

사람이 의식이 없을 때 가장 흔히 기도폐쇄의 원인은 혀가 뒤로 말려서 기도를 막는 경우이다. 막힌 기도를 열기 위해서는 기도를 유지시켜야 한다.

① 두부후굴 하악거상법

- 환자의 머리 쪽에 있는 처치자는 환자의 이마에 손바닥을 얹고 머리를 뒤로 젖혀 준다.
- 다른 손의 손가락을 환자의 아래턱뼈 밑에 대고 끌어 올린다.
- 턱 선과 바닥면이 수직이 되도록 한다.
- 턱밑에 손가락을 댈 때 연한 조직을 누르면 기도가 막힐 수 도 있으므로 주의한다.

② 하악 견인법

- 처치자는 환자의 머리 위쪽에 위치하여 두 손으로 환자의 하악골을 잡고 밀어 올린다. 이때 구조자의 팔꿈치는 바닥에 닿도록 한다.
- 목에 손상이 의심되는 환자에게 하악 견인법은 기도확보를 위해 처음 시도되는 안전한 방법이다.
- 이 방법을 시도할 때 머리를 뒤로 젖히거나 옆으로 뒤틀리지 않게 조심스럽게 지지해야 한다.

(2) 기도폐쇄

일반적인 상황에서는 기도가 막히는 경우(기도폐쇄)가 발생하지 않지만, 다음의 경우에는 기도가 폐쇄 될 수 있으므로 유의해야 한다.

❑ 기도가 패쇄되는 경우

- 소아나 고령자 : 이물질(사탕, 고기, 땅콩 등)을 삼키다가 기도가 막히는 경우
- 외상/사고 : 입안이 손상되어 부러진 치아나 출혈 등에 의해 기도가 막히는 경우
- 의식이 없는 경우 : 혀가 뒤로 말리는 바람에, 또는 구토물에 의해 막히는 경우

❑ 기도가 폐쇄될 때에 나타나는 증상

- 완전기도폐쇄 증상
  기도가 완전히 막히면 말을 하지 못하면서 양쪽 손으로 목을 쥐는 '촉킹-싸인(Chocking-sign)'이 나타나면서 얼굴과 입술이 파랗게 변하는 청색증이 관찰된다.
- 촉킹싸인 : 기도폐쇄 환자에서 일반적으로 나타나는 현상 양손으로 목을 쥐는 경우도 있고 한손으로 목을 감싸 쥐는 경우도 있다
- 부분기도폐쇄 증상
  환자는 기침과 말을 하며 안전부절 못하는 행동을 나타낸다. 청색증은 나타나는 경우와 나타나지 않는 경우도 있다

(3) 기도 폐쇄 처치

호흡상태가 정상이고 의식이 있는 경우에는 계속 기침을 하도록 유도하며, 지속적으로 기침을 해도 이물질이 배출되지 않을 때에는 즉시 응급의료체계(전화 119)로 연락을 취한다.

① 부분기도폐쇄

- 기도 폐쇄에 대한 처치 중 의식이 있고 기침을 할 수 없는 경우에는 하임리히법을 시행한다. 환자의 뒤에 서서 환자의 허리를 팔로 감싸고 한 쪽다리를 환자의 다리 사이에 지지한다.

- 구조자는 한손을 주먹 쥐고 주먹 쥔 손의 엄지를 배꼽과 검상돌기 중간에 위치한다.
- 다른 한 손으로 주먹 쥔 손을 감싸고 빠르게 위로 밀쳐 올린다.
- 이물질이 밖으로 나오거나 환자가 의식을 잃을 때까지 계속한다.

② 완전기도폐쇄

- 의식이 없는 완전 기도폐쇄 환자의 변형된 하임리히법을 시행한다.
- 환자는 바닥에 반듯이 눕힌다.
- 구조자는 환자의 허벅지 쪽에 무릎은 꿇고 앉는다.
- 한 손을 이용하여 환자의 배꼽과 명치 사이에 손 꿈치를 놓고 다른 한 손을 포갠다.
- 4~5회를 빠르게 밀친다.
- 구조자의 위치는 환자의 복부 중앙에 위치하여 좌, 우 어느 쪽으로도 치우치지 않게 해야 한다.
- 밀쳐 올리기는 4~5회를 실시한 후 입안의 이물질을 꺼낸다.

4) 성인과 어린이의 이물에 의한 기도 폐쇄

기도에 이물이 걸려 있으면 기도가 부분적으로 막히거나 완전히 막히게 된다.

이물이 기도를 부분적으로 막고 있으면 호흡이 가능한 경우도 있으나 경우에 따라 호흡을 제대로 할 수 없다. 호흡이 가능한 경우 질식한 사람은 억지로 기침을 해서 이물을 뱉어내려고 할 수 있다. 이런 경우 질식한 사람이 기침을 계속하라고 독려한다. 호흡이 어느 정도 가능하다가 아주 힘들어지는 경우도 가끔 발생한다.

호흡이 어려운 경우는 기침이 약하고 제대로 할 수 없기 때문에 숨쉬기가 더욱 힘들어진다. 이때 피부나 손톱, 그리고 입안이 청회색으로 변한다. 숨을 들이쉬면 날카롭고 높은 소리가 난다.

기도가 부분적으로 막혀 호흡이 어려운 경우는 기도가 완전히 막힌 경우와 같은 방법으로 처치해야 한다. 질식 상태이지만 의식이 있는 경우로서 완전히 기도가 막히는 경우는 보통 식사 중 흔히 발생한다. 목에 무엇인가 걸린 사람은 말을 제대로 못하고 숨을 헉헉거리며 기침을 하지 못한다. “말할 수 있겠어요? ‘라고 물어도 대답을 하지 못한다. 이물에 의한 완전 기도 폐쇄 환자는 본능적으로 목을 길게 빼고 손으로 목을 감아쥐며 숨이 막혔다는 것을 알리려는 태도를 한다. 이러한 모습이 나타나면 주위 사람들은 숨통이 막혀 위험하다는 것을 알아야한다. 질식한 사람은 당황하여 어쩔 줄을 모르고 피부가 창백하게 변한다. 완전히 기도가 막히면 공기가 폐로 들어가지 못하기 때문에 몇 분도 채 안되어 산소부복 현상이 나타난다.

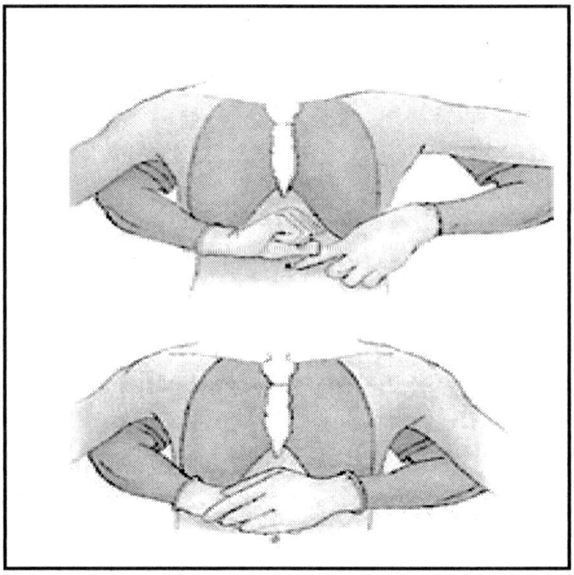

처치자는 부상자의 등 뒤에 선다. 한 팔로 부상자의 허를 감싼다(이때 팔뚝이 갈비뼈에 닿지 않도록 주의한다.)

- 한 손으로 주먹을 쥐고 엄지를 부상자의 배꼽 바로 위와 흉골의 바로 아래에 둔다.
- 다른 한 손으로 주먹 쥐 손을 감싼다.
- 주먹으로 부상자의 복부를 누르면서 빨리 위로 밀어 올린다. 5회 반복한다.

- 이물을 제거하기 위해서는 매 번 동작이 분명하고 분리되어야한다.
- 매 5회 실시한 수 부상자의 처치 방법을 점검한다.
- 주의: 부상자가 임신 말기나 비만일 경우는 가슴 밀기를 실시한다.
- 부상자가 이물을 뱉어내거나 다음의 상황이 일어날 때까지 복부 밀쳐 올리기를 5회씩 반복한다.

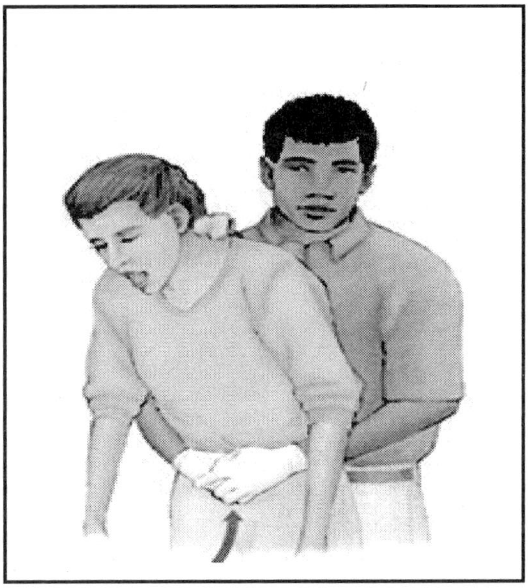

- 부상자가 호흡이나 기침을 힘차게 시작할 때까지 계속한다.
- 부상자가 의식을 잃게 될 때 119에 구급 요청을 하고 손가락을 사용하여 이물을 제거한다.
- 응급구조원이나 다른 훈련된 사람이 올 때까지 계속한다.
- 매 5회 실시 후 부상자의 상태와 처치방법을 다시 확인 한다.

5) 심폐소생술(cardiopulmonary resuscitation : CPR)

심폐소생술(cardiopulmonary resuscitation : CPR)이 도입되기 이전에는 병원 이외의 장소에서 심정지가 발생한다는 것은 곧 죽음을 의미하였다. 그러나 1960년대 초에 현대적인 방법의 심폐소생술이 도입되어 환자가 발생한 장소에서부터 심폐소생술이 시행됨으로써, 병원 이외의 장소에서 심정지가 발생한 환자를 소생시킬 수 있게 되었다. 그 후로부터 심폐소생술은 의료인뿐만 아니라 일반인도 반드시 익혀 두어야 할 중요한 응급처치술이 되었고, 심폐소생술이 광범위하게 보급되면서 병원 이외의 장소에서 심정지가 발생한 환자 중에서 상당수가 생존할 수 있게 되었다.

심폐소생술이란 심정지환자를 소생시키기 위하여 환자의 흉부를 압박하고 인공호흡을 시행하는 치료술기로 정의되어 왔지만 점차 심정지환자의 치료방법이 발달하면서 흉부압박과 인공호흡만을 시행하는 기본 인명구조술과 전문적인 의료기술(전문 심장구조술)을 모두 포함하는 용어로 정의되고 있다. 심폐소생술은 심정지로 인한 주요 장기의 비가역적 손상을 막기 위하여 인공순환과 인공호흡을 시행하여 조직으로의 산소 공급을 유지하고, 궁극적으로는 환자의 심박동을 회복시켜서 심정지 환자를 소생시키기 위한 치료기술이다.

일반인이 심폐소생술을 시행하면 의료법에 저촉되는가?

주위에 의료진이 없는 경우에는 법에 저촉되지 않는다. 의사나 간호사 등이 있는데도 일반인이 심폐소생술을 독자적으로 시행한다면 의료법에 저촉되지만, 주위에 의료진이 없는 경우에는 일반인이 심폐소생술을 시행한다 해도 법적인 책임은 없다. 선진국에서는 일반인이 하는 심폐소생술을 보호하는 법적 방안으로 소위 '선한 사마리아인법'이라고 하여 응급상황에서 주위의 사람이 구조자로서 한 응급처치 행위에 대한 책임을 법적으로 면책하여 주는 장치가 되어 있기도 하다.

전문의료인이 아닌 일반인이 심폐소생술을 시행한다면 별로 효과가 없을까?

효과는 매우 크다. 심폐소생술을 시행하면 뇌로 피가 흐르기 때문에 시행하지 않는 것보다는 효과가 매우 큰 것이다. 특히, 심장병(심근경색 등)에 의해 심장마비가 발생한 경우에 일반인이 심폐소생술을 정확히 시행한다면 환자가 생존할 확률은10배 이상 높아진다. 심폐소생술을 정확히 시행하기 위해서는 6개월-1년마다 실습을 해보는 것이 바람직하다.

(1) 의식 확인

쓰러져 있는 사람을 발견하면 가볍게 어깨를 두드리며 "여보세요. 괜찮으세요?" 라고 말한 다음 반응을 살핀다. 환자는 지나치게 자극하면 목뼈를 다칠 수 있어 주의해야 한다.

(2) 구조요청

의식이 없으면 소방서 119전화에 즉시 신고하여 장소, 전화번호, 환자 발생 상황, 필요한 응급처치 등을 알려주어야 한다.

(3) 기도유지

의식을 잃은 환자는 혀가 뒤로 말리는 바람에 기도가 막힐 수도 있으므로 환자의 머리를 뒤로 제치고 턱을 들어주어 기도를 유지한다.(두부후굴 하악거상법). 그러나 사고에 의한 경우에는 경추손상(목뼈가 부러짐)이 있을 가능성이 있으므로 턱만 살며시 들어준다(하악견인법). 소아에서도 턱만 살며시 들어준다(하악거상법).

(4) 호흡확인

기도를 유지한 상태에서 눈으로 가슴의 움직임을 관찰하고, 귀로는 호흡음을 들으며, 뺨의 촉감을 이용하여 호흡유무를 3~5조 이내에 확인한다. 3~5초 동안 관찰한 후에도 호흡이 없거나 공기의 흐름이 느껴지지 않으면, 우선 환자를 바르게 누인 후에 입안의 이물질(부러진 치아나 구토물 등)을 제거한다.

그 다음에는 2회의 인공호흡을 시행해서 이물질에 의한 기도폐쇄가 있는지 확인한다.

(5) 회복자세

호흡이 있으면 환자를 왼편으로 눕힌 다음 한 팔을 머리 아내 넣고 환자의 다리를 굽혀주어 기도 안으로 토한 것이 침이 흘러 들어가지 않게 한다.

(6) 인공호흡법

부상자가 의식이 없는 경우 회복 자세로 눕혀놓는다. 그러나 호흡이 정지된 경우라면 구강대 구장, 구강대 비강, 구강대 기공, 구강대 보호대 중 어느 한 방법으로 인공호흡을 실시하여야 하는데 가장 많이 쓰는 방법은 구강 대 구강 이공호흡법으로 다음과 같이 시행한다.

a. 이마를 누르면서 턱을 들어 기도를 유지한 다음 환자의 입을 벌린다.
b. 환자의 코를 막고 자신의 입을 환자의 입에 밀착시킨다.
c. 공기를 서서히(성인 ; 1.5-2초, 소아 1-1.5초)불어 넣는다.
d. 잡았던 코를 놓고 입을 떼어 불어 넣은 공기가 밖으로 배출될 수 있도록 한다.
e. 입으로 인공호흡을 할 수 없을 때는 입을 막고 코로 인공호흡을 할 수 있다.

❑ 인공호흡법의 종류

① 구강 대 구강 인공호흡

구강 대 구강 인공호흡법은 응급상황에서 실시되는 가장 빠르고 간단하며 효과적인 방법이다. 인공호흡 시행 시 인공치아(틀니)는 인공호흡에 장해가 되는 경우를 제외하고는 제거하지 않는 것이 좋다. 헐렁하게 끼워져 있는 틀니라도 부상자의 입 모양을 유지해 주는데 도움을 주기 때문이다.

② 구강 대 비강 인공호흡

대부분의 경우 구강 대 구강 인공호흡법이 가장 효과적이지만 입으로 숨을 불어 넣을 수 없는 경우가 있으니 즉, 입을 벌릴 수 없거나, 이를 꽉 다물고 있거나, 부상자의 입에 처치자의 입을 완전히 밀착시키기가 어려울 때와 입 주위가 심하게 다쳤을 때, 그리고 치아가 전혀 없을 때와 부상자의 입이 너무 클 때는 코를 통하여 구강 대 비강 인공호흡을 할 수 밖에 없다.

방법은 한 손으로 부상자의 턱 끝을 들어 올리면서 입을 막고 코로 숨을 불어넣는다. 다음 단계는 부상자의 폐에서 공기가 나가는데 방해가 되지 않도록 부상자의 입을 벌린다. 기타 시술은 구강 대 구강법에서와 같다.

③ 구강 대 기공 인공호흡

성대와 관련된 질환이나 암 환자는 대개 후두 제거 수술이 필요하다. 이들에게는 기공이라는 작은 구멍을 만들어 숨을 쉬게 한다. 기공은 목의 앞쪽 아랫부분에 위치하며 기관과 연결되어 있다.

구강 대 기공 인공호흡에서는 기공을 통해서 공기가 폐로만 전달되는 것이 아니라 후두를 통해서 기도 위쪽으로도 흘러가기 때문에 숨을 불어넣을 때 부상자의 코와 입을 막아야 한다.

응급처치자는 한 손으로 부상자의 코와 입을 막고, 부상자의 기공을 관찰하고 소리를 들어보고 느끼면서 인공호흡을 하여야 한다. 이때 부상자의 머리와 목은 수평으로 유지한다.

④ 보호기구를 이용한 인공호흡

보호기구를 이용한 인공호흡법은 처치자를 보호하기 위하여 부상자의 얼굴에 보호기구를 얹은 후 이를 통한 인공호흡법을 말한다. 이러한 인공호흡용 보호기구에는 안면 마스크형과 안면보호형 두 가지가 있다.

- **안면 마스크형**

이는 부상자의 입과 코를 덮고 대부분의 종류는 공기가 한쪽으로 통하도록 밸브가 있기 때문에 부상자가 내쉬는 숨이 처치자의 입안으로 들어가지는 않는다. 안면 마스크형이 안면 보호형보다 인공호흡 시 더 효과적이다.

• **안면보호형**

처치자가 숨을 불어 넣을 수 있는 부분이 장착된 투명한 플라스틱 관이다. 부상자의 혀 위로 삽입 할 수 있는 짧은 공기 통로가 부착된 종류도 있으니 안면마스크형 보다 부피가 작고 값이 싸다.

그러나 안면 보호형은 그 주위로 공기가 새어나올 수 있으면 보호형을 사용할 때에는 코를 막아주어야 한다. 장비를 사용한 인공호흡 시 턱을 충분히 들어주고 목을 뒤로 신전시켜 실시한다. 방법은 구강 대 구강호흡과 같다.

(7) 심정지 확인

심정지의 확인하기 위해서는 목의 양측에 있는 동맥(경동맥)을 손으로 만져서 맥박의 유무를 확인하는데, 10초 이내에 확인해야 한다. 맥박은 성인의 경우 목에 있는 경동맥이, 소아에서는 팔꿈치에 있는 상완동맥이 잘 만져진다.

* 주의 : 심정지를 확인하기 위해 10초 이상 허비해서는 안 된다.
  맥박이 뛰는 것이 확인되면 인공호흡만 계속 시행하면서 1분마다 맥박을 다시 확인하며, 맥박이 만져지지 않거나 맥박이 확실하지 않으면 흉부압박을 시작한다.

(8) 흉부 압박 위치 찾기

쉽게는 흉골의 가운데를 압박하면 되지만 좌, 우의 갈비뼈가 만나는 곳(검상돌기)에서 두 손가락 넓이만큼 위쪽이 정확한 위치이다.

(9) 흉부압박

맥박이 뛰지 않으면(경동맥박이 만져지지 않으면) 흉부(가슴)를 압박해야 하는데, 압박하는 위치와 압박하는 깊이를 정확히 알고 있어야 한다. 압박할 위치 위에 한 손을 올려놓고 그 위에 다른 손을 올려놓거나 깍지를 낀다(소아는 한 손만 사용). 이때 환자는 바닥이 평평하고 단단한 곳에 수평자세에서 흉부 압박을 시작하여야 한다.

① 흉부(가슴)를 압박하는 자세

- 흉골의 하부 1/2에 한 손을 올려놓고 그 위에 다른 손을 겹쳐서 깍지를 껴서 손가락이 흉벽에 닿지 않도록 한다.
- 흉부를 압박하는 동안에 손가락이 가슴에 닿으면 늑골(갈비뼈)이 골절되어 합병증이 발생할 수 있기 때문이다.
- 팔꿈치는 곧게 펴고 어깨와 손목이 팔과 일직선이 되게 한다.
- 흉골 위에 수직으로 구조자의 체중을 실리도록 한 다음 압박해야 한다.

② 흉부(가슴)를 압박하는 방법

- 성인의 경우에 흉부가 압박하는 깊이는 가슴이 4~5cm정도 함몰되도록 압박한다.
- 압박하는 속도는 1분에 100회 정도이다.
- 압박과 이완의 비율은 50:50 정도가 바람직하다.

③ 흉부를 압박하는 방법

- 압박지점 : 흉골의 하부 1/2 지점
- 압박깊이 : 4 - 5cm
- 압박속도 : 100회/분 (5회/3초)
- 압박주기 : 압박 : 이완 = 50: 50

(10) 재평가(순환과 호흡의 재확인)

1분 동안 심폐소생술을 시행한 후에 다시 맥박과 호흡을 평가한다. 회복되지 않았을 경우 구조자가 도착할 때까지 계속한다.

인공호흡과 흉부압박을 지속적으로 시행하는 일련의 행위를 심폐소생술이라고 하는데, 심폐소생술의 방법은 현장에 있는 사람의 수에 따라서 다르다.

① 한 사람인 경우

구조자가 한 사람밖에 없는 경우에는 흉부압박을 15회 계속한 후에 이공호흡을

2회 시행하는 15:2의 비율로 시행하여, 1분 동안에 8번의 호흡과 60번의 흉부압박이 이루어지게 한다. 이와 같은 방법(15:2)으로 4차례 반복한 후에는 다시 맥박을 손으로 만져보아 환자상태를 평가한다. 즉, 6초 이내에 2회 인공호흡과 9초 이내에 15회의 흉부압박을 시행하는 것은 1사이클로 하여 4사이클을 시행한 후에 다시 맥박과 호흡을 확인한다.

② 두 사람인 경우

2명의 구조자가 있을 경우에는 환자의 양쪽에 1명씩 위치한 다음 마주본다. 1명은 환자의 머리 쪽에 위치하여 인공호흡을 시행하며, 다른 1명은 환자의 가슴 쪽에 위치하여 흉부를 압박한다. 흉부압박을 5회 시행한 후에 이공호흡을 1회 시행하는 5:1의 비율로 반복하는데, 흉부압박을 시행하는 사람이 구령과 함께 5회의 흉부압박을 한 후에 다른 사람이 인공호흡을1회 시행한다.

(11) 심폐소생술 종료

- 환자의 맥박과 호흡이 회복된 경우
- 심폐소생술 교육을 받은 사람과 교대 할 때
- 의사나 의료인이 도착하여 응급처치를 시행 할 때
- 지쳐서 더 이상 심폐소생술을 시행 할 수 없을 때
- 의사가 사망 선언을 할 때
- 사망의 증거가 명백할 때[3)]

3) http://www.emergency.or.kr/sens/html/emer01_01.htm

Chap. 4

여가활동과 안전

1. 여가활동의 개요
2. 여가활동 별 안전 대책

제 4 장 여가활동과 안전[1)]

1. 여가활동의 개요

1) 여가활동 개념

인간은 사회의 구성원으로서 삶을 영위하기 위해 지속적으로 생산 활동을 하는데 이에 따른 심리적 압박이나 피로, 스트레스를 풀기위한 시간도 필요함을 인식하게 되었다. 도시적인 생활양식중 하나로서 생산 활동과 소비활동을 제외한 나머지 시간에 행해지는 활동을 말하며 다른 말로 여가활동, 레저((leisure)라고 한다.

여가란 인간의 자연적, 생리적 욕구의 충족을 위해서 필요한 시간을 뜻하며 노동이나 의무로부터 벗어난 시간을 말한다.

여가 시간은 보수를 바라지 않고 자발적인 의사에 의하여 자기개발, 자아실현 및 자기발전을 위한 필요기능을 충족시켜 주는 시간과 활동의 총합체이다.

현대의 고도산업사회에서 노동시간이 점차 감소하게 되고 개인은 더 많은 자유 시간을 누릴 수 있게 되면서 여가는 얼마나 많은 자유 시간을 누리는가의 문제가 아니라 얼마나 안전하고 알차게 자유 시간을 보내는가의 문제로 새롭게 제기되고 있다.

2) 올바른 여가활동의 조건

올바른 여가활동의 조건을 위해선 다만 몇 가지 기준이 있는데 다음과 같다.

---

1) http://www.emergency.or.kr/sens/html/emer01_02.htm(검색일: 2012.01.07)

- 남이 시키는 것이 아니라 스스로 원해서 해야 한다.
- 여가 활동을 적당히 해서 피로하지 않고 기쁨과 즐거움을 느낄 수 있어야 한다.
- 공부 시간이나 일하는 시간에 해서는 안 되며 남는 시간에 해야 한다.
- 남을 방해하거나 불쾌감을 주어서는 안 된다.
- 자신의 능력과 수준에 적당해야 한다.
- 건전하며 보람을 느낄 수 있어야 한다.
- 바람직한 결과를 가져오는 활동이어야 한다.[2)]

3) 여가 활동의 효과

여가 활동을 하면 다음과 같은 여러 가지 효과를 얻을 수 있다.

- 사람들을 만나 사교성을 기르고 협동심을 기른다.
- 신체적, 정신적 피로나 스트레스를 풀어주며 건강해진다.
- 공부나 일에서 배우는 것 외의 새로운 것을 배울 수 있으며 소질을 계발할 수 있는 기회를 가질 수 있다.
- 자유 시간을 알차고 보람 있게 보낼 수 있다.
- 생활에 여유로움을 주고 즐거움과 보람을 느낄 수 있다.
- 새로운 것을 만들어 내는 창조심을 기른다.
- 남에게 기쁨을 주는 봉사 정신을 기른다.

4) 여가활동의 유형

오늘날 여가 활동은 스포츠 활동, 예술적인 활동, 오락적인 활동, 지적 활동, 사회적인 활동, 신체적인 활동 등으로 분류할 수 있다.

① **스포츠 활동** : 테니스, 탁구, 줄넘기, 스케이팅, 사이클, 등산 등

② **예술적인 활동** : 미술, 음악, 문학, 연극, 수공예 등

③ **오락적인 활동** : 놀이, 게임 오락회 등

2) 다음백과, http://100.daum.net/encyclopedia/view/v050ma611a4

④ **지적 활동** : 독서, 글쓰기, 조사 활동 및 취미에 의한 각종 수집 활동 등
⑤ **사회적인 활동** : 대화나 사회사업 등
⑥ **신체적인 활동** : 낚시, 사냥, 하이킹, 소풍 등

5) 여가가 아닌 활동

- 직업
- 직업을 보충하거나 직업과 관계되는 일
- 가축이나 정원을 돌보는 일
- 잡다한 가사
- 식사, 수면 등과 같은 자기보존을 위한 일
- 제사, 기념행사, 사회적·종교적 행사
- 필요에 의한 공부나 연구

6) 일상적 여가 활동의 계획 및 실천

여가 스포츠 활동은 탐색하기, 계획하기, 실천하기, 평가하기의 과정을 통해 체험할 수 있다.

(1) 탐색하기

① 목적 생각하기

- 여가 활동을 통해 얻고자 하는 것이 무엇인지 생각한다.

② 여가 시간 알아보기

- 평일 및 주말에 여가 활동에 참여할 수 있는 시간이 얼마나 되는지 알아본다.

③ 활동 찾아보기

- 내가 참여할 수 있는 활동에는 어떤 것이 있는지 알아본다.
- 주변에 있는 수련관이나 스포츠클럽 등과 같은 기관에서 제공하는 프로그램을 찾는다.
- 인터넷을 검색하여 다양한 정보를 찾는다.

(2) 계획하기

① 나에게 맞는 여가 스포츠 활동 선택하기

- 활동의 목적, 여가 시간, 자신의 신체적 능력에 맞는 활동을 선택한다.
- 함께 할 수 있는 친구 또는 가족 등을 고려하여 선택한다.

② 선택한 여가 스포츠 활동 계획하기

- 선택한 여가 스포츠 활동을 실천하기 위해서 실제로 행할 수 있는 계획을 세운다.
- 계획을 세울 때에는 시간과 장소, 비용, 같이 하는 사람, 준비물, 유의점 등을 고려한다.

(3) 실천하기

- 즐거운 마음을 가지고 선택한 여가 스포츠 활동을 계획대로 실천한다.
- 혼자 하기 보다는 여럿이 함께하는 활동에 참여한다.
- 활동에 더 재미를 느끼기 위해서는 필요한 기능을 배우고, 다치지 않도록 안전에 유의한다.
- 자신이 세운 목표를 달성하기 위해 노력한다.

(4) 평가하기

내가 실천한 활동에 대하여 다음 사항을 평가한다.

- 계획한 대로 정해진 시간과 장소에서 활동에 참여하였는가?
- 여가 활동의 목적을 달성하였는가?
- 여가 활동의 목적을 달성함으로써 얻게 된 좋은 점은 무엇인가?
- 여가 활동 과정에서 새롭게 알게 된 점은 무엇인가?

2. 여가활동 별 안전 대책

1) 수상안전

(1) 수상안전의 일반적 수칙

산과 물을 즐길 수 있는 계곡은 자연 속에서 물놀이를 즐길 수 있는 장소로 여름이면 많이 찾게 되는 장소이다. 계곡은 산에서 흐르는 물이라 물의 흐름이 일정하지 않을 뿐 아니라 갑자기 깊어지거나 돌이 많이 있어 넘어지기 쉬운 곳이기 때문에 각별한 주의가 필요한 장소이다. 또한 비가 온 뒤에 물속으로 들어가거나 물가 근처에는 텐트를 치지 않는 것이 좋다. 여름이면 항상 뉴스에 등장하는 장면. 인파로 가득한 해수욕장! 여름의 대표적인 휴가지 바다의 경우. 깊숙이 들어가거나 파도가 심하게 치면 매우 위험하기 때문에 발이 닿는 곳에서 물놀이를 하는 것이 가장 안전하다. 재미난 놀이기구가 있어 더욱더 재미있는 워터파크는 계곡이나 바다와 달리 안전요원이 있어 다른 곳에 비해 안전하게 물놀이를 즐길 수 있는 곳이지만 많은 인파가 모이고 주의력이 분산되므로 안전요원의 지시를 잘 따라야 한다는 점이 중요하다. 또 시설의 특성 상 바닥이 미끄러워 자칫 잘못하면 다칠 수 있으니 주의하여야 한다.

수상안전의 일반적, 공통적인 수칙은 다음과 같다.

- 레저 활동을 할 경우 구명조끼 등 안전장비 착용을 생활화한다.
- 활동 전에 일기예보에 귀를 기울이고, 활동 중에도 현지 기상변화를 수시로 확인합시다.
- 기상 불량 시 무리한 레저 활동을 하지 않는다.

- 천둥·번개가 칠 때에는 즉시 물 밖으로 나와야 한다.
- 장비점검을 생활화 합시다.
- 활동 전에 레저기구에 대한 연료가 충분한지, 물이 새는 곳은 없는지, 엔진에 문제가 없는지 확인한다.
- 비상연락 수단과 조난신호 장비를 갖추어야 한다.
- 바다에서는 언제 어느 때 조난을 당할지 모르기 때문에 휴대폰이나 다른 통신장비를 갖추어야 합니다.
- 일몰 30분후부터 일출 30분전까지는 레저 활동을 하지 말고, 야간레저 활동을 해야만 하는 경우는 항해등, 나침반, 통신기기, 야간 조난신호장비, 전등 등의 야간운행 장비를 반드시 갖추어야 한다.
- 원거리 수상 레저 활동은 반드시 해양경찰 등 관계기관에 신고 후 한다.
- 수상 레저 활동 금지구역을 반드시 지켜야 한다.
- 해수욕장의 수영경계선 안쪽은 수영하는 사람들을 보호하는 구역이므로 진입하지 않는다.
- 무면허 음주 조종은 하지 않는다.
- 해양경찰 등 관계공무원의 안전관리 업무에 적극 협조한다.

(2) 수상스키 안전수칙

- 준비운동을 철저히 한다.
- 안전 수신호를 반드시 숙지한다.
- 스키어와 드라이버가 잘 알고 있는 장소에서만 탄다.
- 기본적인 수영 실력이 있는 사람이 타고 구명조끼는 반드시 착용한다.
- 장비는 자신에게 적당한 것을 사용하고 사용 전에는 고장여부를 확인한다.
- 자격자가 운전하는 보트만 이용한다.
- 보트의 힘은 견인줄에 집중되므로, 몸에 감기거나 놓치지 않도록 한다.
- 음주나 약을 복용하고 타지 않는다.
- 출발 전에 타는 사람과 운전자가 서로 신호를 정해둔다
- 넘어질 때에는 핸들을 과감히 놓아버린다.

- 마치고 돌아올 때에는 물가와 평행으로 서서히 접근한다.
- 보트가 가까이 다가오면 보트 뒷부분의 스크루-프로펠러를 조심하고, 움직이는 보트를 무리하게 잡지 않는다.

(3) 래프팅 안전수칙

- 출발 전 코스, 안전수칙, 장비 등을 확인한다.
- 래프팅 전에는 반드시 충분한 준비운동을 한다.
- 구명조끼와 헬멧은 꼭 착용하고, 벗거나 느슨하게 하지 않는다.
- 튜브사이 또는 보트 안의 로프에는 발이나 손을 끼우지 않는다.
- 급류에서 선두는 먼저 통과하고 난 후 대기상태에서 뒤에 오는 보트를 안전하게 유도한다.
- 휴식 후 출발 시에는 인원과 장비를 다시 확인한다.
- 보트와 보트 사이의 간격은 약20~30미터를 유지한다.
- 전복 시에는 보트 속에 사람이 있는지 확인한다.
- 음주자, 정신지체자, 임산부, 정신병자, 심장질환자 등이 보트를 타는 것은 위험하다.
- 보트에는 일체의 음식물이나 주류를 싣지 않는다.
- 보트에서는 안전요원의 안내에 따라 행동하고 개인행동은 하지 않는다.
- 보트 속의 밧줄을 느슨하게 두지 않는다.
- 초보자들끼리 급류를 타는 것은 위험하므로 경험이 풍부한 사람과 같이 타야 한다.

(4) 보트 · 카누타기 안전수칙

- 보트나 카누를 탈 때에는 구명조끼를 반드시 착용한다.
- 멀리 나가기 전에는 그 지역의 날씨를 주의 깊게 살펴야 한다.
- 갑작스런 날씨 변화가 관측되면 즉시 물가로 피해야 한다.
- 출발하기 전에는 항상 언제 · 어디로 떠날 것인가를 관리자에게 알려야 합니다.

❑ **보트가 뒤집혔을 때 행동요령**

- 다리를 약간 구부린 채 발을 수면 가까이로 올린다.
- 몸을 물살과 같은 방향으로 하고 전방상황을 살피면서 물의 속도가 줄어들 때까지 몸을 맡긴다.
- 특히, 전복되어 떠내려갈 때에는 보이지 않는 물속의 거친 바위 등에 의한 부상을 당할 수 있으므로 다리에 힘을 주지 않는다.

(5) 서핑 · 윈드서핑 안전수칙

- 반드시 구명조끼를 착용한다.
- 물의 상태와 날씨 조건을 확인합시다.
- 초보자들은 바람이 육지 쪽이나 육지와 평행으로 불 때 연습하고, 수시로 기상에 신경을 쓰도록 한다.
- 자신의 능력과 체력을 과대평가하지 않는다.
- 윈드서핑을 하는 장소를 벗어나지 않는다.
- 해수욕장이나 낚시터와 같이 사람들이 많이 모인 구역은 피한다.
- 포구나 양식 · 어장 근처는 피한다.
- 불규칙한 파도가 형성되는 곳은 피한다.
- 물속의 사정에 대해 모르는 곳은 피한다.

(6) 스쿠버다이빙 안전수칙

- 공인된 강사로부터 충분히 잠수교육을 받아야 한다.
- 지역의 지형, 응급처치법, 구조법 등을 잠수 전에 익혀두어야 한다.
- 잠수는 반드시 2인 1조로 하고 혼자서 잠수하지 않는다.
- 잠수하는 동안에는 차분하고 규칙적으로 호흡하도록 한다.
- 잠수 능력의 한도 내에서 한다.
- 레저 잠수는 수심 30미터 이상은 하지 말고 감압 수칙을 준수한다.
- 상승속도는 분당 9미터가 넘지 않도록 한다.

- 잠수 후 상승도중 수심 5미터에서 안전감압을 3~5분간 실시한다.
- 위쪽에 배나 장애물이 없는지 살피면서 천천히 상승해야 한다.
- 신뢰할 수 있는 장비를 잘 정비하여 사용한다.
- 부력조절기를 반드시 사용하고, 수면에 잠수 표시기를 띄워야 한다.
- 파도가 높고 날씨가 나쁠 때에는 잠수를 하지 않는다.
- 항로나 항계, 어항의 수역에서는 잠수하지 않는다.
- 공기통의 공기가 50㎏/㎠ 정도 남으면 상승하기 시작하고, 물에서 나온 후에 약간의 공기가 남도록 한다.
- 수중에 있는 생물들을 함부로 만지지 않는다.
- 정기적으로 건강검진을 받아야 한다.
- 충분히 교육받지 못한 사람에게는 장비를 빌려주지 않는다.
- 강사가 아닌 사람은 타인을 가르치지 말아야 한다.

(7) 낚시 안전수칙

- 낚싯배에 구명조끼 등 안전장비가 구비되었는지 확인한다.
- 가족과 주변 사람에게 행선지와 일정을 미리 알려준다.
- 야간에는 위치를 알릴 수 있는 랜턴과 체온 보호용 담요를 준비한다.
- 간·만조 시간을 반드시 확인한다.
- 기상변화를 알 수 있는 라디오를 준비한다.
- 휴대폰 예비배터리를 준비한다.
- 물에 잠긴 흔적이 있는 갯바위에서 낚시를 하지 않는다.

(8) 물놀이 안전

- 물놀이를 하기 전 반드시 준비운동을 한다.
- 물놀이는 보호자의 관찰이나 안전요원이 있는 곳에서 하도록 한다.
- 수영장이 아닌 하천 등은 바닥이 불규칙하고 깊게 파인 곳이나 깊은 뻘층이 있을 수 있으므로 물놀이를 하지 않도록 한다.

- 몸에 맞는 구명조끼를 입고 구명조끼의 끈이나 지퍼를 제대로 채워야 한다.
- 물에 들어가기 전에는 손·발을 먼저 물에 적셔 준다.
- 물놀이 도중 소름이 돋고 피부가 땅기거나 몸이 떨리고 입술이 파래지면 물놀이를 중단하고 옷이나 타월 등으로 몸을 따뜻하게 감싸고 휴식을 취해야 한다.
- 수영을 할 때 껌을 씹거나 음식물을 먹으면 질식의 위험이 있으므로 주의한다.
- 수영 중에 비가 오거나 천둥·번개가 치면 물에서 즉시 나와야 한다.
- 음식물을 먹은 직후 바로 물에 들어가거나 음주 후 물에 들어가지 않도록 한다.
- 물속에서는 눈을 뜨고 수영하는 훈련을 하도록 한다.
- 수영하기 적당한 물깊이는 배꼽높이가 적당하다.
- 물속에 뾰족한 돌, 유리조각, 막대기 등이 있을 수 있으므로 바닷가에서는 슬리퍼나 신발을 신어야 한다.
- 잘 모르는 곳에서 물놀이를 할 때는 사전에 물의 깊이, 바닥의 상태, 물의 온도, 물결과 조류의 상태, 위험한 물체·생물의 존재여부 등을 잘 살펴야 한다.
- 긴 머리는 뒤로 묶거나 수영모를 써야한다.
- 너무 차가운 물이나 오염된 물에서 수영하지 않는다.
- 낮에 야외에서 수영을 할 때는 수시로 그늘에서 쉬어서, 강한 햇볕에 장시간 계속해서 노출되어 화상을 입는 일이 없도록 한다.
- 수영장 주위에서는 유리제품을 사용하지 않는다.
- 썬크림, 모자, 옷 등으로 태양광선을 차단하여 피부를 보호한다.
- 튜브를 이용하는 경우, 수영하기 전에 바람이 꽉 찼는지 그리고 새지 않는지 확인하고 물속에서 튜브의 바람이 빠졌을 경우 소리쳐 알려야 한다.
- 튜브에 의지하여 깊거나 먼 곳으로 나가지 말아야 한다.
- 물에 빠진 사람을 발견하면 구조요원에게 알리고 물에 뜰 수 있는 튜브 등을 던져주어야 하며, 절대로 구하려고 물속에 뛰어들지 말아야 한다.

(9) 생존수영

생존수영은 구조자가 올 때까지 물에서 살아남을 수 있는 가능성을 최대한 높여주는 것이다. 생존을 위한 수영법을 익히는 것은 자신을 지키는 가장 적극적인 방법임을 주지하고 평상 시 꾸준한 연습을 통해 익힐 수 있도록 노력해야 한다. 이러한 생존수영을 익히는데 있어서 먼저 ①물속에서 호흡참기, ②물속에서 호흡 내뱉기, 공기 중에서 호흡 들여 마시기, ③몸속 공기로 물에 떠있기, ④배영자세 취하기, ⑤손과 발을 이용해 물 위에 떠있기(입영 : 물속에 똑바로 서서 발차기만으로 떠있는 기술) 등을 익혀야 한다.

■ **1단계 :** 물 익히기와 뜨기

- 물에 대한 두려움을 떨쳐내고자 얕은 물에서 다양한 방법으로 물 익히기를 통해 물에 뜨는 연습하기

■ **2단계 :** 다리동작 연습

- 지상 및 물속에서 발차기 연습을 실시하기

■ **3단계 :** 팔 동작 연습

- 지상 및 물속에서 팔 동작 연습을 실시한다.
- 2인 1조 팔 동작 연습, 부판을 이용한 팔 동작 연습

■ **4단계 :** 팔 동작 실시하며 호흡법 익히기

■ **5단계 :** 팔과 다리 동작 연결하기

■ **6단계 :** 종합동작 연습하기

□ 생존수영 익히기

- 수영은 물속 또는 물 위를 스스로의 힘으로 떠서 나아가는 운동으로 유사 시 생존과 직결되는 중요한 기술(skill)이라고 할 수 있다. 스포츠 활동으로서 수영을 익히기 이전에 유사 시 자신의 생명을 지키기 위한 자기구조의 차원에서 필수적으로 체득해야 하는 기능으로 인식하여야 한다.
- 안전한 곳으로 빠른 속도로 이동할 수 있는 자유형과 비교적 다른 수영 영법에 비해 호흡이 수월하고 오랜 시간동안 장거리를 수영할 수 있는 평영을 익

혀 예기치 않은 위험 상황과 수상 안전사고에 대비하도록 한다.

- 배영은 물위에 편안하게 누워 앞으로 나아가는 영법으로 구명조끼를 입었을 때 당황하지 않고 고개를 뒤로 젖혀 뒤로 누우면 몸이 물에 가라앉는 것을 최소화하여 비교적 안전한 곳으로 이동하는데 용이하다.
- 입영은 몸을 수직으로 세우고 물속에서 손과 발의 움직임만으로 물에 떠 있는 방법이다.

① 자유형

추진력의 70%가 팔 동작에서 얻어지므로 정확한 팔 동작을 익히는 것이 중요하다. 팔 동작은 손 넣기, 누르기, 당기기, 밀기, 되돌리기의 순서로 이어지며, 발 동작은 몸을 수평으로 떠있게 하면서 앞으로 나아가는 추진력을 얻을 수 있도록 다리를 곧게 편 상태에서 발목의 힘을 빼고 두 다리로 번갈아 물을 찬다.

〈그림 4-1〉 자유형

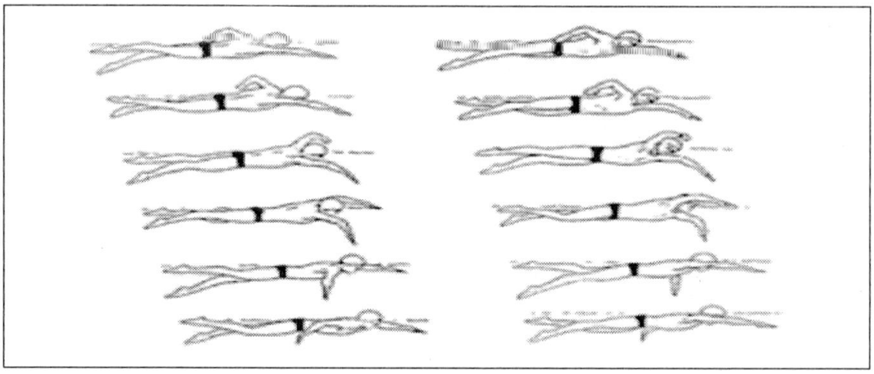

② 평영

평영은 팔로 물을 잡아당김과 동시에 발로 물을 차면서 앞으로 나아가는 영법으로 속도를 내기는 어렵지만 호흡이 쉽고 체력소모가 적어 먼 거리를 헤엄치는데 유용하다. 팔은 하트 모양을 그리면서 어깨선을 넘지 않도록 하고, 다리는 발목을 젖힌 상태로 구부렸다가 무릎을 축으로 바깥쪽으로 휘돌리며 물을 찬다.

〈그림 4-2〉 평영

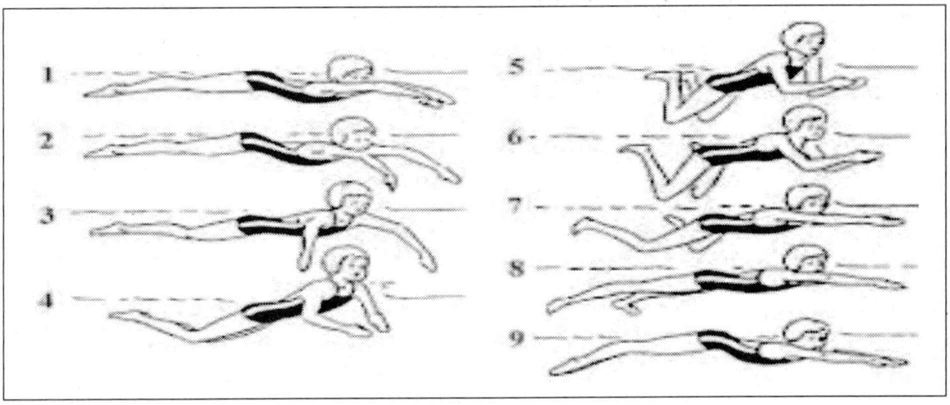

③ **배영**

다른 수영 방법들은 물을 보고 수영을 하는데 배영은 천장을 보고 하는 것이다. 팔은 한 팔 한 팔 젖혀 나가는 것이 보통의 방식이다. 기본 배영 또는 기초 배영은 양팔을 몸통을 따라 올리다가 옆으로 뻗어서 허벅지까지 내린다.

〈그림 4-3〉 배형

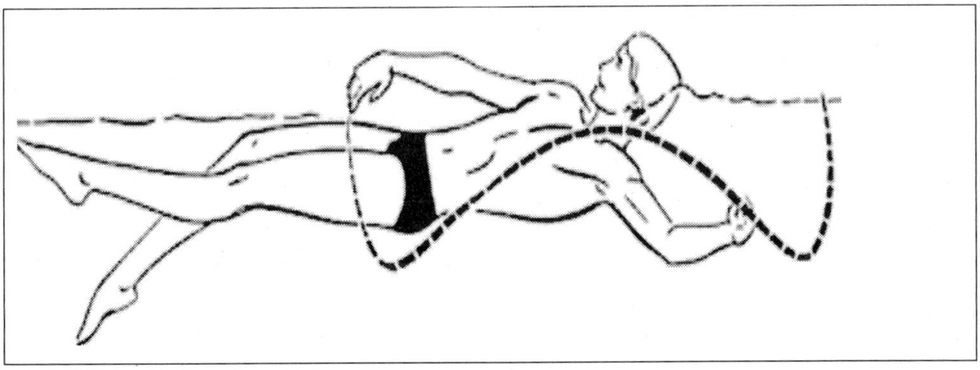

④ **입영**

상체를 수직으로 하고, 손을 쓰지 않고 다리 동작에 의해 헤엄치는 방법으로 상체를 수직으로 하고 팔은 앞으로 수면에서 가지런히 하거나 옆으로 뻗고, 손목을 젖혀 손끝을 수면에 내놓고 하는 게 보통이다. 스컬링은 손이 물에 잠길 정도로만 넣고 손바닥을 약간 기울여서(한 10도정도) 물을 좌우로 밀어낸다.[3)]

〈그림 4-4〉 입형

❑ 자기구조

생존수영은 익사 방지 기술을 개선한 것으로 기본 수영 기술을 종합하여 최소한의 노력으로 장시간 떠있게 고안되었고, 5단계의 순서로 실시한다.

① **휴식자세** : 공기를 들이마신 다음 호흡을 멈추고 팔 다리를 자연스럽게 늘어트리고 잠시 쉰다.

② **숨 내실 준비** : 천천히 팔을 어깨 높이까지 가져오며, 다리를 변형가위차기 자세로 벌린다.

③ **숨 내쉬기** : 입이 수면 위로 약간 올라올 정도 까지만 머리를 치켜들고 숨을 내쉰다.

④ **숨 들여 마시기** : 머리가 수직자세가 되면 즉시 팔을 밑으로 누르고 다리를 모으며 숨을 들여 마신다.

⑤ 휴식자세로 복귀

3) 출처: 네이버 지식백과, 입영[立泳] (체육학대사전, 2000.2.25, 민중서관).

❑ 옷으로 부이 만들기

대부분의 구조 대상자들은 갑자기 물에 빠지게 되면 완전히 옷을 입은 채 빠지게 된다. 안전하게 떠 있을 수 있는 부이가 없을 때 촘촘하게 짜인 재질의 바지나 셔츠에 공기를 불어 넣어 팽창시키는 방법이다.

❑ 구명조끼(LIFE JACKET)4)

〈그림 4-5〉 올바른 구명조끼 착용법

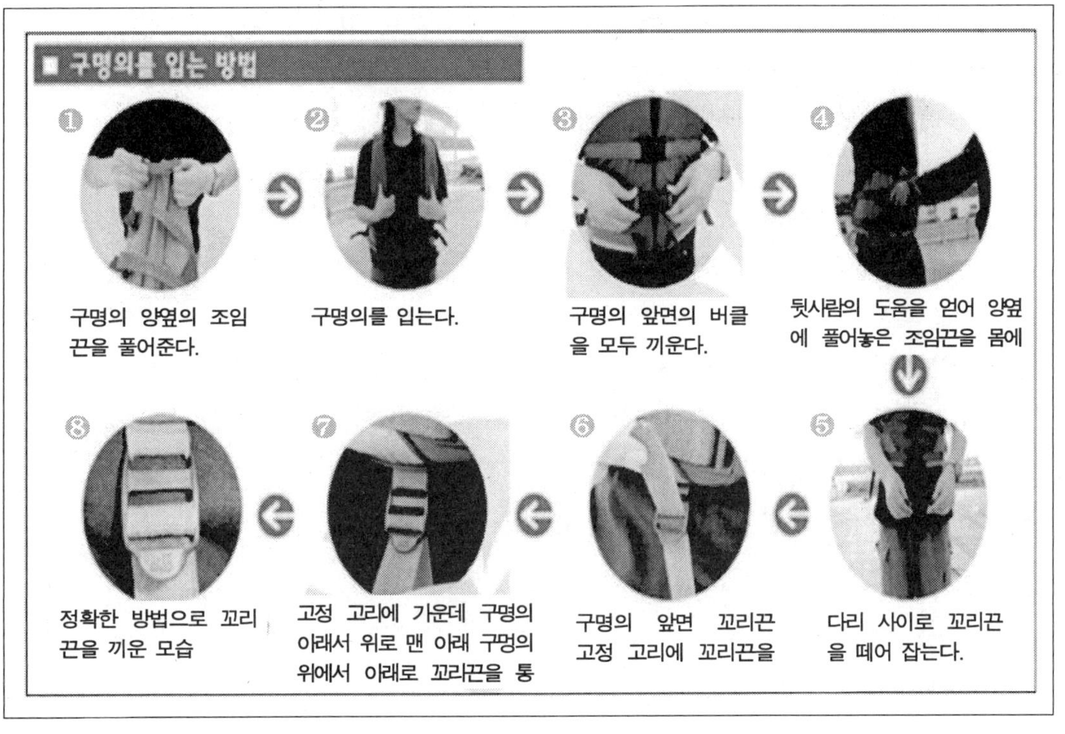

'라이프 재킷'이라고도 부르는 구명조끼는 폼플라스틱으로 채워져 있어 물에서 가라앉지 않고 떠있을 수 있도록 하는 구호 장비이다. 그러나 구명조끼는 제대로 입어야만 그 효과를 제대로 볼 수 있는 만큼 미리 구명조끼 착용 법에 대한 지식을 갖춰야 한다. 구명조끼는 반드시 가슴 조임줄과 생명줄을 단단히 조여 몸과

4) 출처: http://cafe.daum.net/naepokayak

밀착시키는 것이 중요하다. 답답하다고 해서 가슴 조임줄과 생명줄을 단단히 조이지 않는 경우 제대로 된 구명조끼의 효과를 볼 수 없음에 유의하여야 한다.

구명조끼를 착용하면 부력이 유지되어 몸이 물에 뜨게 되므로 몸을 이동하고자 하는 방향으로 살짝 굽혀 걸어가듯 이동하거나, 평영 자세를 취하여 팔 젓기를 이용하여 이동할 수 있다.

2) 산악(등산) 안전

등산은 오직 자연만을 무대로 하며, 거의 자연만을 상대한다는 점에서 다른 옥외 스포츠와는 다르다. 위험은 등산이 갖추고 있는 고유한 속성으로서, 등산가는 이러한 위험한 상황 속에서 자신의 용기 · 기지 · 기량 · 체력 · 능력 · 정력 등을 힘껏 시험하며 짜릿한 전율을 맛볼 수 있다. 그러나 등산은 다른 스포츠보다도 집단 활동의 성격을 더 많이 갖고 있다.

사람들이 등산을 하는 목적은 온갖 어려움을 극복하는 데 있다. 따라서 등산을 하면 첫째 몸이 튼튼해지고, 둘째 인내심 · 조심성 · 용기 등을 기를 수 있으며, 셋째 자연의 아름다움을 알게 된다. 그러나 등산은 지도자를 따라 충분한 훈련을 쌓은 뒤, 낮은 산부터 시작하여 차츰차츰 정도를 높여 가야 한다. 등산을 할 때는 가장 느린 사람의 속도에 맞춰야 하고, 얼음이나 눈 덮인 산을 오를 때는 특수한 등산 장비와 기술이 필요하다.

(1) 산악 사고의 유형

① 추락사고

추락사고는 사망이나 신체장애 등으로 이어지는 것이 대부분이며, 폭풍 · 지반약화 등 자연적 요인과 방심 · 판단미숙 · 피로 · 균형 잃음 · 음주 · 만용 · 소아적 영웅심 · 준비부족 · 기술부족 등 인위적 요인이 사고의 주원인이다.

② 탈진

자신의 능력을 생각하지 않고 무리하게 걷거나 무거운 짐을 지고 산행하는 경우에 많이 발생한다.

③ 저체온증(하이포써미아)

체온이 35℃ 이하로 떨어진 상태로 몸에서 발생하는 열보다 몸 밖으로 빠져나가는 열이 더 많을 때 발생한다. 악천후와 탈진이 주원인이다. 저체온증은 동사(凍死)와 구분된다. 저체온증은 영하의 날씨에서만 발생하는 것이 아니라 한 여름이라도 악천후(비바람)를 만나면 저체온증에 걸릴 수 있다. 젖은 옷을 입고 바람을 쐬면 마른 옷을 입고 있을 때보다 최대 240배 까지 열손실이 발생하므로 산행 시 옷이 많이 젖는 것은 피해야 한다. 저체온증은 4단계로 나눌 수 있으며 단계별 증상은 아래와 같다.

❑ 1단계(33℃-35℃)

몸이 심하게 떨리며, 기억력저하 및 발음장애, 무기력증과 호흡곤란이 나타난다.

❑ 2단계(29℃-32℃)

의식이 혼미해지고, 떨림이 사라지며, 맥박이 불규칙해 진다.

❑ 3단계(22℃-28℃)

호흡이 감소되고, 자율적 움직임과 반응이 없어지며, 뇌혈류량 및 심박출량 감소, 폐부종이 발생한다.

❑ 4단계(21℃ 이하)

맥박과 호흡이 현저하게 감소하고, 혼수상태, 호흡중단 등으로 사망한다.

④ 계곡 급류사고

계곡의 급류에 휩쓸리는 사고는 계곡에 들어가지 않는 한 발생하지 않는다. 따라서 우천 시 계곡산행은 피해야 한다. 폭우로 계곡물이 불어나 급류로 바뀐 때는 절대 건너지 말아야 하며, 여유를 가지고 물이 빠지기를 기다리거나, 상류로 올라가 물살이 약하고 폭이 좁고 얕은 곳으로 로프를 이용해 건너야 한다.

⑤ 일사병

여름철 장시간 뜨거운 햇빛에 노출되어 있을 때 발생한다. 일사병을 방지하기 위해서는 몸이 적응 할 수 있도록 천천히 걷는다. 얇고 헐렁한 옷을 입고 챙이 넓은 모자를 쓰고 수시로 염분과 수분을 섭취한다.

⑥ 동상 및 동사

겨울철 옷과 신발, 장갑 등이 젖어서 얼었을 때 발생한다. 몸을 조이거나 꽉 끼는 옷과 장갑, 신발 등은 혈액순환을 방해해서 동상에 걸리기 쉬우므로 피해야 한다.

⑦ 낙석

경사진 곳과 바위벽 아래를 지날 때 돌을 떨어뜨리지 않도록 서로가 조심해야 한다. 낙석사고를 예방하기 위해서는 낙석이 자주 발생하는 경사진 곳과 바위벽 아래를 지날 때 돌을 떨어뜨리지 않도록 서로가 조심해야 한다. 또 암벽등반을 할 때는 항상 헬멧을 쓰는 습관을 들이고, 낙석의 위험이 많은 곳에서 등반을 하거나 하강할 때에는 로프의 흐름에도 주의해야 한다.

⑧ 벼락과 감전

벼락을 유인하는 것은 사람의 몸 자체이지 몸에 걸쳐져 있는 금속이 아니다. 하지만 우산이나 피켈, 알파인 스틱 같은 것들이 머리보다 위에 올라와 있으면 재질과 관계없이 벼락을 유인하는 역할을 한다. 벼락은 주로 높은 곳에 떨어지므로 천둥번개가 칠 때는 최대한 빨리 낮고 안전한 곳으로 신속히 대피한다.

⑨ 중독

야생식물에 대해 잘 모르는 사람은 아예 야생의 식물을 먹을 생각조차 하지 않아 중독 사고를 일으키지 않지만, 어설픈 지식을 가진 사람들의 잘못된 판단이 여러 사람을 위험에 빠져들게 한다. 먹을 수 있는 것이라는 확신이 없으면 절대로 먹지 말아야 한다.

(2) 등산의 운동 효과

등산은 평지를 빠르게 걷는 속보, 가볍게 뛰는 조깅과는 다르게 자연적인 높낮이에 맞춰 장시간 걷는 유산소운동이다.

운동 효과는 크게 심폐기능 향상, 근력(筋力)강화, 정신적 만족감 등 세 가지로 압축된다.

심폐기능 향상 효과를 구체적으로 살펴보면 등산 초보자 38명을 대상으로 1주일에 3~4회(한 번에 2시간 이내) 등산을 6~18개월 시킨 후, 심박출량(심장이 한 번의 박동으로 피를 뿜어내는 양)을 조사한 한 연구에 따르면, 이들의 심박출량이 등산 시작 전에 비해 12% 가량 늘어난 것으로 나타났다.

등산을 하면 체중부하로 인해 골격계에 자극을 주어 골밀도를 향상시키며 오르막과 내리막은 근육 강화에 매우 좋다. 특히 최대량의 75% 정도의 힘으로 장시간 근육을 사용하기 때문에 근력보다 근지구력 향상효과가 크다.

따라서 종일 앉아 있거나 서서 일하는 직장인이 만성 피로감을 줄이는 데 유용하다. 자연과 더불어 신선한 산소를 마심으로써 정신적·심리적 정화(淨化)효과가 대단하다.

다른 운동에서와 마찬가지로 산행 시 분비되는 뇌내 호르몬은 스트레스 해소, 우울증 예방 등에 많은 도움이 된다.

등산한 다음날 혈액 내의 베타 엔돌핀 양을 측정하면 그 전보다 10~20% 상승하는 것으로 알려졌다.

다른 운동에 비해 소모되는 열량도 많다.

등산의 시간당 소모 열량은 600~1080㎉로 산보(120~300㎉), 빨리 걷기(360~420㎉),수영 자유형(360~500㎉), 달리기(870㎉) 등에 앞선다.

한 예로 70kg인 사람이 1시간 동안 산에 오른다면 약 735㎉를 사용, 1시간에 8~11㎞를 달리는 것과 맞먹는 운동효과를 낸다. 이는 통상적인 걷기(시속 3.2㎞)를 약 3시간 한 것과 비슷하다.

그러나 일주일에 한 번 주말에 하는 등산은 물론 건강에 좋지만 큰 운동효과를 기대하기는 힘들다. 운동은 일주일에 최소 3일 이상은 해야 비로소 운동효과가 나타나기 때문이다. 이는 등산도 마찬가지여서 주말에만 등산하는 사람들은 주중 3일 이상 한 번에 20~60분씩 달리기 등 비슷한 유산소운동을 해 주어야 등산효과를 제대로 얻을 수 있다. 하지만 혈압이 높고 순환기에 이상이 있는 사람들은 오히려 화를 자초할 수 있으므로 조심해야 한다.

나이가 들면 혈관의 탄력이 떨어져 갑작스러운 산행이 심장에 부담을 줄 수 있다.

따라서 산행 시 가슴이 답답하거나 두통, 구역질 등이 동반되면 그 자리에서 휴식을 취해야 한다.

당뇨병을 가진 사람은 이른 아침의 공복 시 산행은 저혈당을 유발할 수 있으므로 피하는 것이 좋다. 무릎관절이 좋지 않거나 체력이 현저히 약한 사람도 등산을 삼가야 한다.

(3) 등산 분류

등산은 그 기술적인 분류에 따라 일반등산 또는 하이킹 · 암벽등산 · 빙벽등산 · 스키등산 등이 있고, 계절에 따라 특징 있는 등산을 할 수 있다. 또한 일수에 따라 당일등산 · 장기등산과 외국의 산을 향한 원정등산이 있다.

일반등산은 모든 등산에 기본이 되는 보행법, 오르막길과 내리막길의 걸음걸이, 숲길 · 낙엽길 · 계곡길 가기, 계곡 건너기, 능선길 가기, 돌풍 피하기, 비나 눈 속의 등산, 낙석 때의 등산 등이 있으며, 모든 경우 일정한 보행속도의 조절과 등산로 선택법, 길을 잃었을 때의 안전등산법이 요구된다.

모든 등산에서 캠핑 또는 산장생활은 산생활의 기본기술로 익혀야 되고 천막을 이용한 캠핑과 산장이나 사찰을 이용할 때는 공중도덕이 수반된다. 이러한 산생활의 기본기술은 취사법 · 노영법 · 자연보호 · 오물처리 등의 기본윤리와 교양이 필요하다.

❑ 암벽등반

암벽등반은 그 자체로서도 등산장르가 설정되지만 일반적으로 산을 형성하는 한 부분의 기술일 수도 있다. 암벽의 지형과 지질에 따라 여러 기술이 있으나 기본원칙은 유연한 밸런스와 리듬, 그리고 3지점 지지기술이 원칙이다. 암벽등반은 크게 자유등반과 인공등반으로 구분하고, 암벽의 종류와 형태에 따라 외면등반과 내면등반으로 구분한다.

암벽등반은 자유등반인 경우에는 홀드를 이용한 3점 지지에 의한 중심이동, 자일(로프)사용법과 확보기술 등이 요구된다. 인공등반에서는 이 밖에도 볼트·하켄의 사용, 테이프 슬링에 의한 러닝 빌레이(확보지점을 점차적으로 이동, 고정시켜 자일운동을 용이하게 하고 실족, 추락했을 경우 확보를 안전하게 하는 법)를 하고 안전벨트·헬멧, 각종 잼너트 등을 사용하여 지점으로 쓴다.

또한 인공적인 지점기구(너트·후렌드 등)를 사용하기도 하고, 등강기(登降器)로서는 유마르·8자고리·브레이크바·데상드르퍼머와 같은 인공기구를 사용한다.

자유등반은 가능한 한 인공적 등반기구를 사용하지 않고 손·발 등의 신체로 반대방향의 힘을 이용하는 레이백기술과 잼기술 등을 써서 올라간다. 종래까지 암벽등반에서는 완력등반과 로프로 달아올리는 기술 등을 쓰기도 하였다.

확보기술은 확보하는 사람이 암벽을 향하여 서서 확보해 주는 폐쇄자세확보법과 암벽을 등에 지고 확보하는 개방자세확보법으로 구분한다. 기술로서는 정적(靜的) 확보와 추락하는 사람을 따라 자일운동을 흘려주다가 정지시키는 동적(動的) 확보가 있다.

방식으로는 확보자의 몸으로 하는 방식과 기구를 겸용하는 방식이 있다. 이때의 안전원칙은 낙하충격을 흡수하는 데 있다. 이 밖에 암벽등반의 별도 방식으로 볼더링과 하드푸리 등의 현대적 자유등반 방식이 있다.

❑ 빙설등반

겨울등산의 기술은 설상기술과 빙상기술로 구분되고 설상기술은 경우에 따라 설피·아이젠·피켈 기술이 요구된다. 설상보행은 발디딤과 사면, 적설량에 따라 좌우된다. 빙상기술은 흔히 빙벽기술로 통칭되는데, 고도의 아이젠과 피켈기술이 필요하다. 또한 빙벽기술로서 앞발톱이 있는 아이젠과 아이스바일 또는 아이스피켈을 양손으로 사용하여 올라서는 앞포인트(front point) 기술이 있다.

설중노영(雪中露營)은 언제든지 눈사태에 조심해야 하고 풍속·풍압·극한에 견디는 이중천막사용법과 설동·이글루(눈블록으로 만든 집) 등의 건설법, 그리고 극한 속에서의 비상비박법을 아는 것이 필요하다. 동계등산의 한 형태로 스키등산은 깊은 적설에서 효과적인 등산방식이다.

(4) 등산장비

등산장비는 등산인원 · 능력 · 일수 · 계절 등에 따라 적절한 양이 필요하다. 모든 장비는 개인장비 · 공동장비 · 취사생활장비로 구분할 수 있다. 장비부족에서 오는 위험도 있지만 과다한 장비 지참도 좋은 일은 아니다. 특히 겨울등산이나 고산등산에서 방한장비의 선택은 준비장비의 경량화에 주안점을 두어야 한다.

장비는 항상 손질해야 하고 완전한 사용법을 숙지해야 한다. 장비 구분은 경기능(輕技能) 장비와 중기능(重技能) 장비(이중방한등산화 · 플라스틱등산화 · 이중천막)를 대상과 계절에 따라 마련해야 하고, 성능과 사용법을 완전히 파악해야 한다. 장비 구분은 필요에 따라 여러 가지 방법이 있다.

(5) 등산식량

등산식량은 계절과 등산방식에 따라 필요한 영양가와 열량이 요구되며, 구미에 맞는 식품이어야 한다. 또한 구미는 전 대원의 최대 공약수로 그 기호를 선택한다. 겨울철을 제외한 계절에는 1인당 2,500cal, 겨울에는 3,500～4,000cal가 요구되며, 영양가가 고루 갖추어져야 한다.

❑ 식량선택의 기본원칙은

- 값이 싸고 영양가가 높은 것
- 각종 영양소가 충분히 들어 있는 것
- 요리하기 쉬운 것
- 변질되지 않은 것
- 부피가 작고 가벼우며 포장이 잘 되어 수송이나 휴대에 편리한 것
- 버리는 부분이 적은 것
- 어떠한 상태에서도 손쉽게 먹을 수 있는 것(구미가 당기는 인스턴트식품)
- 극한 상태나 비상시에 손쉽게 먹을 수 있는 별도 식품의 준비가 요구된다.[5)]

(6) 건강한 등산 방법

- 내리막길은 뒤꿈치부터 디딘다. 개인에 따라 많은 차이가 있으나 일반적으로 건강한 체력의 소유자인 경우 산행은 50분 걷고 10분 휴식하는 것이 바람직하다. 그러나 각자 자기 체력과 컨디션에 맞게 걷기와 휴식시간을 조절하면 된다.
- 매일 등산한다면 1시간 이내 오를 수 있는 코스가 좋고 일주일에 한 번 등산한다면 3~4시간에 오를 수 있는 산을 선택하는 것이 좋다.
- 등산 기술의 기초는 걷는 법이다.
  평지, 오르막길, 내리막길, 비오는 날 등 시간과 장소에 따라 걷는 요령이 다르지만 중요한 것은 편안한 자세로 피로하지 않게 걷는 것이다.
  걷는 속도는 처음에는 몸이 적응할 수 있도록 천천히 걷다가 차츰 속도를 내 일정한 속도로 꾸준히 걷는다.
  경사도나 험난한 정도에 따라 다르지만 산에서는 한 시간에 3.6㎞ 정도를 걸을 때 힘이 가장 적게 든다고 한다.
- 오르막길에서는 앞 발끝부터 내디디고 신발 바닥 전체를 지면에 밀착시켜 충격을 줄이도록 것을 원칙으로 한다.
  보폭을 줄여서 걷되 호흡과 속도는 일정한 리듬을 유지하면서 천천히 걷도록 한다.
- 빠른 속도로 오르고 나서 오랫동안 쉬는 것은 심신의 피로를 더하며 심리적으로도 부담을 준다. 즉 오랜 휴식으로 온몸이 이완된 상태에서 다시 걸으려면 몹시 힘이 들게 되므로 목표까지는 휴식 시간을 가능하면 짧게 잡아야 한다.
  속도는 중년의 경우 3㎞ 정도를 40~50분에 걷는 것이 좋다.
  이런 속도는 평지에서 걷는 속도의 절반 정도. 초보자의 경우 약 30분 걷고 5~10분 정도 휴식하되 가능하면 앉지 말고 서서 쉬는 습관을 갖는 것이 좋다. 그러나 다리에 피로를 많이 느낀다면 다리를 약간 높게 올려 놓은 자세로 앉아 쉬는 것도 피로 회복에 도움이 된다.
- 내리막길에서는 발이 지면에 닿을 때 발의 앞부분보다 뒤꿈치가 먼저 닿도록 하는 것이 좋다. 앞부분이 먼저 닿으면 무게중심이 앞쪽으로 옮겨져 걷는 속

---

5) http://cafe.daum.net/smdtjsehfrl/G6eN/134?q=%EC%84%A4%EC%83%81%EC%9A%B4%EB%8F%99%20%EC%82%AC%EA%B3%A0%EC%9B%90%EC%9D%B8

도가 빨라지고 이로 인해 중심이 무너지면 미끄러지거나 넘어질 수도 있다.

- 등산 시 대부분의 사고는 하산할 때 발생한다.
  산을 내려올 때에는 터벅거리지 말고 평소보다 무릎을 더 구부린다는 생각으로 탄력있게 내려와야 무릎과 허리에 가해지는 부담을 줄일 수 있다.
  하산 시에 발목과 무릎에 전해지는 부담은 자기 체중의 3배라고 한다. 게다가 배낭 무게까지 합하면 하산 시 무릎에 상당한 부담이 됨을 알 수 있다. 따라서 하산 시 절대로 뛰어서는 안 된다. 특히 비만한 사람은 자주 휴식을 취해주는 것이 좋다.
- 발에 땀이 잘 나는 사람은 땀 흡수가 잘 되는 면양말을 착용하는 것이 좋다. 발의 살이 약해 물집이 잘 생기는 사람은 깔창을 이용해 신발이 발에 잘 맞도록 해야 하며 신발의 끈을 조여 매어 발이 등산화 안에서 따로 놀지 않도록 해야 한다.
- 선글라스는 땀 등으로 등산에 방해가 되지 않는다면 자외선 차단을 위해 착용하는 것이 좋다.
- 등산이 끝난 후에는 스트레칭과 목욕으로 피로해진 근육을 이완시키고 체온을 상승시키는 것이 좋다. 그러나 목욕을 장시간 하는 것은 지나친 수분소실, 과도한 근육이완을 초래하므로 바람직하지 못하다.
- 자신의 체력을 과대평가하지 말아야 하며, 탈수 유발하는 고단백은 먹지 않는 것이 좋다. 등산을 마친 후 몸에 무리가 없으면서 하루 정도 숙면으로 피로가 회복돼 다음에 또 하고 싶은 마음이 들 정도가 되어야 한다. 이를 위해서는 등산하는 동안 옆 사람과 대화를 나눌 수 있을 정도의 강도가 적당하다.
  맥박수를 기준으로 설명하면 평상시 맥박수보다 약 20% 늘어난 상태를 유지하는 것이 좋다. 특히 겨울철에는 찬 기온에 적응하는 데에만 여름보다 10~15%의 에너지가 더 소모된다는 점을 유념해야 한다.
- 산행 전 가장 좋은 식사법은 평소 식사량의 3분의2 정도를 산행 2~4시간 전에 하는 것이 소화와 흡수에 충분한 시간을 확보할 수 있다.
  음식물의 종류는 고탄수화물, 저지방, 저단백질식이 효과적이다.
  지방은 소화·흡수에 많은 시간이 걸려 산행 중 위와 소장에 부담을 줄 수 있기 때문이다. 고단백질은 대사과정에서 수분을 많이 필요로 해 산행 중 갈증을 비롯한 탈수현상을 일으킬 수 있다. 또 대사열을 많이 발생시키므로 특히 더운 날에는 산행에 나쁜 영향을 미친다.

등산은 다른 운동에 비해 시간당 소모 열량이 많아 잠시 쉬면서 먹을 수 있는 초콜릿, 견과류, 빵 등을 준비하는 것이 좋다. 그렇지 않으면 등산 후 공복감으로 과식하게 된다.

땀을 많이 흘려 나타나는 탈수증 예방을 위해서는 물도 좋지만 오이, 당근, 귤을 준비하면 수분과 함께 비타민을 공급해 주기 때문에 효과적이다.

날씨가 추울 경우 탈수를 막아주고 체온을 유지시켜 줄 수 있는 따뜻한 물을 조금씩 먹는 것이 좋다.

- 등산을 하면서 담배를 피우는 것은 일산화탄소로 인한 산소 부족 현상을 악화시켜 가뜩이나 힘든 심장을 더욱 힘들게 한다.
  따라서 산행 시에는 술과 담배는 아예 지참하지 않는 것이 좋다.
  등산 중 과음은 평형감각을 잃어 낙상과 같은 부상 위험이 커지며 알코올 대사는 일시적으로 체온을 올리지만 저체온증과 탈수를 유발할 수 있다.
  하산 후 과음은 위장과 심장에 부담을 줄 뿐 아니라 힘들게 줄인 체지방을 원상태로 돌려놓는다.[6)]

(7) 등산안전대책

① 오를 시 안전대책

- 산행은 아침 일찍 시작하여 해지기 한두 시간 전에 마치도록 한다.
- 하루 8시간 정도 산행하고, 체력의 30%는 비축해둔다.
- 일행 중 가장 약한 사람을 기준으로 산행한다.
- 가급적 30킬로그램 이상의 짐을 지지 않도록 한다.
- 배낭을 잘 꾸리고, 손에는 가급적 물건을 들지 않도록 한다.
- 등산화는 발에 잘 맞고 통기성과 방수능력이 좋은 것을 신도록 한다.

6) http://cafe.daum.net/tozisarang/OGZa/2169?q=%EB%93%B1%EC%82%B0

- 산행 중에는 한꺼번에 너무 많이 먹지 말고, 조금씩 자주 섭취하도록 한다.
- 산에서는 아는 길도 지도를 보고 확인하도록 한다.
- 길을 잘못 들었을 때는 당황하지 말고, 알고 있는 지나온 위치까지 되돌아가서 다시 위치를 확인하도록 한다.
- 산행 중 길을 잃었을 때에는 계곡을 피하고, 능선으로 올라가야 한다.
- 등산화 바닥 전체로 지면을 밟고 안전하게 걷도록 한다.
- 보폭을 너무 넓게 하지 말고 항상 일정한 속도로 걷도록 한다.
- 발 디딜 곳을 잘 살펴 천천히 걷는다.
- 처음 몇 차례는 15~20분 정도 걷고 5분간 휴식하고, 차츰 30분 정도 걷고 5~10분간 휴식한 다음 산행에 적응이 되면 1시간 정도 걷고 10분간씩 규칙적으로 휴식하는 것이 바람직하다.
- 산행 중에는 수시로 지형과 지도를 대조하여 현재 위치를 확인하는 것이 좋다.
- 내려갈 때는 자세를 낮추고 발아래를 잘 살펴 안전하게 디뎌야 한다.
- 썩은 나뭇가지, 풀, 불안정한 바위를 손잡이로 사용하지 말아야 한다.
- 급경사 능 위험한 곳에서는 보조 자일을 사용하는 것이 좋다

② 하산 시 안전대책

- 산에서 내려오는 것은 오르는 것만큼이나 힘들다. 걷기 쉽다고 함부로 달리듯 내려오면 안 된다.
- 체중과 배낭의 하중으로 무릎관절이나 발목에 충격이 가해지기 때문에 무릎통증이 생기고 물집 등의 원인이 된다.
- 내려올 때는 경사가 급할수록 속도를 늦춰야 하며, 여분의 양말 등을 신고 신발 끈을 꼭 매어 발을 놀지 않도록 해야 한다.
- 하산 시 내려올 때의 보폭은 오를 때보다 줄여 안정감이 있어야 하며 발은 될 수 있으면 가볍게 땅에 딛고 무릎을 굽혀 충격을 흡수하도록 한다.

③ 조난 사고 시 안전 대책

- 길을 잃었을 때는 아는 곳까지 왔던 길을 되돌아가는 것이 가장 현명한 방법

이다. 그런 다음 그곳에서 자신의 위치를 정확하게 파악하고 계획했던 방향을 찾는다.

- 만일 짙은 안개, 눈보라, 어둠 때문에 지형과 방향을 살필 수 없을 때에는 그 자리에서 다른 사람들이 올 때까지 기다리거나 정확히 알고 있는 곳까지 되돌아가야 한다.
- 스마트폰으로 안내받을 수 있는 어플리케이션인 '숲에on 등산로 안내'를 설치해 조난에 대비하거나 밤이 늦어지거나 어두운 곳으로 이동할 것을 고려하여 랜턴을 반드시 챙기고, 여분의 배터리를 상시 휴대하는 것이 좋다.
- 지쳤거나 어두워졌거나 악천후로 산행을 계속하기 어려운 상황이라면 섣불리 움직여서는 안 된다.
- 가능한 방법으로 구조요청을 하고 그곳에서 구조대가 올 때까지 체온과 체력을 유지하며 기다리는 편이 더 안전하다.
- 산행하기 전에 가족에게 언제 누구와 어느 산을 어디로 올랐다가 언제 하산할 예정인지 간단하게 알려두면 혹시라도 조난을 당했을 때 도움이 될 수 있다.
- 조난을 당했더라도 다친 사람이 없다면 크게 걱정할 것은 없다. 먼저 상황을 정확하게 파악하고 안전한 장소로 옮겨 밤을 새울 것인지 아니면 바로 탈출할 것인지를 결정한다. 안전한 장소로 옮겨서 밤을 새울 작정이라면 될 수 있는 대로 바람이 적게 불고 눈과 비의 피해를 막을 수 있는 곳으로 자리를 옮긴 후 가지고 있는 모든 장비를 활용하여 밤을 새울 준비를 한 다음 상황이 좋아지기를 기다린다.

④ 캠핑 안전수칙

- 야생동물이나 곤충으로부터 피해를 입지 않도록 주의하고, 뱀 등이 나타나면 절대로 공격을 하지 말아야 한다.
- 계곡에서 캠핑할 때는, 밤사이 집중호우가 내려 물이 갑자기 불어나면서 위험해질 수 있으므로 물 가까이 텐트를 치지 않도록 한다.
- 물을 쉽게 구할 수 있고 바닥이 평평해야 하며, 뒤에 암벽이나 언덕이 없어 산사태 위험이 없는 곳에 텐트를 치도록 한다.
- 벌레에 물리면 비눗물로 즉시 씻고, 항히스타민제 연고를 발라주도록 한다.

⑤ 집중호우에 대비한 산행이나 야영 요령

- 휴대용 랜턴, 라디오, 밧줄, 구급약품 등을 준비해 두어야 한다.
- 호우주의보 발령 시 라디오에 귀를 기울여 기상상태를 주시하고 체크한다.
- 기상관측에 잡히지 않는 게릴라성 집중호우에 유의하도록 한다.
- 등산 중일 때에는 집중호우가 발생하면 빨리 하산하거나 급히 높은 지대로 피신하되, 물살이 거센 계곡은 절대로 건너지 않도록 한다.
- 야영 중 물이 밀려들 때에는 절대로 물건에 미련을 두지 말고 신속히 대피한다.
- 하천이나 섬에서 낚시하는 사람은 안전지대로 즉시 대피하도록 한다.
- 집중호우 시 나무로 만들어진 다리는 건너지 않도록 한다.[7)]

3) 설상운동(스키-스노보드)과 안전

스키 인구가 매년 100만 명씩 증가하고 있고, 각종 동호회의 활동 등에 의해 스키는 이제 대중화된 스포츠가 되었다.

국민안전처가 발표한 '스키장 안전사고 현황'에 따르면 2011년부터 최근 5년 동안 연평균 573만명이 스키장을 방문했으며 이중 1만141명이 부상을 입었다.

사고 원인별로는 개인 부주의가 6,300명으로 전체의 62%를 차지했고, 과속 2,311명(23%)로 뒤를 이었다.

부상 부위별로는 무릎 부상이 1,515(15%)명으로 가장 많았으며 머리부상이 1,075명(10%)로 뒤를 이었다. 사고 발생 장소별로는 초급과 중급 코스에서 각각 43%, 고급 코스에서 14%가 발생한 것으로 집계됐다.

이처럼 스키, 스노보드는 맨몸으로 속도를 즐기는 겨울 설상(雪上) 스포츠로 필연적으로 안전사고 위험을 안고 있다.[8)]

그러나 이에 대한 안전대책은 아직도 미흡한 실정이다. 특히 슬로프 폭이 좁아 충돌 등의 사고가 빈번한 국내 스키장의 경우 무엇보다 안전수칙을 지키는 일이 절실하다.

---

7) http://cafe.daum.net/hun9414h/RiOP/17?q=%EC%97%AC%EA%B0%80%ED%99%9C%EB%8F%99%EA%B3%BC%20%EC%95%88%EC%A0%84

8) 전라매일, 2017.01.5. http://www.jlmaeil.com/default/index_view_page.php?idx=105927

스키를 탈 때에는 우리가 차도를 건널 때 오고가는 차량 등의 위험성에 주의를 하는 것과 마찬가지로, 안전에 주의를 기울여야 한다. 일부 스키어들은 이러한 위험을 제대로 인식하지 못하고, 별다른 주의 없이 스키를 타고 있다. 이는 물체의 운동에너지는 속도의 제곱에 비례한다는 사실로도 쉽게 알 수 있듯이 만일 충돌에 의한 정지 시 이 운동에너지는 충격에너지로 전환되어 스키어에게 전달된다. 실제로 나무(나무나 리프트 기둥 옆 보호벽)에 부딪혀 사망한 사건도 매년 시즌 발생하고 있다. 이러한 안전사고를 예방하려면 스키어와 스노우보더는 슬로프에서의 안전을 항상 염두에 두어야 하고, 이는 다음과 같은 일반적인 안전규칙을 꼭 명심해야 할 것이다.

(1) 설상운동(스키, 스노보드) 사고 원인과 유형

소방방재청의 스키시즌 사고현황 조사 결과로 해마다 안전사고가 증가하고 있는 것을 알 수 있다. 발생건수와 주요 요인을 살펴보면 스키기술 미숙으로 인한 안전사고 발생건수가 가장 높은 비중을 차지하고 있다. 원인으로는 자신의 능력을 과신하여 상급 코스를 무리하게 이용하거나, 부주의, 집중하지 않은 등의 개인적인 요인일 가능성이 높다고 볼 수 있다.

스키사고의 기본 형태는 크게 낙상과 충돌로 나눌 수 있다. 어디에 충돌하느냐에 따라 신체 어느 부위에나 손상을 줄 수 있으므로 예견하기 힘들지만 낙상은 대개 일정한 양상으로 발생한다.

낙상에 의한 1차적인 손상은 주로 다리에 있고, 어깨나 팔, 손 등에도 좌상. 열상. 찰과상 같은 2차적인 손상이 있을 수 있다.

스키장비에 의한 충격골절도 스키의 한 부분이 눈에 걸려 순간적으로 고정되면 다리에 강한 긴장이 가게 되는데 이때 바인딩이 풀리거나 신체 조직에서 이 긴장력을 흡수하여 힘을 분산시키면 크게 다치지 않는다.

그러나 만일 바인딩이 풀리지 않거나 힘이 분산되지 못하면 그 충격이 커지면서 상해를 입게 된다. 즉 고정과 증폭 2가지 요소가 함께 작용할 때 상해가 일어나며 이때 작용하는 힘의 강도와 방향에 따라 손상의 형태가 결정된다. 또 낙상할 때는 스키가 직접 신체부위를 타격하여 일종의 충격골절이 생기는 경우도 드물게 있다.

스키로 인한 상해는 대개 염좌(41%) 골절(33%) 열상 및 찰과상(11%) 좌상(5%) 탈구(3%) 등의 범주에 속한다. 각 손상 형태를 구분하여 살펴보면 다음과 같다.

① 염좌

발목관절. 무릎관절. 엄지손가락에 많이 발생하며 원위전방 경비골인대(발목의 경골과 비골 사이에 있는 인대)가 가장 많은 빈도를 보인다. 주로 거골(발 뒤꿈치 위쪽 부위)의 회전에 의해 발생한다.

② 골절

주로 다리에 발생하며 전형적인 스키골절은 비골(종아리뼈)의 외측과 골절(발목 바깥쪽 복사뼈)을 말한다. 스키 안쪽이 눈에 걸리면 외회전의 힘이 거골을 회전시키며 이 힘이 크면 회전된 거골이 외측과를 후방으로 밀어 전형적인 나선형 또는 사선형 골절을 일으키게 된다. 그러나 최근 10년 동안 새로운 형태의 스키화와 바인딩이 많이 개발되면서 이런 부상은 많이 감소하여 이제는 외측과골절이 스키골절이라는 것은 오히려 적절하지 못한 표현이 되었다. 경골(정강이뼈)과 비골의 골절은 아직도 많이 일어나고 있다.

대개 엄지손가락을 다치는 경우는 스키폴을 쥔 상태로 낙상할 때 생긴다. 손을 뻗은 상태로 딱딱한 얼음 바닥에 넘어지면서 콜레스씨 골절 등 손목 주변의 골절도 생길 수 있다. 실상 모든 형태의 골절이 일어날 수 있지만 특히 충돌에 의해서 상해가 일어날 수도 있다.

③ 열상 및 찰과상

찰과상은 노출 부위 어디에나 생길 수 있으며 흔히 딱딱한 눈 위에서 앞으로 넘어질 때 생긴다. 가장 흔한 열상은 반대쪽 발의 스키에 의해 경골의 전내측에 생기며 머리나 노출 부위에도 생길 수 있다. 주로 풀려진 스키에 의해 생기지만 나무, 바위 등의 장애물과 충돌할 때도 생길 수 있다.

④ 좌상

대퇴골의 대전자부위와 전미골 부위에 흔하며 스키폴을 잡고 앞으로 넘어지면서 가슴을 치면 흉부좌상, 심하면 늑골골절도 유발할 수 있다.

⑤ 탈구

견관절에 흔하며 넘어질 때 어깨가 딱딱한 면에 부딪힐 때 발생한다. 또한 스키폴이 장애물에 걸려 상완골이 갑자기 신전되거나, 전방 낙상 시 스키폴을 짚으면 견관절이 외회전되어 전방탈구가 많다. 주로 젊은 여자에게 일어나며 이 밖에도 슬개골(무릎관절을 이루고 있는 종지모양의 뼈).손가락 관절 등에도 생길 수 있다.

(2) 설상운동(스키, 스노보드) 안전대책

- **적절한 복장과 보호 장비**

  체온을 유지하기 위해서는 따뜻하고 방풍, 방수가 되는 적절한 복장을 잘 갖추어야 하고, 철저한 장비점검이 필요하다. 스키장은 눈의 적절한 상태를 유지하기 위해 산에 위치하기 때문에 주로 기온이 굉장히 추운데 너무 두꺼운 옷을 입는 것보다는 얇은 옷을 여러 겹 입는 것이 좋다. 또한 스키장에 반사된 햇빛을 차단하기 위해 고글과 썬크림을 꼭 챙긴다.

  초급자들은 헬멧과 손목보호대, 무릎보호대 등의 보호 장구는 반드시 착용해야 하며, 그중 머리를 보호하는 헬멧은 빼놓을 수 없는 필수 보호 장비다.

  이를 위해 국내 스키장들은 헬멧 착용을 의무화하고 있으며 안전에 상대적으로 쉽게 노출된 어린이들은 헬멧을 비롯한 보호 장구를 반드시 착용해 줄 것을 당부하고 있다.

- **준비운동**

  스키장에서 준비 운동은 필수.

  추운 날씨에 굳어진 근육을 풀어주어야 부딪히게 되더라도 부상의 위험을 줄여준다.

- **적절한 코스 선택**

  자신의 수준에 맞는 슬로프를 선택하고 사전에 충분한 안전교육과 기술을 습득해야 합니다.

- **충분한 휴식**

  장시간 스키를 타다 보면 근육에 무리가 올 수 있고 추운 날씨가 몸에 좋지 않은 영향을 끼칠 수가 있다. 그러므로 스키를 어느 정도 탔다고 생각되면 꼭 중간 중간 휴식시간을 가져 주어야만 한다. 또한 추운 날씨에 찬 몸을 녹이기 위해 따뜻한 차를 마셔주는 것도 안전한 스키를 즐길 수 있는 한 가지 방법이다.

- **난폭한 스키와 직활강 금지**

  스키를 오랫동안 타고, 실력이 좋다고 해서 초보자들을 우롱하거나 초보자의 옆을 가깝게 지나가 위협하는 그러한 행동들은 절대 하면 안 된다. 또한 직활강은 사고가 날 경우 정말 크게 다칠 위험이 있기 때문에 가장 금지해야 한다.
- 스키어는 항상 모든 상황을 통제 가능한 상태로 두어, 원하는 시점에서 다른 사람이나 물체를 피하거나, 또는 정지할 수 있어야 한다. 자신도 주체하지 못하는 속도로 스키에 매달려 가는 위험한 상황을 만들면 안 된다. 정지하지 못할 것 같으면 넘어져야 하는데 제대로 강습 받지 못한 초보스키어의 경우 안전하게 넘어지는 방법을 익히지 못해, 넘어지는 자체를 두려워하는 경우가 많다.
- 자신의 전방에서 스키를 타고 있는 사람이 우선이라는 점을 명심해야 한다. 앞에 있는 사람을 피하는 것은 일단 뒤따라가는 사람의 책임이다. 앞지르게 되는 경우 반드시 충분한 여유를 두고 앞질러야 하며 다른 스키어를 위협하듯이 스쳐 지나가선 안 된다.
- 절대로 슬로프를 가로막으며 정지하거나, 위에서 보이지 않는 곳에서 정지하지 말아야 한다. 특히 강습을 하는 경우가 위험한데 자격을 가진 강사가 지시하는 곳에 정확히 정지해야 하고, 다른 스키어를 방해해선 안 된다.
  또한, 내려가기 시작할 때나, 다른 슬로프로 합류할 때에는 반드시 산쪽으로 바라보고 안전을 확인해야 하고, 내려오는 다른 스키어들이 충분히 자신의 진행을 파악할 수 있도록 해야 한다.

- 스로프의 경고표지를 항상 확인하고 그 지시에 따라야 하며, 열지 않은 트레일에서 충분히 떨어져야 한다. 때때로 경고표지를 무시하고 폐쇄된 트레일로 내려오는 경우는 굉장히 위험하다. 대부분의 경우 폐쇄된 트레일은 설면의 유지, 보수가 이루어지지 않은 상태이기 때문에 아이스반이 대부분이고 상태도 굉장히 불량하다. 또한 슬로프에서의 안전을 돕는 패트롤의 지시를 반드시 따라야 하고, 특히 스노우보드는 지정된 슬로프에서만 타야한다.
- 리프트를 타기 전, 반드시 리프트에 안전하게 탑승하고, 내리는 법을 충분히 파악하고 있어야 하며 리프트에 탄 뒤에는 반드시 안전바를 내려 예기치 못한 흔들림으로부터 자기 자신을 보호해야 한다. 이는 매우 중요한데, 간혹 리프트가 급정지할 때 특히 강하게 흔들리는 경우가 있어 추락하는 사고가 발생할 수도 있다.
  리프트에 탑승할 때는 무게 중심도 고려해야할 필요가 있는데, 한쪽으로 몰려서 탑승하게 되면 심하게 기울어지게 되고 이는 안전에 부적절한 상태라 할 수 있다.
- 최근에는 무선통신의 기술이 많이 발달하여 많은 사람이 휴대폰을 보유하고 있다. 여러 공공장소에서의 무분별한 사용이 사회문제가 되고 있는데, 스키장에서도 역시 문제가 된다. 벨소리가 울리면, 정지하고 머물러 있기에 부적절한 장소임에도 불구하고, 멈추어 통화를 시도하기 때문에 매우 위험하다.

(3) 스키 · 스노우보드 안전이용법

〈그림 4-6〉 안전한 스키이용법

넘어지는 법	일어서는 법

출처: http://news.donga.com/3/all/20021117/7883404/1. 학교안전교육 표준안의 교사용 지도서(2016)

〈그림 4-7〉 안전한 스노보드 들고 다니기

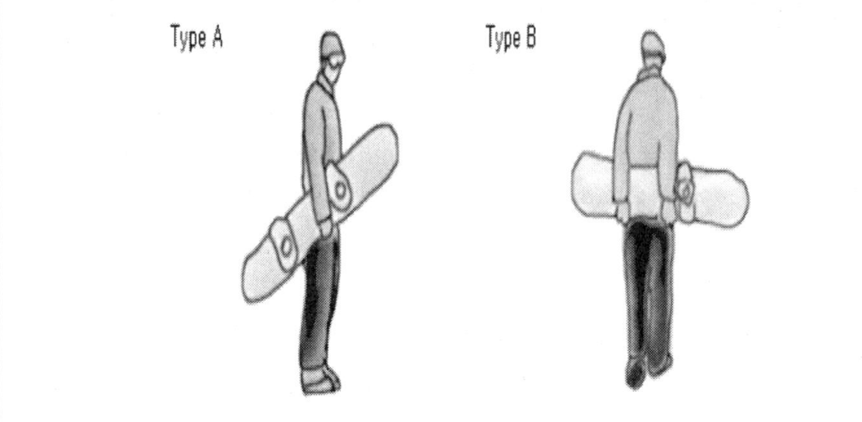

출처: liketwo.tistory.com , 학교안전교육 표준안의 교사용 지도서(2016)

〈그림 4-8〉 안전표지판

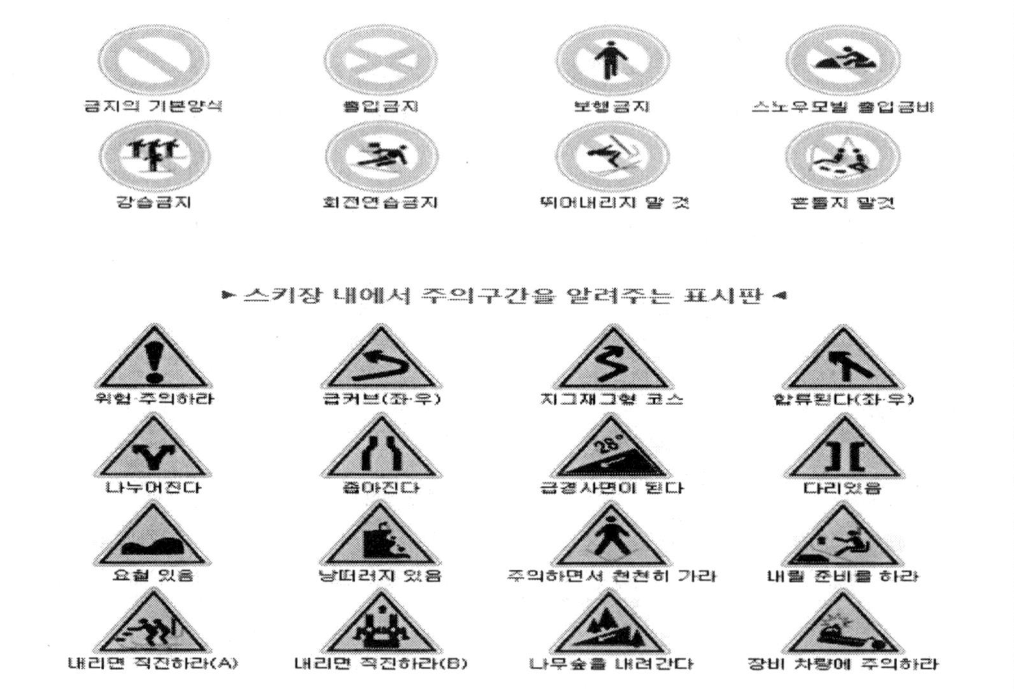

출처: http://hikostat.kr/1954, 학교안전교육 표준안의 교사용 지도서(2016)

4) 자전거 라이딩 안전

정부의 녹색 성장 정책, 그리고 건강에 대한 관심이 늘면서 자전거 인구가 폭발적으로 늘고 있다. 치솟는 유가 상승 때문에 자전거로 출퇴근하는 사람들도 빠른 속도로 증가하고 있다. 실제 자전거 인구가 해마다 꾸준히 증가하면서 2017년 1300만명을 넘어섰다. 여기에 자전거도로 개통에 이어 향후 종로와 여의도, 강남권을 잇는 도심의 자전거도로를 구축한다는 서울시 계획과 전기자전거도 자전거도로 주행이 가능함에 따라 도심에서 자전거로 출퇴근 및 이동을 하는 '도심 라이더'들이 더욱 증가할 전망이다. 반면 자전거에 대한 안전의식은 아직도 미흡한 것이 현실이다. 도로교통공단에 따르면 2016년 한 해 동안 발생한 자전거 교통사고는 1만4937건으로, 2007년에 비해 71.2%나 증가했다. 도심에서 규칙과 요령만 숙지한다면 안전하게 라이딩을 즐길 수 있다.[9)]

도로교통법 상 자전거는 차량에 속한다. 도로로 다니는 것이 원칙이기 때문에 때로 교통사고의 위험이 뒤따를 수도 있다.

주말의 산책이나 운동으로서 뿐만이 아니라 일상의 출퇴근이나 통학 및 업무용으로서의 자전거 이용은 주차 걱정에서 해방되고, 유류비 걱정이 없으며, 이산화탄소 공해를 일으키지 않는 동시에, 운동을 통한 건강증진과 아울러 행복함도 가져다준다. 건강은 물론 환경에도 좋고, 더불어 경제적인 자전거의 장점을 마음껏 누리기 위해서는 위험성을 인지하고 미리 조심하는 것이 중요하므로 라이딩 사고예방 및 안전대책을 늘 염두에 두고 실천하는 것이 중요하다.

(1) 도로교통법 상 자전거 운전자의 권리와 의무

'자전거'는 도로교통에 관한 조약(Convention on Road Traffic)에서 차로 구분하고 있다.(1949.9.19. 제네바에서 작성, 1952년 발효) 우리나라는 1970년에 가입 하였으며 도로교통법(제2조 16호)에서 '차'로 정의 하고 있다.

---

9) http://www.slist.kr/news/articleView.html?idxno=36554#09Pr

① 도로교통에서의 의무

첫째, 모든 교통에서 교통법규를 준수한다.

둘째, 보행자 등 교통약자의 안전을 지켜준다.

셋째, 차도에서 다른 교통의 흐름을 방해하지 않는다.

넷째, 자전거이용시설들을 적극 활용하고 함부로 다루지 않는다.

다섯째, 자신의 안전을 위해 최대한 주의를 기울여야 한다.

② 도로교통에서의 권리

첫째, 교통수단으로 차도등 시설을 이용할 수 있다.

둘째, 주행 중 다른 교통수단으로부터 보호받을 권리가 있다.

셋째, 교차로 등 정지 상태에서 보호받을 권리가 있다.

넷째, 우회전 등 방향전환 시 보호받을 권리가 있다.

다섯째, 자전거도로, 자전거횡단도, 자전거주차장 등 자전거관련 시설을 이용할 수 있다.

❑ 도로교통법 해당조항

제2조(정의) 이 법에서 사용하는 용어의 정의는 다음과 같다.

16. 차마(車馬)라 함은 다음 각목의 차와 우마를 말한다.

가. 차라 함은 다음의 어느 하나에 해당하는 것을 말한다.

- 자동차
- 건설기계
- 원동기장치자전거
- 자전거
- 사람 또는 가축의 힘이나 그 밖의 동력에 의하여 도로에서 운전되는 것. 다만 철길이나 가설된 선에 의하여 운전되는 것, 유모차와 행정자치부령이 정하는 신체장애자용 의자차는 제외한다.

나. "우마" 라 함은 교통. 운수에 사용되는 가축을 말한다.

(2) 안전한 자전거 라이딩을 위한 기본 습관

자전거를 안전하게 이용하는 습관을 가지는 것은 매우 중요하다.

평소에는 여유있게 행동을 하다가도 자전거만 탔다하면 성급하게 움직인다. 타고 내리기에서부터 브레이크 조작 ,과속, 무리한 추월 등은 초보수준의 자전거이용자들에게서 쉽게 발견된다. 주변의 교통상황을 예측하고 약자를 보호하며 교통법규를 준수하는 등 자전거운전자로서의 인식과 브레이크를 제대로 조작하고, 타고 내리는 방법 등의 올바른 습관을 갖는 것이 중요하다.

① 자전거의 오른쪽으로 타고 내린다.

자전거는 우측통행이 원칙이다. 또한 속도가 가장 느린 차로 끝 차로를 이용해야 한다. 이러한 교통조건에서 왼쪽으로 내릴 경우 차량 쪽으로 몸이 쏠려 위험할 수 있다.

② 브레이크의 위치를 확인하고 멈출때는 양쪽브레이크를 함께 잡는다.

브레이크는 앞 브레이크, 뒤 브레이크가 있다. 앞 브레이크만 잡았을 경우 전복될 위험이 있으며 뒤 브레이크만 잡았을 경우 자전거중심을 잃을 수 있다. 따라서 앞뒤브레이크 한쪽만 잡는 것은 위험하며 양쪽브레이크를 동시에 잡는 것이 안전하다.

③ 출발과 정지 전(후방)안전을 확인하고 수신호 후 정지한다.

- 멈춘 상태에서 출발하고 완전히 정지한 후 자전거에서 내리는 것이 안전하다. 자전거를 밀면서 올라타거나 움직이는 자전거에서 뛰어내리는 것은 위험하다.
- 출발 전 뒤를 돌아보고 안전하게 출발할 수 있는지를 확인한다.
- 뒤를 확인하지 않고 출발하는 경우 뒤에서 오는 차량이나 보행자와 부딪힐 위험이 있다.
- 멈추기 전 뒤쪽을 확인하고 수신호로 정지할 것을 알린 후 서서히 속도를 줄이며 오른쪽으로 내리는 것이 안전하다.

④ 자전거를 타기 전 기본점검 습관을 가진다.

- 기본점검순서: 브레이크 ⇛ 핸들 ⇛ 안장 ⇛ 페달 ⇛ 타이어공기압 ⇛ 전조등 ⇛ 후미등(반사체)

(3) 자전거 라이딩 안전요령

① 안전장비

안전한 자전거 라이딩 첫 번째는 안전장비 착용이다. 자전거 사고의 경우 안전장비만 제대로 착용해도 운전자의 큰 부상을 예방할 수 있는데, 안전한자전거 라이딩을 위해 가장 기본적으로 갖추어야 할 장비는 장갑과 헬멧이다.

헬멧은 사고가 났을 때 충격을 흡수해 머리를 보호해주고 장갑은 넘어졌을 때 손바닥을 보호하는 역할을 하여 안전한 자전거 라이딩을 도와준다.

행정안전부는 모든 연령대가 자전거 헬멧을 착용하도록 도로교통법을 개정했으며 2018. 9월부터 자전거 헬멧은 의무 착용이다.

② 규정속도

자전거 규정 속도를 지키는 것이다.

자전거는 과속을 할수록 부상의 위험이 높아지는데, 자전거 전용도로의 경우 시속 20km가 규정 속도인데, 안전성 시뮬레이션 결과 시속 40km일 때 몸이 받는 충격은 20km의 3배로 나타났다.

안전한자전거 라이딩을 위해서는 음주운행을 피하고 라이딩 시 이어폰이나 핸드폰 사용을 삼가는 것이 좋다.

③ 세팅하기

자전거를 탈 때 가장 중요한 것은 바로 안장 피팅이다. 자전거에 몸을 맞추는 것이 아니라 자전거를 내 몸에 맞추는 것도 안전한 자전거 라이딩을 위해 필수적인데, 안장은 페달이 아래로 가도록 놓은 후 안장에 걸터앉아 다리를 쭉 뻗었을 때 발꿈치가 페달의 중심에 닿을 정도가 가장 적당하다.

도로는 복잡하고 변수가 많은 곳이기 때문에 강한 제동력과 폭넓은 기어를 갖춘 자전거를 선택한다면 도심 라이딩을 더 재미있고 안전하게 즐길 수 있다.

④ 워밍업

라이딩을 할 때에는 워밍업을 반드시 해야 하는데, 처음 15분은 느긋한 속도로 시작해 서서히 속도를 올리며 근육의 온도를 높여주어야 한다. 이때 자전거에서 내려 스트레칭을 해주면 근육의 온도가 적당히 올라가있어 최고의 스트레칭 효과를 낼 수 있다. 워밍업을 통해 예기치 못한 사고에서도 부상의 위험을 줄일 수 있다.

⑤ 시선고정

도로는 다양한 변수가 발생하는 공간이기 때문에 돌발 상황에 안전하게 대처하기 위해서는 시선에 집중해야 할 필요가 있다. 자전거를 탈 때 시선은 진행 방향을 바라보면서 살짝 노면을 향하는 것이 중요하다. 도로에 생긴 함몰, 침하 등 파손 부분이나 턱을 미리 발견하지 못할 시 바퀴가 걸리게 되면 큰 부상으로 이어질 수 있기 때문이다.

⑥ 소리집중

양 옆이나 뒤쪽 등 시야 밖에서 들리는 소리에도 집중해야 위험 요소를 미리 감지하고 대처할 수 있다. 블루투스 스피커나 이어폰으로 음악을 크게 들으면서 라이딩을 한다면 뒤따라오는 자동차나 구두 또는 자전거벨로 추월을 알리는 소리 등을 감지하지 못해 큰 사고가 날 수 있다.

⑦ 횡단보도에서는 하차

도로교통법 상 자전거는 '차'로 분류되기 때문에 횡단보도를 건널 때에는 자전거에서 하차해야 한다. 도보로 길을 건너다 사고가 날 경우에는 보행자로 인정받아 과실을 덜 수 있으나 자전거를 탄 채로 건너다 사고가 나면 자전거 이용자에게 과실 책임이 더 커진다.

⑧ 전조등 · 후미등 장착 필수, 각도는 하향

전조등과 후미등은 본인과 타인의 안전을 위해 반드시 장착해야 한다. 라이트는 야간 주행 시 전방의 상황을 파악할 수 있게 해주는 동시에 차량 운전자와 보행자에게 자신의 위치를 알리는 역할도 한다. 단 전조등은 마주 오는 상대방의 눈부심과 그로 인한 사고 방지를 위해 앞바퀴 바로 앞 정도 거리를 비출 수 있도록 각도를 하향 조정해야 한다.

(4) 겨울철 자전거 라이딩 안전 요령

영하의 날씨 속에서도 라이딩을 할 수 있는 아래의 요령을 잘 지키면 겨울 시즌에도 문제없이 탈 수 있다.

① 자전거에 방한 장비를 챙기라

- 얇고 평평한 로드 타이어보다는 넓은 폭의 큼직한 깍뚜기 타이어가 눈이나 얼음 위에서 덜 미끌어져 훨씬 유리하다.
- 눈밭이나 얼음 위에서 탄다면 스파이크가 박힌 스노우타이어가 필수적이다.
- 새 자전거 보다는 헌 자전거로 타는 것이 제설용 염화칼슘이나 모래 등으로 부터의 프레임 부식 걱정을 덜어준다.
- 휠에 펜더를 장착함으로써 프레임의 부식과 눈녹은 물의 튀김을 방지할 수 있다.
- 브레이크가 제대로 작동되고 있는지, 체인에 윤활유가 적당한지 확인한 후 출발한다.
- 유압 브레이크나 유압 샤인 경우 혹한에서는 오일이 동결되어 작동하지 못하는 수도 있기 때문에 출발 전 필히 확인한다.

② 눈에 잘 띄도록 하라

겨울엔 낮이 짧아짐에 따라, 어쩔 수 없이 어두운 일출 이전이나 일몰 이후에 라이딩하기도 한다. 따라서 자동차 운전자가 어둠 속에서도 자신을 잘 인식할 수 있는지 확인한다.

- 반사 조끼를 입거나 팔과 다리에 반사 밴드를 착용한다.
- 자전거 반사판을 확인하고 밝은 전조등과 후미등을 장착함으로써 안전 라이딩에 철저한 준비를 한다.

③ 차선을 확인하라

- 자전거 차선에 눈이 쌓인 경우 교통법규에 따라 자동차 차선으로 진입하여 라이딩할 수도 있다. (국가나 지역에 따라 불가능한 경우도 있으니 필히 확인할 것)
- 자동차 운전자들도 역시 겨울의 스트레스에 시달리며 옆 차선으로 미끌어질 수 있음을 상기하며 충분히 고려한다.

④ 얼굴, 손과 발을 보호하라

- 눈보라로부터 시야를 방해받지 않기 위하여 그리고 메마른 찬공기로부터 눈동자를 보호하기 위하여 고글이나 안경의 착용이 필수적이다.
- 머리와 얼굴을 따뜻하게 보호해줄 바라클라바는 매우 효과적이다.
- 손발이 얼지 않도록 든든한 장갑이나 벙어리 장갑, 따뜻한 양말을 착용하고 때로는 신발싸개도 고려해 봄직하다.

⑤ 옷을 제대로 챙겨 입으라

- 옷을 따뜻하게 입되, 땀의 발산으로 인한 체온 저하를 막아야 한다.
  즉, 땀이 나오는 즉시 옷 바깥으로 증발시켜 내보내서 땀이 옷 안에서 쌓이지 않아야 체온을 빼앗기지 않게 된다.
- 옷을 3겹으로 입는 최적의 콤비는 피부 바로 위인 맨 밑층의 의류는 땀을 잘 발산해 주고, 그 중간인 두 번째 층은 체온을 잘 단열시켜 주며, 맨 바깥층은 비바람을 막아주어야 한다.

⑥ 여유있게 출발하라

- 제 아무리 잘 갖추었다 할지라도 얼음판 위에서 미끌어져 머리를 부딪히지 않기 위해선 천천히 조심스럽게 가는 것이 최선의 방법이다.
- 평소보다 일찌감치 출발함으로써 보다 여유로운 라이딩으로 위험을 줄일 수 있다.

⑦ 체온을 지켜줄 먹을 것 준비

추운 날씨로부터 체온을 지켜줄 뜨거운 물이 담긴 보온병과 커피, 코코아, 초콜릿 등을 준비하라.[10)]

5) 실내운동(헬스) 안전

스포츠안전사고실태조사에 따르면 걷기, 등산에 이어 세 번째로 국민 스포츠참여율이 높은 실내헬스장(보디빌딩) 활동인구 10명 중 4명이 연 평균 2.4회 부상경험이 있으며 주로 상반신(허리 등)〉어깨〉손목〉무릎 순으로 부상이 많이 발생되는 것으로 조사됐다.

부상의 직접적인 원인으로는 '무리한 동작'이 10명 중 7명이며 '사전에 안전시설을 확인'한다는 응답은 33.7%로 사고예방에 대한 의식이 가장 낮은 결과가 나왔다.[11)] 이와 같이 헬스장 안전사고를 예방하고 안전한 이용을 위한 안전 규칙을 정리하면 다음과 같다.

(1) 실내헬스장 안전사용 규칙

① 헬스장 입장 전

❑ 몸 상태 확인하기

- 음주

10) http://javafolding.com/bbs/board.php?bo_table=java04_4&wr_id=9
11) 스포츠서울, 2018.7.10, http://www.sportsseoul.com/news/read/656603

- 잠을 제대로 못 자서 피곤하다.
- 강도 높은 외부 활동으로 몸이 무겁다.
- 병원에서 당분간 무리한 운동은 하지 말라고 권고 받았다.

위 중 한 가지라도 해당되면 그날 운동은 쉬기!

❑ 장비 착용하기

- 하고자 하는 운동에 알맞은 장비를 착용한다.
- 운동복과 운동화는 잘 맞는 것으로 착용
- 손목보호대 : 중량운동 시 손목을 지탱하여 보호
- 웨이트 벨트 : 복부의 힘을 강화시켜 척추를 보호
- 무릎보호대 : 무릎의 좌우 움직임을 막아 주어 무릎을 보호
- 스트랩 : 손목과 바를 연결하고 미끄럼을 방지

② 운동 시작 전

- 트레이너(지도자)의 위치 확인하기
  트레이너(지도자) 배석 시 55.6%는 안전사고 예방 및 대처관련 교육을 실시하여 부상 후 응급대처로 안전사고 감소에 중요한 역할을 한다.
- 준비운동하기
  준비운동은 심박수를 점진적으로 증가시켜 갑작스러운 혈압 상승을 방지하고 스트레칭은 관절과 근육을 풀어주어 부상을 방지해 준다.

③ 운동 중

- 미끄러지거나 걸려 넘어질 물건이 주변에 있는지 확인하기
  헬스장에서 부상의 직접적인 원인 중 '미끄러져 넘어짐'이 10%를 차지한다.
- 운동기구의 고정쇠나 접합상태 확인하기
- 본인의 운동능력에 적합한 운동하기
  자신에게 맞는 중량의 기분은 10회 운동했을 때 힘들다고 느끼는 정도이다.
  헬스장에서 '무리한 동작'으로 10명 중 7명이 부상 경험
- 운동 중 다른 사람과의 적절한 안전거리를 유지한다.

④ 운동 종료 후

- **정리 운동하기**

  긴장한 근육을 원상태로 회복하기 위해 정리 운동을 한다. 스트레칭 운동과 15~20분 정도 가볍게 유산소 운동을 하면 좋다.[12]

(2) 헬스기구 사용 요령

① 벤치프레스(가슴 운동 시)

앉을 때는 상체를 등받이에 잘 고정시킨 후 손잡이를 어깨너비보다 살짝 더 넓게 잡아준다. 이때 어깨의 힘이 아닌 가슴의 힘으로 밀어야 몸에 무리도 안가고 가슴 운동의 효과가 나타난다.

② 숄더프레스(어깨 운동 시)

이 기구를 사용할 때는 등받이에 등을, 바닥에 다리를 고정한다.

손잡이는 어깨너비보다 약간 더 넓게 잡고 어깨 근육만 사용하여 힘을 쓰는 것이 포인트이다.

③ 랫 폴 다운(등 운동 시)

우선 의자와 패드 사이에 허벅지를 고정시키고 손잡이를 어깨너비보다 더 넓게 잡는다. 어깨를 펴고 팔꿈치와 어깨가 수평이 되게 한 후 근육수축을 느끼며 운동한다.

④ 백 익스텐션(허리 강화)

우선 위쪽 패드에 허벅지를, 아래쪽 패드에 종아리 뒷부분을 고정한다.

두 손은 X자를 만들어 모아주고 허리를 최대한 편 상태를 유지하며 몸을 숙인.

등이 곧게 펴질 때까지 상체를 들어 올리는 것을 반복하는데 이때 허리가 너무 꺾이지 않도록 주의한다.

---

12) 스포츠안전재단, 스포츠안전 캠페인,
http://blog.naver.com/PostView.nhn?blogId=arman52&logNo=221304474756

⑤ 업 도미널(복근 강화)

먼저, 기구에 앉은 후 어깨에 살짝 패드를 걸어준다.

뒤쪽의 손잡이를 잡고 몸을 웅크렸다가 폈다가를 반복해주며 복근에 자극을 주는 기구이다. 중요한 것은 손이나 팔의 힘이 아닌 복근의 힘을 사용하도록 한다.

⑥ 레그프레스(하체를 위한 운동)

레그프레스는 앉아서 스쿼트를 하는 것 같은 효과를 준다.

두 발을 받침대에 두고 두 손으로 손잡이를 잡은 후 다리로 받침대를 밀어야 한다. 이때 허벅지가 아닌 무릎 힘을 쓰다가는 다치실 수 있으니 주의해야 한다.

⑦ 암컬 머신(팔 운동)

가슴 패드와 팔 고정 패드에 완벽하게 고정을 한 후 시작한다.

손잡이를 몸 쪽으로 당길 때 상체와 팔은 고정 상태를 유지한 후, 이두근을 써서 운동하는 것이 암컬 머신의 100%를 사용하는 것이다.[13)]

⑧ 트레이드 밀 (런닝머신)

속도보다는 거리가 중요하다. 초보자는 빠르게 달리는 데 집착하지 말고 최소 5km를 목표로 잡는 게 좋다.

뛰는 자세에도 방법이 있다. 계기판과 몸 사이 간격이 20cm 정도가 되도록 유지해야 발바닥이 뒤꿈치부터 시작해서 발가락까지 순서대로 바닥을 밟는다. 몸이 계기판에서 멀찌감치 떨어져 있으면 자신도 모르게 발바닥 가운데 부분으로 뛰게 되는데 이는 잘못된 운동 방법이다.

팔을 앞뒤로 흔들 때는 주먹이 눈높이까지만 오도록 한다. 흔히 팔을 앞으로 멀리 보내고 뒤로는 잘 안 보내는데, 앞뒤로 흔드는 정도가 같아야 균형이 맞는다. 마지막에 전속력으로 달리는 건 심장마비 위험을 높이므로 금물이다.

처음 2~3분은 천천히 달리다가 속도를 올려 숨이 약간 찰 정도로 달리고 마지

13) https://post.naver.com/viewer/postView.nhn?memberNo=35839326&volumeNo=8115727

막 2~3분은 다시 속도를 줄이는 게 맞다. 보통 여자는 5.5~6.0km/h, 남자는 그보다 좀 더 높은 속도로 뛴다. 그러나 정해진 답은 없으므로 본인에게 맞는 적당한 속도를 찾는 게 중요하다.

Chap. 5 중독과 안전

1. 중독의 개요
2. 알코올 중독과 안전
3. 인터넷 · 게임 중독과 안전
4. 스마트폰 중독과 안전
5. 도박중독과 안전

제5장 중독과 안전

1. 중독의 개요

현대사회에서 나타나는 심각한 문제 중의 하나가 여러 가지 중독현상이다.

중독이란 특정한 행위나 물질에 지나치게 의존하는 현상으로서 그것을 중단할 경우 다른 일상적인 생활에 곤란을 겪는 상태를 말한다.

알코올을 포함한 약물, 쇼핑, 게임, 도박, 섹스 등 다양한 대상에 중독현상을 보이는 사람들이 증가하고 있다.

중독 상태에 있는 사람들은 그 개인은 물론 가족들도 정상적인 생활이 불가능할 정도의 고통을 겪게 된다는 점에서 더욱 치료가 필요하며 사회적 예방대책이 실시되어야 한다.

1) 중독의 개념

중독(中毒, poisoning)은 주로 음식이나 약물의 독성으로 인해 신체에 기능장애가 일어나는 일을 의미하며 독물과 생체와의 접촉기간·증상이 나타나는 경과에 따라 만성중독과 급성중독으로 나누어진다. 만성중독에는 각성제·마약·시너·알코올·납·수은중독이 있으며, 급성중독에는 수면제·농약 중독 및 연탄가스 중독이 있다.

중독이하고 하면 유해 물질에 의한 신체 증상인 중독(intoxication, 약물 중독)과 알코올, 마약과 같은 약물 남용에 의한 정신적인 중독이 주로 문제되는 중독(addiction, 의존증)을 동시에 일컫는다. 약품을 이용할 수 없을 때 내성(tolerance)과 금단증상(withdrawal symptoms)을 일으키는데 이러한 물질에는 알코올, 담배,

마취제, 다량의 진정제가 포함된다. 최근에는 의학계에서는 약물의존(substance dependence)이라는 용어를 사용한다.[1]

최근 중독에 대한 개념은 약물중독 혹은 물질중독의 개념을 넘어 도박, 인터넷, 게임, 스마트폰에 이르는 '행위중독(behavioral addiction)' 개념으로 확산되고 있다. 즉 의존증 혹은 중독현상이 약물이나 화학물질이 아니라 과도한 특정행위에 대한 집착이나 해당 행위를 하고자 하는 충동조절에 의해서도 발생한다는 것이다. 첨단 IT산업 등과 관련되어 빠르게 발전하는 인터넷, 스마트폰 등의 매체에 따른 새로운 행위중독에 전 세계적인 관심이 집중되고 있다. 예를 들어 병적도박, 방화광, 도벽광의 경우 충동조절 장애의 일종으로 정신과적 진단명에 정식으로 쓰이고 있는 것이다. 그 외에 섹스, 운동, 쇼핑 같은 특정행위를 과도하게 해서 생기는 여러 문제의 특성과 치료에 대한 연구가 진행되고 있으며, 일부에서는 폭식증과 같은 식이장애도 행동중독의 일환으로 보기도 한다.

중독과 습관 사이에는 분명한 차이가 있다. '습관'의 개념 역시 특정부분의 자주 반복되는 행위이지만 중요한 것은 큰 문제없이 자신의 의지로 조절할 수 있는 것이다. 반면에 중독은 반복되던 어떤 행위를 문제없이 중단할 수 없다는 것이다. 다시 말해 자기통제가 가능한지의 여부가 습관과 중독의 결정적 차이라고 말할 수 있다.

본 장에서는 알코올, 마약과 같은 약물 남용에 의한 중독과 게임, 인터넷, 도박과 같은 정신적인 중독(addiction, 의존증)에 대해 정리하고자 한다.

2) 중독의 특징(핵심 요소)

(1) 집착

반복된 어떤 특정한 행위가 그 사람의 삶에서 매우 중요한 위치를 차지하게 되고, 그것에 대해서만 생각하고 느끼고 그것을 계속하기 위해서 노력한다. 즉 그 행위를 하지 않을 때에도 다음에 그것을 할 때 어떻게 할까 생각하고 있다.

---

1) 다음백과사전, http://100.daum.net/encyclopedia/view/b20j0089a

(2) 기분변화

그 행동을 할 때 기분의 변화를 느낀다. 그리고 이것을 사회생활이나 마음의 갈등을 해결하기 위한 도구로 사용하기도 한다.

(3) 내성

같은 정도의 만족감을 느끼기 위해 점점 더 양이나 많은 시간, 많은 양의 활동을 해야 한다.

(4) 금단

만일 그 행동을 하지 않거나 갑자기 그 행동량을 줄이게 되면 불쾌감이나 불안감, 짜증, 불면증의 증상이 생긴다.

(5) 갈등

반복된 특정 행동 때문에 그 행위를 하는 삶 주위의 인간관계, 사회관계가 나빠지고 많은 문제가 발생한다(실직, 가정파탄 등).

(6) 재발

중독된 행위를 끊거나 조절을 한 후 일정기간 후에라도 언제든지 어떤 문제가 생기면 같은 형태로 혹은 다른 형태로 재발이 가능하다.[2)]

2) http://cafe.daum.net/home0690/QwGy/62?q=%EC%A4%91%EB%8F%85%EC%9D%B4%EB%9E%80

2. 알코올 중독(알코올 의존증, Alcoholism)과 안전

알코올 중독 혹은 알코올 의존증(alcoholism)은 정신 질환으로 술과 같은 알코올음료에 의존증이 있어 정상적인 사회생활에 어려움이 있는 상태를 말한다. 알코올 의존증은 의학적으로 매우 심각한 질병으로 취급된다. 일반적으로 허용되는 양 이상의 음주를 하여 개인의 건강이나 사회적, 직업적 기능에 장애가 있음에도 불구하고 음주를 계속하는 경우를 알코올 중독이라 하고, 대개는 알코올 남용과 알코올 의존을 포함하여 말한다.

신체적으로 형성된 알코올의 금단증상을 피하기 위해 알코올을 계속 사용하게 되는 상태를 신체적 의존이라 하고, 알코올을 계속 사용함으로서 긴장과 감정적 불편을 해소하려는 현상을 심리적 의존이라 한다. 알코올 남용이란 사회적 또는 직업상의 기능장애를 초래하는 알코올의 병적인 사용, 즉 사회적 음주와는 상관없이 알코올을 지속적으로 빈번히 마시는 것을 말한다.

알코올 중독은 우리나라는 물론 전 세계적으로도 널리 퍼진 질병이다. 술은 옛날부터 인간관계에서 빠질 수 없는 것이었으나, 마약으로도 악명이 높다.

한국은 알코올 중독자 숫자가 2백만 명이며, 한국 남성 중 25%는 알코올 중독을 경험한다. 2017년 10월 건강보험심사평가원의 자료에 따르면 10~19세 청소년 중 최근 5년간 알코올 중독으로 치료를 받은 인원은 7800명에 이르는 것으로 밝혀졌다. 청소년들의 첫 음주경험은 13세 전후로 나타났다

알코올중독증을 치료하기 위한 접근방법에는 대부분 알코올중독자가 자신의 질병을 인식하는 것이 필요하다. 그 이후의 치료계획은 알코올중독증의 원인과 정의에 따라 다르다. 치료법으로는 입원 프로그램, 심리학적인 일반 재활치료법, '익명의 알코올중독자 단체'(Anonymous Alcoholics)처럼 자신들이 조직한 자가 치료 모임, 안타부스(다이설피람)나 템포실(구연산첨가 칼슘사이아나마이드) 등의 금주약물의 사용, 비타민이나 호르몬 주사, 행동수정을 기초로 한 혐오요법 등이 있다.[3)]

3) 다음백과사전, http://100.daum.net/encyclopedia/view/b14a3897a

1) 알코올 중독의 사회적인 문제

첫째. 사망률이 일반인에 비해 3배나 높으며, 특히 자살율도 매우 높다

둘째. 국가적으로 막대한 경제적 문제가 된다. 미국의 경우는 알코올중독 때문에 연간1167억불의 손실을 입고 있는데 우리나라는 미국보다 이 병이 더 많기 때문에 훨씬 심각하다.

셋째. 폭력범죄의 대다수가 술과 연관되어 있다. 술을 마시면 억제력이 약해지기 때문이다.

넷째. 술을 마시는 청소년들이 본드나 다른 마약을 할 가능성이 높아진다.

2) 알코올 중독의 원인

누구나 걸릴 수 있지만 다음의 경우 잘 발생한다.

첫째. 술병에 잘 걸리는 체질은 유전됩니다. 따라서 부모나 친척 중 술병이 있는 분들을 각별히 조심해야 한다.

둘째. 수동적이고 내성적이며 화가 나도 겉으로 표현을 잘 안하고 열등감이 많은 성격에 흔하다.

셋째. 우울증, 불안증, 불면증 같은 신경성 장애가 있을 때 흔히 잘 발생한다.

넷째. 어려서부터 술에 대해 관대한 분위기에 속해 있거나 잘못한 일을 야단치지 않는 가정 분위기에서 자라났을 경우이다.

3) 알코올 중독 증상 종류

알코올중독의 기본양상은 알코올의 섭취에 의해 나타난 특수한 신경학적 또는 심리적 징후들과 행동의 변화들이다.

급성 중독 상태일 때 나타나는 신경학적 징후들로는 말이 또렷하지 못하고, 운동기능의 협응이 안되어 섬세한 일을 하지 못하고, 보행 시 비틀거리는 증상이 있으며, 주의력과 기억력의 장애가 온다.

심리적인 징후에 해당하는 것으로는 기분이 불안정하고 변덕스러우며 성적인 행동이나 공격적인 행동을 억제하기 어렵고, 말이 많아지는 것 등이 있다.

행동의 장애로는 싸움을 하거나 판단력의 손상, 사회적, 직업적 기능의 장애 및 책임을 완수하지 못하는 것 등을 볼 수 있다.

이러한 급성중독 상태의 지속시간은 마신 알코올의 양과 얼마나 빨리 마셨느냐에 따라 다른데 대개 술을 마신 후 수 시간에서부터 12시간 가량 지속된다.

(1) 정신적 질환

① 알코올 금단증상

장기간 지속적으로 술을 마시다가 갑자기 술을 중단했을 때 나타나는 징후로는 손이나 혀의 떨림 오심이나 구토, 무기력감, 나른함, 가슴이 뛰고 식은땀이 나는 것, 불안하거나 우울함, 구갈증, 두통, 수면장애, 악몽 등을 들 수 있다.

이 증후는 금주 후 곧바로 나타나서 대개 일주일 이내에 소실되는데, 간혹 간질발작이 나타날 수 있다.

② 알코올 금단선망

장기적인 알코올중독자가 갑자기 음주를 중단하거나 감량했을 때 나타나는 증상이다. 대개 5~15년 이상 술을 마셔 온 사람에게서 나타나는데 처음에는 불안, 초조,

식욕부진, 진전(떨림), 공포감에 의한 수면장애 등의 증상을 보인다.

다음으로 선망상태와 함께 자율신경기능 항진 증상이 있고, 진전, 망상, 환각, 안절부절 못하는 행동지남력 장애 등을 볼 수 있는데 특징적으로 이때 환각은 주로 환시(幻視)로 나타나 벌레나 괴물 같은 것들이 자신의 몸에 상처를 낸다고 느끼며 심한 공포감에 사로잡히기도 한다. 대개 경과는 음주 중단 후 1~3일째 시작해 5~7일에 해소된다. 심한 경우는 치료를 받지 않으면 사망하기도 한다.

③ 환각증

알코올의존이 있는 사람이 폭음을 중단 또는 감량한 후 보통 48시간 이내에 갖가지 환청을 듣게 되는 질환이다.

환청은 주로 목소리이며, 그 내용은 기분이 좋지 않거나 괴롭히는 것이 대부분이다.

대개 수 시간에서 수일간 지속되며 간혹 만성 경과로 가는 경우가 있는데 이럴 때에는 환청 이외에 피해망상 등이 같이 나타나서 정신분열증과 유사한 양상을 보인다.

④ 알코올성 건망증

지속적으로 과음을 하면 티아민(thiamine)이라고 하는 비타민이 결핍되기 쉬운데 이 때문에 오는 건망증후군이다.

주 증상은 건망증이며, 자기 주변의 시간, 공간, 인물 등에 대한 지남력의 장애

기억의 결핍된 부분에 엉뚱한 다른 삽화(기억)를 끼워 넣어 말하는 작화증, 말초신경장애 등을 보인다. 그 밖에 소뇌의 이상에 의한 운동실조증 등의 신경학적 장애가 나타날 수 있다.

⑤ 알코올성 치매

장기적으로 음주를 지속할 경우 위의 경우들과 같은 일시적인 중독증상 이외에 비교적 영구적인 상태인 치매가 발생할 수 있다.[4)]

⑥ 불면증

많은 알코올중독자들이 잠을 잘 자지 못하다보니 잠을 자기 위해 술을 마시는 경우가 흔하다.

그러나 분명한 것은 잠을 못자는 문제는 술 때문에 생기는 것이다. 술은 잠을 들게는 하지만 일반적으로 술에서 깨어남과 동시에 잠에서도 깨게 된다. 술은 잠이 들게 하는 것에 도움이 될 수 있지만 숙면에는 오히려 방해가 된다.

4) http://blog.naver.com/PostView.nhn?blogId=dnqlszkd&logNo=221140490482

잠을 청할 목적으로 술을 지속적으로 마시게 되면 술을 마시지 않고서는 잠이 들지 않게 되는 상황에 빠지게 된다.

⑦ 우울증, 불안장애

우울증이나 불안증 때문에 술을 많이 마시다가 중독에 이르는 경우가 있고 반대로 알코올중독 상태가 지속되다 보니 우울증이나 불안장애가 야기된 경우도 있다. 술이 우울증상이나 불안증상을 단기간에 호전시키는 것처럼 착각을 들게 만들지만 술이 깨는 것과 함께 이런 증상들은 더욱 악화되게 된다.

알코올중독은 자신의 삶을 피폐하게 만들게 되는데 가족 간의 관계, 직장에서의 사회활동 등에 전반적인 문제를 야기 시키며 이것은 극복할 수 없는 한계처럼 환자들에게 다가와 우울증상이나 불안증상을 심각하게 만든다.

알코올중독 환자들은 자신의 정서적인 상태를 충분히 통제하지 못하고 충동적으로 변하기 때문에 주위 사람들에게 공격적인 행동을 하기도 하며 경우에 따라서는 자신에게도 폭력적으로 변한다. 알코올중독 환자들의 자살율은 일반인에 비해 두배 이상 높다.

(2) 신체적 질환

알코올이 흡수되면 인체에 영향을 받지 않는 기관이 없는데 특히 간, 심혈관계, 췌장, 위장 등이 취약하다.

① 알코올과 간질환

- 알코올성 간염 : 지방간의 정도가 심해지면 알코올성 간염으로 진행되는데 이 경우 메스껍고 식욕이 떨어지며 구토증상이 발생하거나 황달 또는 열이 나기도 한다. 알코올성 간염의 경우에도 술을 끊고 건강한 생활을 하면 자연적으로 회복된다.
- 알코올성 간경변 : 일반적으로 간경화로 알려져 있는 간경변은 알코올에 의한 염증이 장기간 지속되어 발생된다. 간경변은 이미 간 조직이 그 역할을

잃어버린 상태로 정상적인 간으로 회복되지 못한다. 또 복수, 복막염, 간성뇌증, 정맥류, 암으로 진행되는 일이 흔하다.

② 알코올과 심혈관계질환

적당한 양의 음주는 심혈관계에 긍정적인 영향을 준다고 하지만 이때의 적당한 음주는 하루에 1 표준잔 내외의 술을 의미한다. 그이상의 술은 심혈관계에 도움이 되지 않는다. 알코올은 심장근육 자체에 병을 일으키게 되는데 이 경우 심장이 제대로 뛰지 않아 생기는 위급한 심장 질환이 발생할 수 있다. 알코올의존자에 있어 혈관 자체의 동맥경화증상이 심한 경우가 많으며 고혈압 등의 질환도 일반인데 비해 많이 발생한다.

③ 알코올과 췌장질환

췌장은 음식물의 소화에 필요한 효소를 만들어 내는 곳이다. 췌장에서 만들어 낸 효소들은 우리가 섭취한 모든 형태의 음식물을 흡수가 가능하도록 부수어 주는 역할을 한다. 반복된 과도한 음주는 췌장 세포를 파괴하고 췌장 주변의 염증을 유발합니다. 알코올 의존자에게 췌장염은 드물지 않게 발생하며 심한 복통 때문에 응급실에 방문하기도 한다. 췌장이 반복적으로 손상을 당하면 조그마한 스트레스나 과식만으로도 췌장염증이 악화되는 만성 췌장염으로 발전하기도 한다.

췌장 세포가 술에 의해 직접적으로 손상을 받으면 인슐린 생산에 영향을 받아 당뇨병이 발생할 수 있다.

④ 알코올과 위장질환

알코올은 섭취 후 구강과 식도점막에 염증을 유발한다. 이는 향후 암 발생의 위험을 높인다.

과도한 음주는 식도염을 유발하며 위산을 역류시키기도 하고, 또 위 점막을 파괴하는 작용을 하여 위궤양이나 위염을 일으키기도 한다. 알코올은 점막의 손상뿐 아니라 위 및 장의 원활한 운동을 방해하여 소화가 잘되지 않고 영양분 섭취에 문제를 유발하는 경우도 발생한다.

⑤ 임산부의 음주

임산부가 임신 중에 알코올을 섭취한 경우 알코올은 탯줄을 통해 뱃속으로 아이에게 전달되게 된다. 소량의 알코올이라도 탯줄을 통해 아이에게 전달되면 아이의 발육에는 치명적인 영향을 주게 된다. 임신한 여성이 지속적으로 음주할 경우 태아에서 소뇌증, 낮은 지능, 상, 하지와 심장의 이상, 두개 안면의 이상 등을 일으킬 수 있다.5)

4) 알코올 중독 단계

(1) 전구증상

- 해방감을 위해 때때로 마신다.
- 해방감을 위해 매일 마신다.
- 알코올에 대한 내성의 증진

(2) 진행성 증상

- 최초의 기억 상실
- 은밀한 음주
- 알코올 선취
- 꿀꺽꿀꺽 마신다.
- 음주에 대한 죄책감
- 음주에 대한 논의 회피
- 기억상실의 증가

(3) 중대한 위기 증세

- 음주 조절 능력의 상실

5) http://blog.naver.com/PostView.nhn?blogId=gksdlfp1&logNo=220577635743

- 알코올중독에 대한 변명
- 사회적 압박감으로부터의 회피
- 과장된 태도
- 공격적 행동
- 끊임없는 가책
- 일시적 음주 중단
- 음주 습관의 변화
- 친구들을 피한다.
- 직장을 잃거나 그만 둔다
- 모든 행동을 알코올을 중심으로 한다.
- 외부 문제에 흥미를 잃는다.
- 자기연민
- 타인과의 교제를 싫어한다.
- 일시적 도피
- 가정생활의 변화
- 불합리한 원한
- 알코올 보급에 대한 관심
- 영양에 대한 무관심
- 입원
- 성적욕구의 감퇴
- 질투와 의처증
- 해장술을 마신다.

(4) 만성적 증세

- 장취
- 인격의 타락
- 사고력장애
- 알코올에 의한 정신병
- 열등한 자들과 음주

- 화학제품을 마신다.
- 알코올 내성의 상실
- 막연한 공포
- 떨림
- 정신운동의 억제
- 음주에 대한 강박감
- 막연한 종교적 열망
- 구실을 못 찾는다.

5) 알코올중독 환자의 회복 여정

(1) 반항 · 자각(입원)

입원 시 알코올중독(의존증)환자임을 부정하다가, 점차 알코올 문제가 있음을 자각하게 된다. 이때 입원이나 치료 자체가 자신의 문제점을 강하게 의식화 시켜 주는 이점을 제공한다.

(2) 시인 · 순응

환자의 태도가 변화하여 자신이 알코올중독환자라는 사실을 인정하게 된다. 문제를 시인하고 치료에 동의하지만 열성을 다하지 않는다. 자신이 온갖 노력을 하기보다는 "나를 한 번 고쳐보시오!" 하는 태도를 보인다.

(3) 수용

실제적인 호전을 보이고, 질병에 대한 치명적인 성질을 건강하게 이해하게 됩니다. 회복에 대한 책임이 자기 자신에게 있다는 진심어린 수용이 이루어지고, '내가 마시고 싶었기 때문에 마셨던 것'이라는 놀랄 만한 결론에 도달한다. 하지만, 질병의 만성적인 성질을 아직도 현실적으로 받아들이지 못하고 재발의 가능성에 경솔한 반응을 나타낸다.

(4) 항복

자신이 알코올을 극복할 수 있는 힘이 부족함을 자각합니다. '우리를 건강한 사람으로 회복시키는 더 큰 능력이 있다'는 것을 이해하고 위대한 힘에 항복한다. 진정한 인격적인 성숙이 이루어진다.

6) 알코올 중독환자의 가족 및 주변인의 대처요령

- 가족들도 알코올 중독 환자와 마찬가지로 정서적인 문제를 갖고 있다는 것을 인식해야 한다.
- 만약 가족이 감정적으로 너무나 상처를 받아 이제 그 상태에서 벗어나야 한다고 생각한다면 더 이상 지체하지 말고 실천해야 한다. 그 순간 환자는 뭔가를 결정할 수 있다.
- 지나치게 관심을 갖는 일은 오히려 환자에게 해롭다.
  환자는 모든 관심이 자신에게 집중되는 것을 이용하여 주변 사람들을 조종하려 한다. 따라서 감정적으로 초연해질 필요가 있다. 알코올 중독 환자가 화가 나고 불행감을 느낀다고 해서 가족까지 그런 감정을 가져야 할 필요는 없다.
- 자신의 인생을 잘 가꾸어 나가자.
  알코올 중독 환자가 겪는 정서적 갈등을 당신에게 전가시키는 것을 받아들여서는 안 된다. 당신 자신의 생활에 충실하고 편히 쉬기도 하며 외출도 하여 자신을 즐겁게 해야 한다.
- 당신 자신에게 좋은 것이 환자를 위해서도 유익하다.
  당신의 배우자인 알코올 중독 환자와 반드시 취미생활을 함께 해야 할 필요는 없다. 당신 혼자라도 새로운 삶을 위해서 노력하고 사람들과 어울려 지내는 것이 필요하다
- 전문가를 찾아가 상담하거나 가족 친목(알코올 중독 환자 가족들의 모임)에 참여하여 같은 어려움을 겪고 있는 사람들로부터 격려를 받고 용기를 얻으며 알코올 중독에 대해 배우자

- 자기 자신을 비난하지 말자.
  가족이 알코올 중독 환자를 만들지는 않았다. 환자가 당신을 비난하는 것은 술을 마시기 위한 이유와 핑계를 찾기 위해서이다.
- 알코올 중독 환자를 보호하고 구제하려는 것을 중단하자.
  당신은 알코올 중독 환자의 술을 끊게 할 수도, 치료해줄 수도 없다. 환자를 날마다 관찰하고 술 마시는 것을 통제하거나 환자의 인생을 조정하려고 하는 것은 효과가 없으며 오히려 당신만 더 큰 상처를 받게 된다.
- 알코올 중독 환자의 음주에 대한 동기나 이유를 나름대로 이해하려고 하는 노력을 중단하자.
  환자가 술을 마시는 이유를 계속 추궁하는 것은 거짓말을 할 수 있는 기회를 만드는 것이며 시간 낭비일 뿐이다. 경험이 풍부한 전문가들도 한마디로 말할 수 있는 정답은 없다. 대답이 없는 "왜"라는 질문을 계속하기보다 치료에 전념하자
- 환자를 위협하거나, 잔소리 하거나, 감언이설로 달래거나, 화를 내거나, 설교하는 것을 중단하고 알코올 중독 환자에게 자신이 감정에 대해 솔직하면서도 관심어린 태도로 이야기 하자
- 알코올 중독 환자가 술을 마신 결과 발생되는 고통들을 환자 자신도 느끼게 하자. 스스로가 자신의 상황이 악화되고 있으며 위기에 처해 있다는 사실을 깨닫도록 하자. 그래서 자신의 현실을 직시하도록 해주는 것이 술을 끊도록 결심하는데 도움이 된다.
- 알코올 중독 환자가 스스로 선택할 수 있도록 하자.
  "당신이 도움을 원한다면, 언제든지 곁에서 도와줄 수 있지만 계속 병을 악화시키고 싶다면 그것은 당신의 결정에 달렸다."라고 말하는 태도가 바람직하다.
- 당신의 사랑이나 보살핌을 필요로 하는 자녀들과 친구들이 있다는 사실을 기억하자.
  알코올 중독 환자에게 모든 신경을 쓰다보면 다른 사람에게 소홀해지기 쉬우나 당신 자신이나 다른 가족들에게 미치는 피해를 최소한 줄이기 위해 그들을 돌봐야 한다.

- 알코올 중독이라는 병에 대해 배우자.
  가족 자신이 알코올 중독이라는 병에 대한 지식이 있어야 가족의 문제에 대해 현명하게 대처할 수 있다. 전문가나 상담실 또는 가족 친목에 나가 교육을 받을 수 있는 기회를 찾자[6]

7) 알코올 중독 선별 검사[7]

알코올 중독의 진단은 각 문화권이나 민족마다 조금씩 다르며, 최근 우리 나라 문화실정에 맞는 국립정신병원형 알코올리즘 선별검사가 만들어져 이용되고 있다.

최근 6개월 동안 당신의 생활에서 해당되는 사항에 체크하시오. 아래 중 4가지 이상이 해당되면 알코올 중독의 가능성이 높으므로 전문의와 상의하여야 한다.

〈표 5-1〉 알코올 중독 선별검사

※ 다음 문항을 읽어 보고 "그렇다"하고 느끼면 ○표 해 주시기 바랍니다.	
① 자기연민에 잘 빠지며 술로 이를 해결하려한다.	
② 혼자 술 마시는 것을 좋아한다.	
③ 술 마신 다음날 해장술을 마신다.	
④ 취기가 오르면 술을 계속 마시고 싶은 생각이 지배적이다.	
⑤ 술을 마시고 싶은 충동이 일어나면 거의 참을 수 없다.	
⑥ 최근에 취중의 일을 기억하지 못하는 경우가 있다. (2회/6개월)	
⑦ 대인관계나 사회생활에 술이 해로웠다고 느낀다.	
⑧ 술로 인해 직업기능에 상당한 손상이 있다.	
⑨ 술로 인해 배우자가 나를 떠났거나 떠난다고 위협한다.	
⑩ 술이 깨면 진땀, 손 떨림, 불안이나 좌절 혹은 불면을 경험한다.	
⑪ 술이 깨면서 공포나 몸이 심하게 떨리는 것을 경험하거나 혹은 헛것을 보거나 헛소리를 들은 적이 있다.	
⑫ 술로 인해 생긴 문제로 치료받은 적이 있다.	
※ 결과 측정 : 4가지 이상이 해당되면 알코올 중독의 가능성이 높으므로 전문의와 상의할 필요가 있음	

6) http://cafe.daum.net/csfsim2/AMQF/14493?q=%EC%A4%91%EB%8F%85%EC%9D%B4%EB%9E%80

7) http://tip.daum.net/question/89803886?q=%EC%95%8C%EC%BD%9C+%EA%B8%88%EB%8B%A8%ED%98%84%EC%83%81+7%EA%B0%80%EC%A7%80

〈표 5-2〉 한국형 알코올중독 자가 진단법

※다음 1-41번까지 문항을 읽어 보시고 "그렇다"하고 느끼면 ○표 해 주시기 바랍니다.	
1. 당신은 음주 문제로 부부싸움을 자주 하였습니까?	
2. 당신은 술을 마시고 가족(부모, 부인, 자녀)들을 폭행한 적이 있습니까?	
3. 당신은 술값으로 인하여 생활비의 일부분을 사용한 적이 있습니까?	
4. 술을 끊기 위하여 주술적(굿, 기도, 점)방법 등을 시도한 적이 있습니까?	
5. 당신은 음주 문제로 인하여 별거, 이혼한 적이 있습니까?	
6. 당신은 아침에 술을 마시고 출근 하였습니까?	
7. 술로 인하여 자주 결근을 하였습니까?	
8. 상사에게 음주 문제로 인하여 충고 또는 경고를 받은 적이 있습니까?	
9. 직장에서 접대를 이유로 해서 자주 술을 마셨습니까?	
10. 음주 문제로 인하여 직장에서 ?겨난 적이 있습니까?	
11. 당신의 술 문제를 감추기 위하여 다른 동료를 비난한 적이 있습니까?	
12. 술을 마시고 이웃 간에 사소한 일로 다툰 적이 자주 있습니까?	
13. 친목관계에 있어서 꼭 술을 필요로 합니까?	
14. 술좌석에서 다른 사람보다 더 많이 마시려고 노력합니까?	
15. 술로 인하여 친구들과 결별한 적이 있습니까?	
16. 당신은 손떨림(수전증)을 멈추기 위하여 술을 마십니까?	
17. 당신은 음주시의 행동을 기억하지 못합니까?	
18. 당신은 헛소리(환청), 헛것(환시)을 보고, 들은 적이 있습니까?	
19. 음주로 인하여 급격한 체중감소, 식은땀, 헛구역질을 경험한 적이 있습니까?	
20. 술로 인하여 치료를 받은 적이 있습니까?	
21. 술로써 모든 문제들을 해결하려고 합니까?	
22. 당신은 주위 사람들을 지나치게 의식하여 행동이 부자연스럽습니까?	

23.음주 후 난폭한 성격으로 변합니까?	
24.당신은 물건 또는 돈을 훔쳐서 술을 마신 적이 있습니까?	
25.당신은 술로 인하여 교통사고(경상, 중상)를 당한 적이 있습니까?	
26.당신은 음주 후 행동으로 즉결 이상의 처벌을 받은 적이 있습니까?	
27.당신은 음주 문제로 병원이나 진료소에 입원을 한 적이 있습니까?	
28.당신은 음주 문제로 인하여 다른 사람의 도움을 구한 적이 있습니까?	
29.당신은 자신이 정상적으로 술을 마실 수 있다고 생각합니까?	
30.당신은 술좌석에서 술을 조절할 수 없습니까?	
31.당신은 술을 마시지 못하면 잠을 이루지 못합니까?	
32.여러 사람(친구, 직장동료)들 보다 혼자서 술을 마시는 것을 좋아합니까?	
33.당신은 술을 가족들 몰래 감추었다가 혼자 있을 때 마십니까?	
34.당신은 술을 마시지 않으면 의욕이 없습니까?	
35.당신은 음주 후 실현되지 않을 일들을 자주 상상해 봅니까?	
36.당신은 음주 후의 성행위가 만족하다고 생각합니까?6.당신은 음주 후 돈과 명예에 대하여 허세를 부립니까?	
37.당신은 술을 마시면 식욕이 떨어집니까?	
38.당신은 술을 마시지 못하면 불안하거나 공포에 사로 잡힙니까?	
39.당신은 친구나 주위사람들에게 거짓말을 해서 술을 마신적이 있습니까?	
40.당신은 매일 정해진 시간에 음주를 합니까?	
※ 결과 측정 : 5개-남용, 8개-초기, 10개-위기, 15개-만성, 20개-말기	

3. 인터넷 · 게임 중독(Internet game addict)과 안전

게임 중독이라고 규정할만한 진단 기준이 명확한 것은 아니지만 게임에 몰두하여 일상생활을 영위하지 못하는 심각한 문제가 발생하는 경우를 지칭한다. 인터넷을 이용하는 게임이 대부분이라 통칭하여 인터넷 중독이라고도 불린다.

인터넷 게임중독은 다른 중독과 마찬가지로 금단 증세와 내성을 보이는 경우에 의심해 볼 수 있다. 중독성이 강한 인터넷 게임을 장시간 사용하면서 시간 가는 줄 모르고 점점 더 많은 시간을 해야 만족이 되는 상태는 내성이 생긴 것을 의미하고, 동시에 잠시라도 인터넷 게임을 하지 않으면 불안, 초조해 지며 만사를 제치고 인터넷 게임을 해야만 하는 상황이 반복된다면 금단증상이 있는 것으로 판단된다.

내성 및 금단증상은 뇌기능에 이상이 생겨 스스로 절제력을 잃었을 때 흔히 관찰되는 증상으로 이러한 경우 뇌기능 검사를 비롯한 의학적 검사를 필요로 한다.

게임중독은 일상생활장애는 물론 현실적인 대인관계보다 게임을 통한 가상공간에서 만난 사람과의 관계에서 친밀감과 안정을 받고자 하는 욕구가 증가된다. 게임세계에는 신체적, 물리적 한계가 없는 데다 대부분 청소년들은 자기 스스로 절제하는데 미숙하고, 오히려 어른들에 의한 강제적 통제, 통금, 학교 야자, 돈이 없어서 PC방을 못가는 등 외부적이고 강제적인 요인에 의해 비자발적으로 통제를 받기에 게임을 마음껏 할 수 있는 환경이 되면 억눌린 것들을 한 번에 방출하는 경향이 강하다.

진단은 정신건강의학과 전문의의 면담 및 뇌기능 검사를 포함하는 신경심리학적 평가를 통하여 인터넷 중독 여부를 알아볼 수 있다. 우울증, 불안증, 대인공포증, 왕따, 주의력결핍 과잉행동장애, 가정불화가 있는 경우 인터넷 게임 중독의 위험은 크게 증가하고 또한 치료도 어려워진다. 따라서 집중력검사, 우울, 불안장애에 대한 검사 및 가족력 조사를 통하여 위험요소가 얼마나 존재하는지 알아보는 것도 매우 중요하다.

1) 일반적 증상

- 일상생활에서도 게임이 머릿속에서 떠나지 않는다.
- 잠을 줄이고 게임을 하거나, 일상생활에 지장이 있을 정도로 생활사이클과 리듬이 뒤틀려있다.
- 건강 문제를 안고 있다. 특히 시력과 수면부족, 만성피로와 비만. 피곤과 우울, 부정적인 정서를 갖고 있다.
- 실제 생활에 영향을 줘서 공부나 일을 제대로 끝마치거나 성과를 제대로 내지 못한다. 고질적인 의지박약으로, 곧 게임에 돌아오게 된다.
- 귀차니즘. 게임 외에는 노력하기가 귀찮다.
- 약속을 잘 안 지킨다. 특히 잠 부족문제와 겹쳐 지각과 결석이 잦다.
- 위생 관념이 희박해진다. 머리도 잘 안 깎고, 샤워와 세수, 양치질도 귀찮아한다.
- 자기관리와 외모관리에 소홀해지며(귀찮아함), 운동부족과 겹쳐 살이 찌기 쉽다.
- 자기관리 안됨, 게임 외에는 귀찮음, 외모관리가 안되니 사람 만나는 것도 자신감 떨어짐, 피로와 귀찮음으로 집에서 잘 안 나감 등의 시너지로 사회성이 점점 떨어지기 시작한다.[8)]

2) 원인

자극을 추구하는 것은 인간의 가장 기본적인 기능이다. 특히 자극이 이전에 접해 보지 못한 새로운 것이거나, 가변성이 있어서 어떻게 변화할지 잘 모르는 것일 경우에는 더욱 주목을 끌기 때문에 우리는 이런 자극에 더 집착하게 된다. 과거에는 이런 자극들이 우리의 생존과 관계있는 중요한 것인 경우가 많았다. 예컨대 낯선 사람은 우리의 적일 수도 있으므로 특히 주목하는 것이 요구되었다. 그러나 현대 사회가 되면서, 우리는 생존과 관계없는 다양한 자극의 홍수에 휩싸이게 되는데, 가장 대표적인 것이 바로 인터넷이다. 정보의 바다 인터넷에는 끊임

8) https://namu.wiki/w/%EA%B2%8C%EC%9E%84%20%EC%A4%91%EB%8F%85

없이 새로운 정보들이 출몰한다. 이 대부분은 우리에게 필요 없는 자극들이지만, 항상 새로운 것이기 때문에 우리는 본능적으로 여기에 주목하게 되고 끝없이 이 속을 헤매고 다니게 된다.

항상 상황이 바뀌면서 끊임없는 주목을 요구하는 온라인게임 역시 마찬가지다. 더구나 게임들은 새로운 아이템 획득, 등급 승진 등의 강력한 자극을 내세우면서 우리의 한정된 에너지를 거기에 투자하도록 만든다. 게임 개발자들은 사용자의 주목을 얻기 위해 항상 더 자극적인 것을 제공하기 위해 노력하는데, 바로 이것이 중독을 일으키는 덫이 되는 것이다.

한편, 우울감, 강박적 경향, 산만함과 집중력 저하, 충동성, 낮은 자존감, 사회적 불안감 등 다양한 종류의 정신과적 문제가 인터넷 중독과 관계된다. 특히 우울증은 인터넷 중독과 관련이 있다. 우울증 환자는 의욕, 흥미가 떨어져 평소에 하던 일상적인 활동을 하는데 어려움을 겪는다. 이런 사람들에게 인터넷은 적은 노력으로도 집중, 흥미를 유발할 수 있는 대상이 되어 일시적으로 우울과 무기력에서 벗어날 수 있게 해 준다. 따라서 이들은 다른 활동은 접어둔 채 인터넷에 몰두하게 되며 겉보기로는 인터넷 중독으로 보일 수 있다.

3) 게임중독의 영향 및 문제점

게임중독의 위험은 육체와 정신이 피폐되어가고 있음에도 어느 법적인 등급이나 인식이 없이 방치되어있는 환경 속에서 자신을 추스르기란 여간 힘든 일이 아니다. 또한 그들은 그 자체를 그리 심각하게 생각하지도 않는다. 평상시 그렇게 착실하고 온화한 성품이 게임 중독 이후로 과격하고 폭력적으로 변한다. 더 극한상황에는 사이버 상에 이루어지는 살인과 폭력을 현실로 옮겨 살인을 저지르는 예도 있는데 실로 무서운 일이 아닐 수 없다. 너무 게임에 몰두하여 사망한 일도 놀라운 사건인데 더 더욱 놀란 것은 게임에 몰두하는 많은 유저들이 하는 말(하고 싶은 게임을 죽도록 하다가 죽었으니 얼마나 행복하냐!)에 경악을 금치 못한다. 일단 게임 중독에 걸리면 주변의 하던 모든 일들도 정상적이 될 수 없다. 그에 따른 폐해로는 다음과 같은 것들이 있다.

수면부족, 체력저하, 시력저하, 두통, 근육경질(가만히 앉아서 장시간 움직이지 않기 때문에 팔, 다리 등의 근육이 뭉쳐지게 된다), 기억력상실(대뇌변연계의 비활동으로 인한 기억력저하로 암기력 등이 크게 떨어짐), 창의/응용력상실, 성격의 폭력적 변화, 거짓말, 대리만족(현실에서 이루지 못한 일을 게임을 통해 이루려는 욕망), 현실도피, 금전적 손해, 시간적 손해(게임에 빠지면 시간의 망각현상이 오고 현실에서의 1시간이 게임에서는 10분정도밖에 느끼지 못함), 가정불화, 교우관계약화 등[9]

(1) 가상과 현실의 구분 및 현실적 자아 상실

가상 게임 세계는 현실 세계와는 달리 물리적 공간이 존재하지 않는 세계로서 현실적인 행위나 신체 접촉의 가능성이 존재 할 수 없다. 온라인 게임은 게임일 뿐 게임과 현실 간에는 분명한 거리가 있는 이유도 그것이다. 이런 측면에서 볼 때 이성적 사고에 기초한다면 현실과 가상간의 혼돈이 발생될 가능성이 미약해진다. 그러나 오늘날의 청소년 문화에 있어 가상과 현실의 구분이 소수의 경우 혼동의 상태에 빠지는 현상이 관찰된다. 게임 속의 전투가 현실적 감정을 자극하고 이것으로 인해 실재적 폭력이 발생하기도 한다. 가상현실에 대한 느낌이 일상적 삶에 영향을 주고 있는 것이다. 2000년도 초반에 한 중학교 남학생에 의해 발생하였던 여중생 엘리베이터 살해는 바로 이와 같은 혼동의 대표적인 경우로서 가상에서의 인간 살해가 던져주는 아무렇지도 않았던 허구적 느낌이 현실 속으로 투영된 것이라고 할 수 있다. 현실 속에서도 게임에서와 같이 인간에 대한 살해가 아무렇지 않을 것이라고 하는 순간적인 충동은 가상 게임에서의 자아가 현실적 자아를 혼란스럽게 한 결과이다. 더욱 심각한 점은 그것이 집단적 유행의 특성으로 전이되어질 수 있다는 데 있다. 혼돈의 사례가 증가한다든가 또는 이러한 모습들이 집단적 유형으로 발생한다면 그것은 사회적 수준에서 심각히 고려되어야 할 청소년 문화 정체성의 문제이기 때문이다.

---

9) http://cafe.daum.net/wldurdkehdtpsxj/EItC/94?q=%EA%B2%8C%EC%9E%84%20%EC%A4%91%EB%8F%85%EC%9D%B4%EB%9E%80

(2) 폭력 및 공격 성향 조장

현실에서의 외형적 또는 내재적 공격적 성향 및 폭력적 성향이 게임에 대한 적정한 몰입으로 해소될 수도 있겠지만, 그 정도가 지나치게 되고 또한 그러한 성향의 원인이 오랫동안 억압되어져 지속되어 온 경우 게임에서의 폭력성은 현실에서의 폭력적 행위로 재현될 수 있다. 가상 공간에서의 게임적 공격성이 게이머의 의식작용에 영향을 주어 폭력적 태도에 대해 도덕적 중요성을 감소시키게 되는, 즉 폭력의 부정성에 대해 무감각해지는 결과를 발생시킬 수 있다. 게임에서는 게이머 자신을 포함해서 모든 캐릭터가 죽었다 살아나는 등 삶과 죽음의 경계가 의미 없어진다. 단지 점수만이 이들의 중요한 지표가 되는 경우가 많다. 그렇기 때문에 장기간 게임을 반복해서 하게 되고 중독성의 차원으로 들어간 경우 게임과 현실을 구분하지 못하는 경우가 나타나게 되며 그 결과 현실에서의 폭력적 행위가 아무렇지도 않게 발생되어지기도 하는 것이다.

(3) 매체 의존성 강화, 물질주의 가치 강화 등에 의한 탈 인간화

게임을 하기 위해서는 컴퓨터가 있어야 하며, 온라인 게임의 경우에는 온라인 접속이 가능해야 한다. 또한 이들 조건을 충족하기 위해서는 기본적으로 돈이라고 하는 물질적 수단이 있어야 한다. 그러나 게임이나 온라인 접속 등은 오늘날 청소년들에게는 필수적인 일상생활과도 같은 유행성으로 인식되어져 있고 결국, 그들에게 있어 물질은 매우 중요한 삶의 조건으로 위치 지워지고 있다. 청소년들에게 있어 게임을 포함한 신매체들에 대한 의존성은 절대적인 상태로 자리 잡고 있다고 할 수 있으며, 물질에 대한 의존 역시 이와 동일하다고 하겠다. 결국, 게임에 중독 된 청소년의 경우 일상생활 속에서 모든 중요한 가치는 게임을 할 수 있는 물질적 도구들에 주어져 있으며 이는 곧 철학적인 의미에서 접근해 볼 때 탈인간화의 모습이라고 표현할 수 있다.

(4) 충동적 행동

충동적 행위의 중요한 특징은 스스로의 욕구를 제어하지 못한다는 점에 있다.

게임에 중독되는 경우, 게임과의 관계가 여타 사회적 관계보다 강하고 또 대부분을 차지하기 때문에 자아간의 적절한 조화 관계의 형성에 문제가 발생하게 되며 결국 본능적 행위가 보다 많은 작용을 하게되어 행위의 충동성이 높아진다고 볼 수 있다. 더불어 게임의 중독성이 지니는 근본적 문제점 중의 하나가 앞서 제시한 바와 같이 조절 능력의 상실이라는 측면이기 때문에 자신의 충동성에 대한 조절이 어렵게 될 수 있다. 이는 게임에서만 나타나는 것이 아니라 현실 공간에서도 연계되어져 나타나기 때문에 여타 다른 문제 행동으로 전개되어질 가능성이 높은 부분이라고 할 수 있다.

(5) 사회부적응

사회적응은 현실 속에서 타인과의 적정한 관계에 의해 토대를 구성하게 되는 개념이다. 즉, 가족과 학교, 친구집단, 사회 등을 통해 타인과의 관계를 맺거나 끊기도 하는 등의 사회화 과정 전반을 거치면서 인간은 타인을 이해하게 되고 자신을 발견하게 된다. 그러나 게임에 중독된 경우에는 현실에서의 타인과의 관계가 배제되어짐에 따라 타인의 의미가 상실되고 타인에 대한 흥미 자체도 감소되어 대인관계를 통한 다양한 사회적 기능을 습득하지 못하게 되는 결과가 초래되어진다. 사회부적응이 발생되는 것이다. 집 또는 pc방에서 게임에만 몰두함으로써 이처럼 사회부적응 현상을 지니게 된 경우가 증가하고 있는 등 사회문제로 발전할 가능성을 지니고 있다.

(6) 게임에서의 대리 만족에 의한 현실적 공허감, 우울증 유발

게임에 중독된 경우 하나 또는 그 이상의 게임에 지속적으로 몰두함으로써 게임이 제시하고 있는 최대 목표를 달성하고자 한다. 대표적인 온라인 게임인 리니지나 바람의 나라에서와 같이 어느 정도 게임에서의 위상이 높아지게 되면 본인의 사람들을 가상 및 현실 공간에서 24시간 돌보아주어야 하며 혹시 있을지 모를 적군의 침입에 대비하여 아군의 힘을 강화하는데 힘을 쏟아부어야 한다. 그러나 많은 경우 이처럼 모든 노력을 경주하여 결국 최상의 위치에 올라갔다고 하여도 마지막에 남는 자신의 느낌은 공허감, 허무감, 우울감 등이라고 한다. 게임에 중독되어 게임의 모든 단계를 마스터 했을 때 비로소 게임은 게임일 뿐이라고 하는 현실적 의미를 알게 되며, 결국 허무와 공허, 우울 등의 감정에 빠지게 된다는 것이다. 게임의 최대 목표를 달성하기 전까지도 게이머는 이를 지키고 달성하기 위하여 지속적인 불안감을 경험하게 되며 심지어 이로 인하여 일상생활을 할 수 없는 상태에 이르기도 한다는 것이다. 게임 중독이 가져다준 게임의 현실적 욕망에 대한 대리만족이라고 하는 환상의 결과이다.

(7) 신체적 악영향

'마우스 신드롬'으로 불리는 누적 외상성 장애나 수근관 증후군이 나타날 수 있다. 누적 외상성 장애는 반복적으로 키보드나 마우스를 조작하면서 손과 팔의 신경, 힘줄, 연부조직, 근육 등에 생간 손상이 충분한 휴식을 취하지 못해 생기는 것으로 나중에는 반영구적인 기능장애가 나타난다. 게임을 장기간 오래 시행할 경우 의자에 앉아 있음으로 인해 요통, 견통, 손목 및 손가락 근육의 이상 등이 나타나게 되며, 안구 건조증, 시력 저하, 혈액 순환 장애, 소화 불량 등의 현상도 나타날 수 있다. 특히, 혈액 순환 장애는 심장혈관에 이상을 초래하여 돌연사를 초래하기도 하는 등 여타 신체적 악영향을 발생시키는 원인이 되기도 한다. 청소년의 경우에는 신체 발달이 활발하게 이루어져야하는 시기임에도 불구하고 영양섭취의 저조와 상기 원인 등에 의하여 신체 발달이 정상적으로 진행되어지지 않을 수 있고, 또한 정서적 발달 및 지적 수준의 발달에도 커다란 문제가 야기될 수 있다.

(8) 게임 금단 현상

금단 현상이라는 것은 특정 행위에 대한 중독이 이루어졌을 경우 그로부터 벗어나기 위해 거치게 되는 탈 중독 현상의 대표적인 과정상 특징이다. 중독 대상에 따라 그 현상은 다양하게 나타날 수 있지만, 대부분 공통된 특징은 중독 된 행위를 하지 못하였을 때 불안하고 초조하며 환상이나 환영이 보이고 식욕이 저하되며 모든 일에 의욕이 저하되는 등의 현상들이다. 게임중독의 경우에도 이로부터 벗어나고자 할 때 위와 같은 금단 현상들이 발생하게 되는 등 심각한 심리적 문제로 발전되어질 수도 있다.

(9) 가족과의 대화 단절

게임 중독이 발생하면 앞서 살펴보았던 바와 같이 현실세계에서의 모든 사회적 관계가 중지되어지며, 따라서 가족들과의 대화 자체가 단절되어지는 경우가 발생한다. 가출을 하여 pc방에 머물 수도 있으며, 또는 자신의 방과 컴퓨터를 떠나지 않는 은둔형 행위가 발생할 수도 있다. 특히 청소년의 경우에는 대부분의 청소년 문제 행동들의 원인이 가족과의 의사소통 문제로부터 발생하고 있는 현실을 고려해볼 때 이와 같은 가족 대화의 단절은 매우 심각한 의미를 지닌다고 할 수 있다. 게임으로 인하여 가족과의 식사에도 참석하지 않고, 게임 이야기가 아니면 대화가 이루어지지 않는 등 중독자의 모든 인지 구조는 게임에만 고착되어지게 된다. 이런 경우, 결국 가족 간 대화 결여로 인한 오해 발생 및 가정 폭력 등 여타 심각한 가족 문제로 확대되어질 가능성이 있다.

(10) 학습 장애

게임에 투자하는 시간이 절대적으로 증가하고 모든 관심이 게임에 집중되어짐에 따라 심각한 학습 장애가 발생될 수 있다. 학교에 등교하더라도 학습 내용에는 흥미가 없기 때문에 게임에 관련된 잡지를 보거나 이야기를 하는 등 게임을 위한 부분에만 신경 쓰게 된다. 심각성이 증가하게 되면 등교를 거부하고 pc방 등에서 기거하며 게임을 하는 경우에 이루게도 된다. 이와 같은 본인의 행위에 대해 전문 게이머가 되겠다는 생각으로 합리화하기도 하지만, 결국 게임 중독으로 인하여 앞서 살펴보았던 다양한 문제들과 더불어 최소한의 기초적인 지식 습득도 이루어지지 않게 됨에 따라 심각한 정서적 문제가 발생하게 된다.

(11) 불평등적 성역할 강화

게임의 특성은 기본적으로 개인의 능력 이외에는 관심을 두지 않는 익명적 평등성에 있다. 그러나 게임의 구성에 있어 사회문화적 특성을 포함한 현실적 특성으로부터 영향을 받게 되는 부분이 명백히 존재하기 때문에 게임을 구성하고 있는 내용들을 보면 다분히 성차별적인 부분들이 다수 존재하고 있다. 예를 들면, 많은 게임에서의 주인공들은 남성이며 여성은 현실세계에서도 그러하듯이 남성을 치장하는 보조적 인물들로 그려지고 있고, 또한 남성에 비해 여성 캐릭터들의 노출이 심한 등 상품화된 여성성을 발견하게 된다는 것이다. 따라서 이와 같은 게임들에 장기간 몰입하는 경우 게이머들은 자신도 의식하지 못하는 상태에서 왜곡되어진 불평등적 성역할을 학습 받게 된다고 할 수 있다.[10)]

3) 인터넷(게임) 중독 치료 대상

- 해야 할 일들을 미루고 컴퓨터나 스마트폰 등을 계속 사용하고 있는 경우
- 현실과 사이버 공간의 판단이 어려운 경우
- 컴퓨터나 스마트폰 사용 문제로 학교나 가족 간의 문제가 생기는 경우
- 컴퓨터, 스마트폰 사용 시간을 스스로 조절하지 못하는 경우[11)]

4) 게임중독 예방 및 방지 대책

게임 중독은 다른 중독 작용처럼 호르몬과 뇌, 결국 우리 몸이 거기에 길들여져 버려서 자신의 의지나 생각과는 다르게 몸이 행동해버려 생기는 문제인 만큼 스스로 통제가 힘들다. 가장 큰 문제는 도파민과 관련된 뇌 보상체계가 게임 중심으로 재편되어 의사결정에 왜곡이 일어난다는 점이다. 이럴 때 일수록 게임 중독 전문상담가나 정신과 전문의처럼 전문가의 도움을 받는 것이 좋으며, 일단 본인이 스스로 문제를 자각하고 여기서 벗어나려는 생각과 의지가 있어야 한다.

---

10) http://cafe.daum.net/az33/PY1v/79?q=%EC%A4%91%EB%8F%85%ED%98%84%EC%83%81%EC%9D%98%20%ED%8A%B9%EC%A7%95

11) http://blog.naver.com/PostView.nhn?blogId=631_6007&logNo=220954031468

① 게임 말고 다른 인생의 목표/관심사를 찾아 매진해라

- 게임이 당신의 인생에 있어 제 1목표가 되어버리진 않았는가? 다른 목표가 생기고 거기에 매진하다보면 게임 말고도 하고 싶은 것들이 많아진다.

② 어떤 게임을 얼마만큼 한다는 것

- 게임 사실을 알리고 통제와 관리감독을 해줄 사람을 찾아 부탁해라. 특히 부모님께 진솔하게 말씀드려라.(주변사람들이 관심을 가져야 한다.)
- 게임을 얼마만큼 하고 있다는 사실을 부끄러워서, 혼날까봐 주변에게 숨기고 몰래 하곤 하고, 당연히 이를 모르는 주변인들과 마찰이 생길 수밖에 없다. 자신을 잡아주는 사람이 있는 게 자기 의지로 끊는 것 보다 덜 어렵다. 주변인이 밤에 게임을 하는 사실도 정확히 모르고 있을 수 있다.

③ 게임을 하되, 규칙적이고 건강한 생활을 유지하는 가운데 해라. 밤새고, 게임하느라 다른 일을 미루거나, 잘 씻지도 않는 등의 행위는 지양한다. 게임도 건강한 취미로서 즐겨야 한다.

④ 환경과 마음가짐의 변화

인간은 환경이 달라지면 마음가짐이 새로워진다. 특히 신학기만 되면 공부를 열심히 해야겠다는 생각이 드는 것 하지만 한 달만 지나도 그런 거 없다가 되지만 도 새롭게 달라진 환경, 거기서 비롯되는 새로운 마음이 변화의 출발점이 될 수 있다. 본인의 활동 무대를 집과 컴퓨터 앞이 아닌 다른 곳으로 옮겨보자. 아르바이트를 새로 구하거나, 게임을 하는 대신 재미있는 책을 읽으러 도서관에 다니거나, 학교나 학과생활, 동아리 등에 더 열심히 다닌다거나. 다른 사람들과 함께할 수 있는 자리여야 한다.

⑤ 현실에서 다른 행복과 만족을 제공하는 다른 재미를 찾고 그에 몰두하자.

현실에서 노력하고, 현실에서 보상을 얻을 수 있는 것에 몰두하라. 무조건 컴퓨터가 아닌 집 밖에서 사람들과 함께하는 것이어야 한다. 대표적으로 친구를 만나 인간관계를 넓혀보는 것이다. 인간관계에서 오는 행복은 인간의 기본적인 욕구이자 행복이다. 사람들을 많이 만나고, 인간관계에서 만족을 얻어라. 많은 전문가들이 관계의 부족과 관계의 단절을 중독의 주 요인으로 삼았으며, 인간관계의 회복을 주 탈출수단으로 보았다. 당장 동아리나 동호회, 하다못해 친구들 무리라도 좋으니 게임을 대신할 무언가를 찾자. 무조건적으로 참는 건 그것대로 또 스트레스다.

⑥ 몸을 움직여야 한다. 몸이 달라져야 한다.

환경을 바꾸고 행동(습관)을 바꾸는 게 달라져야 할 때 제일 중요한 점이다. 기존 게임과 귀차니즘에 익숙해져있던 몸을 바꿔야한다. 힘들지만 노력하지 않으면 마음이 오래 안 간다. 작심삼일을 이겨내는 주요한 방법이 규칙적인 생활과 운동이다. 거창하게 헬스를 하는 게 아니라, 버스정거장 3코스 전에 내려서 걷는다던지, 저녁에 산책하는 것 정도의 가벼운 운동이 좋다.

⑦ 게임 중독은 욕구충족이 원인이고, 현실도피적인 성격이 강하다. 만약 그런 경우라면 이 욕구불만의 원인을 찾아서 해소하라.

⑧ 하지만 자신이 공부나 일에 집중해야 할 경우(재수 등) 즐기는 것 보단 그냥 멀리하고 한방에 확실히 끊고 거기는 두 번 다시 쳐다보지도 않는 게 답이다. 이럴 땐 주위에 게임을 끊겠음을 주변사람들에게 알리고 커뮤니티에 게임 접겠다는 공지도 많이 띄우고 갤러 생활도 접는다. 통제에 도움을 받아라.

⑨ 인생의 목표가 아닌 즐기는 것만이 되어야 한다.

프로 게이머에게처럼 피곤하거나 귀찮고 지루한데도, 한계까지 몰아붙여 게임에서 뭘 얻으려 하는 게 목표가 아니라 스트레스 해소, 취미 본연의 목적을 달성하면, 그만둬야 한다. 많은 사람들이 이게 안 돼서 중독이 된다.

⑩ 게임을 했으면, 그만큼 휴식시간도 보장해라.

각성상태에서 게임을 연속적으로 안 쉬고 하는 것을 피해야 한다. 분명 게임도 집중력과 몰입을 요하는 두뇌활동이고, 현란하고 빠르게 움직이는 모니터 속 화면들을 몇 시간이고 집중해서 보면 관절과 눈에 피로가 오기 마련이다. 하루에 3시간을 하기로 했으면 50분 게임하고 10분 쉬는 사이클을 정해둔다던지, 1시간을 하면 1시간을 휴식하는 등의 방식이다. 긴장과 피로도 풀어주고, 흥분상태를 진정시켜줄 겸 쉬는 시간을 보장해라.

⑪ 기타 방법 :

- 식사는 반드시 제때에 하도록 한다.
- 잠은 정해진 시간에 자도록 한다.
- 바깥에서 30분 이상 햇볕을 쬐도록 한다. 햇볕은 신체 면역기능을 향상시키고 마음을 안정시킨다.
- 가족이나 친구와 함께 하는 시간을 늘려준다. 게임은 남과 어울리는 것을 점점 어렵게 하므로 인간적 유대를 강화하는 시간이 필요하다.
- 1주일에 2회 이상 운동을 시킨다. 등산 농구와 같은 운동은 오랜 컴퓨터 작업으로 인한 자세 불균형을 예방하고 현실 세계에 대한 흥미를 돋워준다.[12)]

12) https://namu.wiki/w/%EA%B2%8C%EC%9E%84%20%EC%A4%91%EB%8F%85

5) 게임중독 테스트

〈표 5-3〉 게임중독 테스트

※다음 1-14번까지 문항에 따라 O, X로 체크하여 O의 개수를 합산	
꼭 해야 할 일이 없으면 거의 모든 시간을 게임하는데 보낸다.	
2. 게임을 하고 있지 않을 때에도 늘 게임에 관한 생각뿐dl다.	
3. 게임으로 인해 건강이 나빠졌다.	
4. 밤새도록 게임을 하느라고 학교(일터)에서 졸립다.	
5. 게임 때문에 시험(업무)을 망친 적이 있다.	
6. 게임을 통해서는 내가 할 수 없는 할 수 있다고 느낀다.	
7. 게임에 관한 꿈을 꾼다.	
8. 컴퓨터를 켠 후 가장 먼저 게임을 시작한다.	
9. 게임을 하지 못할 때면 짜증이 나거나 화가 난다.	
10. 게임을 하는 것 때문에 가족들과 다투거나, 부모님으로부터 꾸중을 듣는다.	
11. 밥도 먹지 않고 밤새도록 게임에만 몰두한다.	
12. 게임을 하는 도중 주인공이 다치거나 죽으면 마치 내가 그런 느낌이 든다.	
13. 게임을 하다가 고함을 치는 경우가 많다.	
14. 내가 현실 생활보다는 게임에서 더 유능하다는 느낌이 든다.	
※테스트 결과 • 10~15개: 당신은 게임중독일 가능성이 많으므로 전문가와의 상의와 치료가 필요합니다. • 5~10개: 중독 주의보 발령!! 게임에 더 이상 빠지지 않도록 중독 예방 수칙을 꼼꼼히 지키도록 합니다. 컴퓨터 게임 때문에 생기는 문제점들을 살피고 현실세계에서 자주 어울리도록 노력해야 합니다. • 0~5개: 당신은 게임 중독으로부터 안전합니다. 하지만 방심은 금물. 앞으로 주의가 필요합니다 ※출처: http://blog.naver.com/PostView.nhn?blogId=tj3890&logNo=10135266309	

4. 스마트폰 중독과 안전

한국은 세계에서도 스마트폰 보급률이 세계에서 가장 높은 나라이다. 미국의 조사기관에 따르면 우리나라 스마트폰의 보급률은 67.6%이고 2위를 차지한 노르웨이의 56.6%보다 10% 앞섰을 정도로 높은 기록이다. 2010년 이후, 우리나라가 다른 나라보다 스마트폰의 보급률이 높아진 이유는 3G에 이어 4G 롱텀에볼루션 네트워크를 빠르게 구축하였기 때문이다. 덕분에 스마트폰은 더욱 더 대중화 되었고 현재는 성인뿐만 아니라 청소년 심지어는 초등학생까지 스마트폰을 이용하고 있다.

구글의 발표에 따르면 2016년도 기준으로 한국인들의 스마트폰 사용률은 91%로 높은데요. 데스크톱 PC와 노트북 등 컴퓨터의 사용률 73%보다 훨씬 높게 나타났습니다. 또한 시장 분석 기업이 발표를 한 2017년 모바일 애플리케이션 시장의 동향에 따르면 우리나라에서 한 사람이 설치를 한 앱의 수가 평균적으로 80개로, 아태지역 국가들 중 1위를 차지했는데요. 이는 스마트폰의 활용도가 높으며, 일상생활 속에서 스마트폰에 대한 의존도가 매우 높다는 것을 의미하기도 합니다.[13] 이처럼 스마트폰의 보급 확산, 인터넷 이용률의 증가와 콘텐츠의 다양화로 스마트폰은 생활 편의, 금융, 복지 등 모든 분야에서 누구나가 편리한 삶을 추구하는데 활용되고 일상생활에서 없어서는 안 될 필수 도구로 자리 잡으면서 한국사회에서는 많은 사람들이 스마트폰이 없는 일상을 생각하기 힘들 정도로 접속 상태에 빠져있다고 해도 과언이 아니다. 그렇게 되면서 등장한 단어가 바로 '스마트폰 중독'이다. 스마트폰은 우리에게 편리한 삶을 제공해주었지만 어디서나 쉽고 간편하고 그리고 빠르게 이용이 가능하다는 점 때문에 기존의 인터넷이나 휴대전화 중독보다 더 강한 중독을 내포하게 되었다.

스마트폰의 지나친 사용과 몰입은 이용자 스스로의 통제력을 잃게 만들어서 일상생활에 장애를 초래하며, 이에 의존하게 되어 사용하지 못할 경우 심각한 심리적 불안함을 느끼고, 가상공간에서 관계 형성을 추구하며 이를 더 편안하게 느끼게 되기 때문이라고 전문가는 말하고 있기 때문이다.

---

13) 수원 화성신문, 2018.05.28., http://www.esuwon.net/30034

그 이면에는 스마트폰 및 인터넷의 지나친 의존으로 인해 우울, 불안, 충동성, 과잉행동 등 심리적인 문제와 거북목증후군, 안구건조증 등 신체적 문제와 많은 중독현상이 나타나고 사회적으로도 다양한 사건, 사고로 이어지고 있어 사회적 관심이 증가하고 있다.

심지어 유아들에게도 스마트폰 증후군이 많이 생기고 있는 추세인데 심하게 떼쓰고 울다가도 스마트폰만 쥐여 주면 뚝 그치는 스마트폰을 아이 달래기용으로 쓰고 계신 경우를 많이 있다. 5세 이하의 어린아이들이 스마트폰에 반복적인 자극에 장시간 노출되면 우뇌가 발달해야 하는 직관적 사고기에 좌뇌가 과도하게 발달하여 좌우 뇌 균형이 깨진다고 한다.

1) 스마트폰 중독 개념

스마트폰 중독은 스마트폰 의존도가 매우 높아 중독에 이르는 것을 말하며, 스마트폰을 과다하게 사용하여 스마트폰 사용에 대한 금단과 내성을 지니고 있으며 이로 인하여 일상생활에 무리가 유발되는 것을 말한다.

한국정보화진흥원에서는 스마트폰의 중독 개념을 다음 4가지 구성요소로 제시하였다.

- 일상생활장애 : 스마트폰의 과도한 사용으로 일상생활을 제대로 수행하지 못해 문제를 일으키는 것
- 증상 : 스마트폰 사용이 중단되거나 감소하면 초조와 불안 또는 강박적 증상이 일어나는 것
- 내성 : 스마트폰을 이전보다 더 많이 사용해야 만족을 느끼게 되는 것
  즉 스마트폰을 점점 더 많은 시간 동안 사용하게 돼서 나중에는 더 많이 사용을 해도 만족감이 생기지 않는 상태를 말한다.
- 가상세계지향성 : 현실에서 보다 가상공간에서 관계를 더 편하게 생각하는 것[14]

14) http://happy212.hubweb.net/board/bbs/board.php?bo_table=tw4jq8novb&wr_id=9

2) 스마트폰 중독의 원인

(1) 접근성

스마트폰이 널리 보급되기 이전에는 가정에서 주로 컴퓨터나 TV를 사용하였기 때문에 사용 기간에 대한 제한도 비교적 수월하고 집 밖을 나서면 전자기기를 접할 가능성도 매우 적었다. 하지만, 손 안에 들어오는 스마트폰은 아이들이 언제 어디서나 휴대할 수 있다. 어디에서나 쉽게 스마트폰에 노출이 되고 가정에서, 또는 학교에서 스마트폰 사용을 제재하는 것이 힘들어졌다.

(2) 환경적

일상생활 속에서 아기를 키우다 보면 스마트폰을 안 보여주는 것이 생각보다 힘들다. 외식을 할 때나 엄마가 너무 힘들 때 스마트폰만 쥐여 주면 다른 어떤 것을 하는 것보다 아이가 집중하기 때문인데 잠깐씩 스마트폰을 보여주는 것은 큰 문제가 되지 않아도, 스마트폰 영상에 익숙해진 아이들이 집착을 보이거나 중독 증상을 나타내는 것이 문제가 되고 있다.

(3) 심리적

또래와의 유대감이 커지고 강한 자기주장을 나타내는 청소년의 시기에는 SNS 활동을 통한 관계 형성을 중요하게 생각하게 된다. 친구들 사이에서 소외되지 않기 위해 무작정 스마트폰을 사달라고 투정을 부리기도 하고, 더 좋은 게임 캐릭터를 얻기 위해서 스마트폰 사용시간을 늘리기도 하죠. 스마트폰 보급률이 80%를 넘어가는 시대에서 또래 친구들의 대화나 관심사가 모두 스마트폰에서 이루어지다 보니 무리에서 소외되지 않기 위해 스마트폰에 집착하는 것은 어쩔 수 없는 현상일지도 모른다.

(4) 발전하는 기술

점점 늘어나는 다양한 애플리케이션과 그 속에서 발전하는 여러 기능들은 아이들의 흥미를 쉽게 사로잡을 수 있다. 화질과 음향의 향상으로 더 자극적이고 박진감 넘치는 게임과 영상 등을 통해 스마트폰에 쉽게 질리지 않고 계속해서 더 많은 욕구를 가지게 되는 것이다.

3) 스마트폰 중독 유형

스마트폰 중독 유형에는 크게 다음의 유형이 있다.

❑ 정보검색 중독

자신에게 정말 필요한 것보다는 정보 수집 자체에 집착하여 강박적으로 웹사이트나 자료를 검색하는 경우

❑ 모바일 메신저중독

모바일 메신저를 통해 인간관계에 몰두하여 실제 인간관계를 등한시하는 경우

❑ SNS 중독

개인 홈페이지 인터넷 동호회 등을 운영하거나 소셜네트워크서비스를 사용하는데 과도하게 시간을 할애하는 경우

❑ 앱 중독

스마트폰에서 모바일 앱을 끊임없이 내려 받기에 빠진 경우

❑ 모바일 게임중독

스마트 기기를 통한 게임을 과다하게 사용하는 경우

❑ 모바일 성인용 콘텐츠 중독

포르노 등의 내용물을 담고 있는 모바일 콘텐츠를 강박적으로 계속 드나드는 경우

4) 스마트폰 중독 증후군

(1) 주의력 결핍 과잉행동장애 유발

영, 유아 및 아동처럼 뇌가 미성숙한 상태에서 스마트폰 게임이나 영상에 빠질 경우 자기 통제력이 줄어들 수 있으며 이로 인해 인지 기능에 부정적인 영향을 줄 수 있다. 특히 아이가 울 때 스마트폰으로 달래주는 것을 습관화할 경우 과잉행동, 충동성, 부주의로 정도가 높아지는 주의력 결핍 과잉행동장애를 불러일으킬 수 있다.

(2) 팝콘 브레인 형성

두뇌가 한창 발달 중인 영유아 시기 아기스마트폰 사용으로 강한 자극을 계속 받게 될 경우, 팝콘 브레인 현상으로 좌뇌만 발달하고 우측 전두엽 기능이 저하되면서 통합적인 사고 능력이 떨어질 수 있다.

팝콘 브레인 현상이란 팝콘이 기계 속에서 곧바로 튀어 오르는 것처럼 즉각적인 현상에만 반응하는 것을 말한다.

(3) 시력저하

시력발달이 활발히 이루어지는 영유아시기, 장시간 화려한 불빛을 보게 될 경우 눈에 과도한 자극을 주면서 시력발달에 부정적인 영향을 끼치게 된다.

특히 영, 유아시기는 스마트폰 화면으로 게임이나 영상 시청을 30분 이상 할 경우 근시가 급격하게 진행된다는 연구결과가 있는 만큼 시간 조절을 잘해 주는 것이 좋다.

(4) 안 좋은 자세

스마트폰하는 자세를 관찰하다보면 엎드리거나 누워서 하는 경우가 많다. 이렇게 잘못된 자세가 아이 성장에 악영향을 미칠 뿐만 아니라 거북목증후군이나 어깨 통증, 허리 통증 등에 쉽게 노출될 수 있다.

(5) 성장 방해

영, 유아기나 청소년들이 스마트폰 사용 시 전자기기에서 방출되는 빛인 불빛인 블루 라이트는 수면 유도 호르몬인 멜라토닌 분비를 억제하기 때문에 숙면을 방해하게 된다. 수면 장애는 성장 지연뿐만 아니라 학습 장애, 정서 장애 등으로 악화될 수 있다.

(6) 디지털 격리 증후군

스마트폰을 소통할 때에는 편하지만 직접 만나서는 제대로 놀지 못하고 어색한 상태나 함께 있지만 각자 따로 스마트폰만 하면서 놀고 있는 모습 스마트폰을 손에서 놓을 수 없는 상태의 디지털 격리 증후군이 있다.[15)]

5) 스마트폰 중독 예방법

먼저 일상생활 속에서 스마트폰 중독을 예방할 수 있는 간단한 습관을 살펴보면 먼저 다음과 같은 것이 있다.

- ❑ 스마트폰을 사용하려는 이유를 확인해야 한다.
  편리함을 제공하기 위한 보조적인 수단에 불과한 스마트폰이 나의 하루 전부를 차지하고 있는 건 아닌지, 내가 이 기기를 쓰는 이유가 무엇인지 확실히 해야 한다.
- ❑ 앱은 현재 자신에게 있어서 가장 필요한 것만 다운 받도록 한다.
- ❑ 메시지, 문자, 통화 등에 대해 바로 답을 해야 한다는 강박관념을 버린다.
- ❑ 스마트폰이 아닌 다른 취미를 가지도록 한다(검색 대신 산책, 운동 등)
- ❑ 정기적으로 스마트폰 사용 습관을 점검하고 스스로 체크해본다(스마트폰 사용관리 앱 사용하기)
- ❑ 현재 자신 스스로가 스마트폰에 깊이 빠져있다는 인식이 필요하다.

---

15) http://blog.naver.com/PostView.nhn?blogId=zxcasd0001&logNo=221224664626

- ❑ 특별한 이유가 없다면 액정화면을 보지 않는다.
- ❑ 급한 연락을 기다리고 있는 경우가 아니라면 스마트폰을 가급적 눈에 보이지 않는 곳에 둔다.
- ❑ 최신 유행정보에 관심을 덜 갖는 게 좋다.
- ❑ 운전 중에는 절대 스마트폰을 사용하지 않는다.
- ❑ 항상 스스로 경각심을 갖고 사용하자
- ❑ 생각 비우기.
- ❑ 게임 지우기

  게임을 하느라 공부를 못하게 되거나 일을 미루게 되는 일이 반복되는데 게임을 지우고 다른 취미생활을 가지도록 한다.
- ❑ 소셜 네트워크앱 알람 끄기

  SNS(인스타그램, 페이스북, 트위터등), 메신저(카카오톡, 라인등) 애플리케이션은 내가 작성한 글에 댓글이나 반응 등이 남겨지면 사용자에게 알림을 통해 상황을 알려준다. 물론, 즉시 응답해주는 것도 좋겠지만 이런 종류의 알림은 사용자가 현재하고 있는 일(또는 업무)를 방해할 수 있기 때문에 특정 시간대에만 알림을 받도록 설정하거나 알림을 완전히 끄고 사용하는 것이 좋다.
- ❑ 부모가 자녀의 스마트폰 통제

  어린아이는 스스로 절제하는 능력이 매우 부족하기 때문에 스마트폰을 정해진 시간만큼 이용하도록 할 필요가 있다. 특히, 6세 미만의 아이들이 스마트폰의 일방적이고 반복적인 자극에 장시간 노출되면 우뇌가 발달해야하는 직관적 사고기에 좌뇌가 과도하게 발달하여 좌/우 뇌 균형이 깨져 주의가 산만해지거나, 한 가지 행동이나 물건에 집착하는 행동을 보일 수 있고 계속 진행될 경우 ADHD, 틱장애, 발달장애등으로 이어질 수 있으므로 주의해야 한다.
- ❑ 전문가의 도움을 받는다.

  앞서 소개한 방법들이 생각만큼 잘 지켜지지 않고 있다고 생각된다면 심리상담센터 또는 정부에서 운영하는 스마트폰 중독 상담을 받아보거나, 프로그램에 참여하는 것도 하나의 대안이 될 수 있다.

이렇듯, 스마트폰 중독은 자신도 모르는 사이에 되기 때문에 평소 스마트폰을 사용하는 시간과 공간을 계획적으로 제한 할 필요가 있고 기회가 된다면 스마트폰을 집에 두고 등산, 여행 등 다녀오는 것도 스마트폰 중독 예방에 많은 도움이 됩니다.16)

6) 스마트폰 중독 진단 척도검사

자신이 혹시 스마트폰 중독은 아닌지 한번 직접 척도검사를 통해서 알아봅시다.

〈표 5-4〉 스마트폰중독 자가 진단

※다음 문항에 따라 O, X로 체크하여 O의 개수를 합산	
1. 스마트폰 키패드가 쿼티(컴퓨터 자판 배열과 같은)키패드다.	
2. 스마트폰 글자 쓰는 속도가 남들보다 빠르다.	
3. 밥을 먹다가도 스마트폰 알림이 울리면 바로 확인한다.	
4. 스마트폰이 없으면 손이 떨리고 불안감을 느낀다.	
5. 스마트폰을 잃어버리면 친구를 잃은 느낌이다.	
6. 하루에 스마트폰을 2시간 이상 사용한다.	
7. 스마트폰에 설치한 앱이 30개 이상이며 대부분 사용한다.	
8. 화장실 갈 때도 스마트폰을 가지고 간다.	
9. 스마트폰을 보물 1호라고 생각한다.	
10. 스마트폰으로 쇼핑을 한 적이 하루 2회 이상 있다.	
※ 위 검사 중 체크항목이 8개 이상이면 중독, 5~7개는 중독 의심, 3~4개는 중독 위험군에 속한다고 한다. • 출처 : http://no1class.tistory.com/775	

16) http://www.smartchoice.or.kr/smc/smartreport/ahhaview.do?sm_Seq=8647&searchType=tc&searchKeyword=&pg=1

〈표 5-5〉 청소년 스마트폰중독 자가진단 척도

번호	항 목	전혀 그렇지 않다	그렇지 않다	그렇다	매우 그렇다
1	스마트폰의 지나친 사용으로 학교성적이 떨어졌다.	1	2	3	4
2	가족이나 친구들과 함께 있는 것보다 스마트폰을 사용하고 있는 것이 더 즐겁다.	1	2	3	4
3	스마트폰을 사용할 수 없게 된다면 견디기 힘들 것이다.	1	2	3	4
4	스마트폰 사용시간을 줄이려고 해보았지만 실패한다.	1	2	3	4
5	스마트폰 사용으로 계획한 일(공부, 숙제 또는 학원수강 등)을 하기 어렵다.	1	2	3	4
6	스마트폰을 사용하지 못하면 온 세상을 잃은 것 같은 생각이 든다.	1	2	3	4
7	스마트폰이 없으면 안절부절 못하고 초조해진다.	1	2	3	4
8	스마트폰 사용시간을 스스로 조절할 수 있다.	4	3	2	1
9	수시로 스마트폰을 사용하다가 지적을 받은 적이 있다.	1	2	3	4
10	스마트폰이 없어도 불안하지 않다.	4	3	2	1
11	스마트폰을 사용할 때 그만해야지 라고 생각은 하면서도 계속한다.	1	2	3	4
12	스마트폰을 너무 자주 또는 오래한다고 가족이나 친구들로부터 불평을 들은 적이 있다.	1	2	3	4
13	스마트폰 사용이 지금 하고 있는 공부에 방해가 되지 않는다.	4	3	2	1
14	스마트폰을 사용할 수 없을 때 패닉상태에 빠진다.	1	2	3	4
15	스마트폰 사용에 많은 시간을 보내는 것이 습관화되었다.	1	2	3	4
※출처 : 한국정보화진흥원 인터넷중독대응센터(iapc.or.kr)2					

<table>
<tr><td rowspan="3">고위험
사용자군</td><td>• 총점 45점 이상</td></tr>
<tr><td>• 스마트폰 사용으로 인하여 일상생활에서 심각한 장애를 보이면서 내성 및 금단 현상이 나타난다.
• 스마트폰으로 이루어지는 대인관계가 대부분이며, 비도덕적 행위와 막연한 긍정적 기대가 있고 특정 앱이나 기능에 집착하는 특성을 보이기도 한다.
• 현실 생활에서도 습관적으로 사용하게 되며 스마트폰 없이는 한 순간도 견디기 힘들다고 느낀다. 따라서, 스마트폰 사용으로 인하여 학업이나 대인관계를 제대로 수행할 수 없으며 자신이 스마트폰 중독이라고 느낀다. 또한, 심리적으로 불안정감 및 대인관계 곤란감, 우울한 기분 등이 흔하며, 성격적으로 자기조절에 심각한 어려움을 보이며 무계획적인 충동성도 높은 편이다. 현실세계에서 사회적 관계에 문제가 있으며, 외로움을 느끼는 경우도 많다.</td></tr>
<tr><td>▶ 스마트폰 중독 경향성이 매우 높으므로 관련 기관의 전문적 지원과 도움이 요청된다.</td></tr>
<tr><td rowspan="3">잠재적
위험
사용자군</td><td>• 총점 42점 이상~44점 이하</td></tr>
<tr><td>• 고위험사용자군에 비해 경미한 수준이지만 일상생활에서 장애를 보이며, 필요이상으로 스마트폰 사용시간이 늘어나고 집착을 하게 된다.
• 학업에 어려움이 나타날 수 있으며, 심리적 불안정감을 보이지만 절반 정도는 자신이 아무 문제가 없다고 느낀다. 다분히 계획적이지 못하고 자기조절에 어려움을 보이며 자신감도 낮게 된다.</td></tr>
<tr><td>▶ 스마트폰 과다 사용의 위험을 깨닫고 스스로 조절하고 계획적인 사용을 하도록 노력한다. 스마트폰 중독에 대한 주의가 요망된다.</td></tr>
<tr><td rowspan="3">일반
사용자군</td><td>• 총점 41점 이하</td></tr>
<tr><td>• 대부분이 스마트폰 중독문제가 없다고 느낀다.
• 심리적 정서문제나 성격적 특성에서도 특이한 문제를 보이지 않으며, 자기행동을 관리한다고 생각한다.
• 주변 사람들과의 대인관계에서도 자신이 충분한 지원을 얻을 수 있다고 느끼며, 심각한 외로움이나 곤란함을 느끼지 않는다.</td></tr>
<tr><td>▶ 때때로 스마트폰의 건전한 활용에 대하여 자기 점검을 지속적으로 수행한다.</td></tr>
</table>

5. 도박중독(gambling addiction)과 안전

흔히 '중독'이라고 하면 술이나 약물과 같은 물질이 몸 속으로 들어가 나타나는 현상으로 생각하기 쉽다. 그러나 최근 중독에 대한 개념은 약물중독을 넘어 도박, 식이장애, 쇼핑중독, 게임중독 등 행위중독 개념으로 넓어지고 있다.

도박이란 '불확실한 결과에 대해 돈을 걸고 하는 내기'를 말합니다. 이런 의미에서는 승부를 걸고 하는 모든 내기는 비록 가볍다 해도 모두 도박에 속한다고 할 것이다. 물론 도박 자체가 문제가 아니고 일부의 사람들이 지나치게 몰입하는 것이 문제가 된다. 우리나라에서는 도박 자체를 불법으로 규정하고 있지만 합법적인 도박도 있는데 카지노(내국인은 강원랜드)를 비롯해서 경마, 경륜, 경정, 로또를 비롯한 복권, 스포츠 토토 등이 정부의 허가 하에 운영되고 있다.

그러나 지금 우리사회는 합법적인 도박은 물론이고 불법적인 도박이 크게 성행하고 있는데 한동안 큰 사회문제를 일으켰던 바다이야기, 스크린 경마를 비롯한 성인오락실, 오래 전부터 암암리에 성행하고 있던 각종 하우스, 그리고 최근에는 카지노바, 인터넷을 이용한 각종 도박이 주변에 널려있는 현실이다. 과거 성인 남성 위주의 도박에서 최근에는 여성 중독자의 비율이 늘고 있고 심지어는 청소년들도 무방비로 도박의 유혹에 노출되어 있어 큰 문제가 되고 있다.

다른 중독과 마찬가지로 도박중독도 치료가 쉽지 않다. 따라서 예방과 조기치료가 가장 중요하며 이를 위해서는 도박중독에 대한 사회나 가족들의 인식과 태도 변화가 무엇보다 시급하다.

본 장에서는 사람들이 도박에 왜 빠지는지, 어떻게 하면 치료가 될 수 있는지, 가족들은 어떻게 도와야 하는지 등에 대해서 살펴보기로 한다.

1) 도박(gambling)의 정의

도박이란 자신의 오산으로 예기치 못한 결과가 초래될 위험이 있어도 승산에 기대를 걸고 게임이나 시합, 또는 그 결과가 우연으로 결정되는 불확실한 사건 등에 내기를 하는 것을 말한다. 도박중독이란 자신의 의지로 도박을 조절할 수 있는 능력이 완전히 상실되어 자기 자신은 물론 가정과 사회의 도덕성을 파괴함과 동시에 재정상태의 파탄을 인식하지 못하고 도박에 몰입하는 것을 말한다. 도박중독은 정신의학에서는 비물질 관련 중독 장애의 하나로 술이나 마약과 같은 물질을 섭취하지 않지만 물질 관련 중독 장애에서 나타나는 유사한 행동을 보이는 것으로 행위중독이라고 한다. 예를 들어 내성 및 금단증상과 의존성이 있고 이로 인해 이차적인 문제가 발생하는데도 불구하고 그 행위를 지속하는 상태입니다. 도박중독은 정신의학에서는 '충동조절장애'의 일종으로, 자신이 아무리 절제를 하려고 해도 저항할 수 없는 충동으로 인해 지속적으로 반복적 행동을 하는 것으로 본다. 도박 중독의 특성으로는 도박행위를 자발적으로 통제할 수 있는 능력이 결여 또는 상실되고, 심리적으로 도박에 집착하는 의존성향을 보이며, 도박 금액이 증가하는 내성이 생기고, 도박을 하지 않으면 불안하거나 신경질적으로 변하는 금단 증세를 보이게 된다. 인터넷 환경의 발전으로 온라인을 통한 불법 도박이 큰 사회문제로 부각되기도 한다.[17]

2) 도박중독의 특징적 증상

(1) 내성

도박중독의 특징적 증상은 내성과 금단증상으로 인한 조절 능력이 상실된다는 것이다. 내성이란 동일한 흥분을 얻기 위해 자극이 점차 강해져야 하는 것을 의미한다. 동일 자극으로는 더 이상 자극이 되지 않기 때문에 점차 강력한 자극을 찾는 것이다. 술꾼을 생각해 보면 이해가 쉽다. 처음에는 한 병만 마셔도 기분이 좋지만 시간이 갈수록 양이 늘게 되듯이 도박중독에서도 같은 현상이 나타난다. 도박에 거는 돈의 액수가 점점 더 커지면서 횟수도 증가하고 또한 점차로 더 강력한 자극을 줄 수 있는 심각한 도박에 빠져드는데 이를 내성이라고 한다.

(2) 금단증상

대부분의 도박중독자들은 어느 순간 자신에게 문제가 일어나고 있음을 느낀다.

17) 다음백과사전, http://100.daum.net/encyclopedia/view/145XXXXXX3050

이제 그만 해야지 결심하지만 대부분 실패로 돌아가는데 바로 금단증상 때문인데 도박을 하지 않으면 초조하고 불안하고 안절부절 못하게 된다. 그러나 다시 도박을 하는 순간 금단증상은 씻은 듯이 사라지고 만다. 이 단계가 되면 끊고 싶어도 의지대로 쉽지 않다.

진단에 있어 중요한 부분 가운데 하나는 바로 동반질환을 감별하는 일이다. 도박에 깊이 빠져 중독 상태에 있는 경우 반드시 정신과의사의 평가를 받는 것이 중요하다. 흔히 우울증을 비롯한 기분장애나 주의력 결핍, 성격장애나 다른 중독성 질환이 함께 있는 경우가 많고 이런 경우 치료적인 접근도 상당히 달라진다. 따라서 위의 진단기준에 해당이 되는 경우 반드시 정신과의사에게 진료를 받고 평가하는 것이 절제하기를 맹세하지만 돈을 따든 잃든 그만 두지 못한다.

(3) 기타 행위적인 특징

- 전에는 잃었지만 이번만은 많이 딸 수 있다는 환상에 빠진다.
- 도박에 미쳐 책임감을 상실한다.
- 과도한 술, 약물, 수면 등으로 현실을 도피하려 한다.
- 해야 할 일을 뒤로 미루거나 소홀히 한다.
- 가정이나 사회생활에 관심이 없어진다.
- 도박을 끊으려는 생각이 없고 도박 없는 삶은 불가능하다고 믿는다.
- 마음만 먹으면 자신의 의지로 도박을 끊을 수 있다고 장담하면서도 계속적으로 도박으로 인한 문제를 일으킨다.
- 도박으로 귀가시간이 늦어지고 밤샘이 잦아진다.
- 도박할 시간과 자금을 마련하기 위해 거짓말을 자주 한다.
- 급한 도박 빚 만 갚아주면 다시는 도박을 하지 않겠다고 맹세하고도 또 도박을 한다.

3) 도박중독의 원인

(1) 도박 자체의 요인

사람들은 왜 도박을 하는가에 대해 답을 하기는 쉽지 않다. 왜냐하면 여러 가지 복합적인 요인이 작용하고 있기 때문이다. 그러나 일반적으로 도박 자체가 주는 재미와 승부에서 이길 경우 발생하는 쾌감이 중요한 요인이 된다. 처음부터 돈을 따기 위해 도박을 하는 사람들은 거의 없다. 심심풀이, 재미와 호기심으로 시작했다가 이들 중 일부의 사람들이 중독에 빠지게 되는 것이다. 대부분의 중독자들은 초기에 돈을 따는 경험을 하는데 특히 크게 딴 경험이 있는 사람일수록 매우 주의가 필요하다. 이를 big win이라고 하는데 이게 머리에 기억으로 남아있어 비록 지금은 잃고 있지만 언젠가 모두 만회할 수 있다는 환상을 심어주는 경우가 많기 때문이다.

또한 도박은 쾌감뿐만 아니라 현실 도피적인 성향도 만족시켜준다. 사회적응의 어려움이나 고민, 불안과 같은 부정적 감정도 일시적이지만 회피할 수 있는 좋은 수단이 된다. 비록 일시적이고 부작용이 크지만 순간적 만족감을 주기 때문에 유혹을 이기기 어려운 것이다.

(2) 사회 환경적 요인

일반적으로 도박중독자의 비율은 전 인구의 1-2%정도로 알려져 있다. 그러나 나라와 지역에 따라 큰 편차를 보이는데 사회가 도박에 대해 허용적이며, 쉽게 접근이 가능할수록 중독자가 늘어나게 된다. 미국은 원주민이었던 인디언에게 경제적 도움을 주기 위해 인디언 보호구역에서 카지노를 운영하는 것을 허가하였다. 그런데 카지노를 중심으로 가까운 지역에 사는 사람들의 도박중독자 비율이 높아지는 것을 보더라도 그만큼 접근가능성은 중요한 요소 중 하나이다. 우리나라의 경우는 중독자 비율이 월등히 높게 나타나고 있는데 환경적 요인이 일조를 하는 것으로 보인다. 도박장이 생기면 이용하는 사람들이 늘게 되고 중독자의 수가 늘어나는 것은 당연한 사실이다.

또한 경제 위기로 실직자가 많고 건강하게 여가를 보내기 어려운 사회 환경도 중요한 요인이 된다. 어릴 때 도박을 접하는 것도 고 위험군이 될 수 있다. 특히 요즘처럼 인터넷 게임중독이 늘어난다면 향후 이 자녀들이 더 쉽게 다른 중독에 빠질 가능성이 있을 것으로 예상할 수 있다.

(3) 성격적 요인

누구나 도박에 빠질 수 있지만 특히 도박에 더 잘 빠지는 사람들이 있다. 임상적인 측면에서 보면 도박중독자를 크게 자극추구형과 현실도피/적응장애형으로 나눌 수 있다(학문적으로는 더 여러 유형으로 나눔).

① 자극 추구형

자극추구형 중독자들은 쉽게 말해 타고난 도박꾼이라고 말할 수 있다. 유전적인 성향이 강하기 때문에 어린 시절 발병하는 경향이 높다. 이들의 어린 시절 성장과정을 들어보면 어릴 때부터 내기를 좋아하고, 경쟁적이며, 호기심과 모험심이 많았다는 특징을 가지고 있다. 어릴 때 구슬치기, 딱지치기를 해서 지면 잠이 오지 않았다고 말하는 환자들이 흔히 있다. 다양한 종류의 도박을 하는 것도 특징적이다. 카지노, 경마 등 종류를 가리지 않고 즐기는 유형이다. 또한 도박 이외에도 다양한 형태의 중독에 빠질 가능성이 높은 사람들이다. 이들은 대개 무료함을 견디지 못하고 끊임없이 새로운 자극을 찾아 나서고 위험을 무릅쓰고 도전하는 경향이 있다. 에너지는 많은데 이 에너지의 방향이 잘못될 경우 쉽게 중독에 빠질 수 있는 유형이다. 이런 성향을 가진 사람들이 도박을 접하면 쉽게 중독에 이르게 될 가능성이 높다.

② 현실도피/적응장애형

현실도피/적응장애형은 우울, 불안 등의 정서적 측면, 스트레스와 관계가 많은 유형으로 볼 수 있다. 이들은 대개 늦은 나이에 도박을 시작하는 경향이 있고, 여성 도박중독자들이 흔히 이 유형에 속하는 경우가 많다. 이혼이나 가정적 문제, 우울과 불안 같은 환경적, 정서적 문제를 가지고 있는 경우도 많다. 도박을 하는 동안은 다른 일을 잊을 수 있기 때문에 쉽게 현실로 돌아오지 못하며, 또한 현실로 돌아온다 하더라도 엄청난 스트레스를 감당하지 못하고 다시 도박장으로 돌아가는 경우가 많다. 자극 추구형과 달리 스트레스를 회피하는 도구로 도박이 이용되는 것이다. 성격적으로도 내성적으로 대인관계가 적어 삶의 다른 재미를 모르고 살아온 사람 가운데 도박에 빠지는 경우가 많은데 바로 이런 유형의 사람들이다.

물론 실제로는 두 유형이 명확하게 구별되는 것은 아니지만, 치료방법을 정하기 위하여 어느 성향이 높은지를 평가하는 것이다. 초기 자극추구형으로 시작해서 오랜 기간 도박에 빠지면 서서히 현실 도피형으로 넘어가는 경우도 많이 있다. 도박으로 인해 직장 생활에도 문제가 생기고 친구사이도 서먹해 지는 등 여러가지 이유로 서서히 정서적 문제가 생기는데 이런 부정적 감정을 피하기 위해 도박을 지속하는 경우이다.

(4) 유전적, 생물학적 요인

도박중독에는 다른 중독과 마찬가지로 도파민, 세로토닌 및 노르에피네프린 등의 여러 신경전달물질이 관여하는 것으로 알려지고 있다. 쉽게 도파민이라는 물질 한가지로 설명해보기로 하면 술을 마시면 기분이 좋아지는 이유는 무엇일까요? 알코올이 혈액을 타고 뇌로 들어가서 측핵이라는 곳에서 도파민이라는 물질을 분비하게 만드는 데 이 물질이 바로 쾌감을 일으키는 물질이다. 도박의 승리 시 오는 쾌감도 이에서 비롯되는 것이라고 할 수 있다. 그런데 똑같이 도박을 하지만 어떤 사람은 그냥 재미로 즐기고 어떤 사람은 깊이 빠지게 된다. 이런 차이가 이미 생물학적으로 결정된 것일 수도 있는데 일부 연구에서는 약간의 유전적 성향이 있다고 알려져 있다. 그러나 이런 유전적 성향을 가지고 있다고 해서 모두 중독에 빠지는 것은 아니기 때문에 환경적 요인도 중요하다고 볼 수 있다.[18)]

18) 다음백과사전, http://100.daum.net/encyclopedia/view/145XXXXXX3050

4) 도박중독의 결과

- 오락의 재미보다는 죄책감에 시달린다.
- 주위 사람과 가족에게 따돌림을 받아 심히 외로워진다.
- 직장을 잃는다.
- 사회적으로 낙오
- 몸이 병든다.
- 우울증과 같은 정신질환에 걸린다.
- 가끔은 일시적으로 돈을 따기도 하나 결국 빚더미에 올라앉아 파산하게 된다.
- 신앙을 멀리하게 된다.
- 가정파탄 및 가족해체 등

5) 도박 중독 과정

(1) 승리단계

도박을 처음 접한 상태에서 돈을 따게 되면 큰 만족감과 함께 자만심이 들게 된다. 여기서 자신이 도박에 재능이 있다거나 운이 따른다는 생각을 하며 점점 도박 횟수와 투입하는 금액이 커지기 시작한다.

(2) 손실단계

도박의 확률은 대체로 업체 혹은 딜러 쪽이 유리하기 때문에 시행 횟수가 많아질수록 돈을 잃기 시작한다. 이 단계에서 도박에 몰두해 계속 도박에 대해서만 생각하며, 잃은 돈에 대한 미련과 집착이 심해지기 시작한다. 또한 한탕 크게 벌면 만회할 수 있다는 생각에 투입하는 돈이 증가한다. 이 단계만 와도 대인 관계에 갈등이 심해지며 금전적인 문제로 인해 지인이나 은행 등에서 돈을 빌리거나, 심하면 집을 팔아버리거나 회사 자금까지 횡령하는 사태까지 번지게 된다.

(3) 포기단계

경제적 문제의 발생과 대인 관계의 악화로 잠시 도박을 중단하게 된다. 잠시 나아지는 것 같지만 금단증상으로 인해 다시 도박을 하게 된다. 이 단계에서는 스스로의 의지로 도박을 중지할 수가 없다. 도박 말고는 아무 것도 생각할 수 없게 되므로 인간관계가 파탄나고 경제적으로도 돌이킬 수 없는 극단적인 상황에 처하게 된다.

(4) 절망단계

스스로의 삶을 포기하고 맹목적으로 도박을 벌인다. 이쯤 되면 인간으로서 생활이 불가능하다.19)

6) 도박중독 치료의 종류

대부분의 중독자들은 스스로 자신은 중독자가 아니라고 말한다. 이들이 스스로 중독자임을 인정하고 치료를 받기로 결심하는 것은 결코 쉬운 일이 아니다. 따라서, 도박중독의 효과적인 치료를 위해서는 약물치료와 함께 인지행동치료, 단도박 모임과 가족교육 등을 병합하는 것이 좋다.

(1) 약물치료

도박으로 인해 이차적으로 정서적 문제가 동반된 경우는 일시적으로 약물치료를 하는 것이 도움이 된다. 현재까지 도박중독에 효과가 있다고 알려진 약물들로는 항우울제의 일종인 선택적 세로토닌 재흡수 억제제와 갈망억제제(날트렉손, 아캄프로세이트) 등이 있다. 갈망억제제의 경우 도박 자체의 욕구를 줄여주는데 비교적 효과가 좋은 것으로 알려져 있어 성공적으로 도박을 끊는 경우도 있다. 실제 임상에서는 환자의 유형에 따라 각기 다른 약물을 사용할 수도 있는데, 환자와의 면담과 성격검사, 심리검사 등을 통해 성격유형과 우울, 불안증상 등을

---

19) 위키백과, https://namu.wiki/w/%EB%8F%84%EB%B0%95%20%EC%A4%91%EB%8F%85

파악하여 약물을 선택하게 된다. 우울증이 심하거나 자살사고가 있을 경우 입원을 하는 것이 좋다.

(2) 인지행동치료

인지치료란 쉽게 말하면 잘못된 생각을 바로 잡아주는 치료입니다. 많은 도박중독자들은 "도박을 하면 많은 돈을 딸 수 있을 것이다"라는 잘못된 생각으로 인해 도박에 빠져 헤어 나오지 못하게 됩니다. 이러한 잘못된 생각을 교정하고 동시에 행동 조절 훈련 등을 함으로써 도박 중독을 치료 하는 것이 인지 행동 치료입니다. 실제 중독자들에게 도움이 되는 다양한 형태의 인지행동치료적인 기법들을 소개하면 다음과 같습니다.

❑ 인지행동 치료 기법

① 당신은 중독자인가?

도박중독의 치료가 어려운 이유는 대부분의 도박중독자들이 스스로 중독자임을 인정하지 않고, 마음만 먹으면 끊을 수 있다고 믿기 때문이다. 그러나 한번 중독에 빠졌던 사람은 조절이 거의 불가능하다고 보는 것이 현명하다. 잠시 끊었다고 하더라도 언젠가는 내성으로 인해 원 상태로 돌아가기 때문에 어려운 것이다. 도박중독은 더 이상 단순한 의지의 문제가 아니라는 사실을 인지해야 한다. 중독은 치료가 필요한 병입니다. 스스로 조절할 수 없음을 깨닫는 것, 자신이 도박 앞에서 무력하다는 사실을 인정하는 것이 변화의 첫 걸음이다.

② 도박은 돈의 문제인가?

많은 중독자들이 도박을 돈의 문제로 이해하고 있다. 잃은 돈을 만회하기 위해서 도박을 한다는 것이다. 정말 사실일까? 돈을 다 회복하면 정말 그만둘까? 결론은 아니다. 도박은 결코 돈의 문제만은 아니라 승부가 주는 쾌감에 뇌가 중독되는 것이다. 돈은 보상으로 주어지는 것으로 중독성을 강하게 하는 부수적인 이유이며 분명히 돈을 딸 수 없다는 사실을 알아도 도박은 지속된다.

③ 도박으로 돈을 딸 수 있는가?

도박의 종류에 따라 약간씩의 차이가 있지만 도박의 결과는 전적으로 확률에 의해 결정된다. 100% 운에 의한 도박은 말할 것도 없고 기술이나 분석이 필요한 도박도 별 차이가 없다. 승률이 좀 높아지면 배당이 낮아지고 결과는 항상 일정하다. 뿐만 아니라 세상에는 나보다 더 잘하는 도박 전문가가 훨씬 많고 1년 내내 도박만 연구하고 분석하는 사람들도 많다. 그들이 결과적으로 항상 돈을 딸 수 있는지는 생각해 보시기 바랍니다. 또한 도박은 시간과의 싸움이기 때문에 일정시간 따는 기간이 있을 수 있지만 그 기간이 지나면 다시 잃는 시기가 오게 되어 있다.

④ 회피법

급성기에 도박의 유혹을 이기는 가장 좋은 방법은 회피하는 것이다. 바로 36계 전법이다. 어떤 강력한 의지도 지속적 자극 앞에서는 무력할 뿐이다. 자신을 시험할 필요도 없고 작은 자극도 재발의 중요한 요인이 되기 때문에 따라서, 할 수 있다면 피해야 한다. 주머니에 돈이 있다면 당신은 이미 진 것이나 다름없다는 사실을 명심해야 한다. 유혹의 전화가 오는 경우도 마찬가지다. 치료의 궁극적인 목표는 환자의 내적 통제력을 통해 도박충동을 조절하고 더 나은 삶을 살도록 유도하는 것이지만 이를 위해서는 상당한 시간이 필요하다. 따라서 초기에는 반드시 도박을 할 수 없는 상황이 되도록 환경을 피하는 것이 중요하다.

⑤ 도박의 결과에 대해 스스로 책임지기

대부분의 도박중독자들은 채무의 결과에 대해 책임을 져 본적이 거의 없다. 큰 일이 생기면 자신은 피해 있고, 어머니나 아내 등 모든 가족이 나서서 해결하는 경우가 많다. 이젠 모든 결과를 스스로 감당한다는 자세를 가져야 한다. 가족들의 심정은 이해가 가지만 이러한 가족의 임시방편적인 도움은 오히려 환자가 지속적으로 도박에 몰입하게 하는 촉매제가 될 수 있기 때문에 도박의 결과에 대해 스스로 책임을 져야 한다.

⑥ 도박을 지속적으로 끊을 수 있는 대안 마련

어느 정도 치료 의지가 생기고 도박을 끊게 되었다면, 이를 지속적으로 유지하는 것이 더 중요하다. 중독은 흔히 90일 병이라고 하듯이 대개 큰 일이 생기면 도박 욕구도 떨어지고 결심도 단단히 하게 된다. 그러나 오래가지 않는 것이 문제이다. 치료가 어느 정도 진행이 되어 정신적인 긴장이 풀리고 어느 정도 스스로를 통제할 수 있다는 생각을 가지게 될 때 재발이 가장 많다. 따라서 가장 먼저 할 일은 도박 외의 대안을 찾는 일이다. 일단 시간 계획표를 작성하면 좋다. 예를 들어 경마나 경륜의 경우 주말이 문제가 되기 때문에 주말 시간활용 계획서를 작성하여 봉사, 운동, 독서 등의 생산적인 시간으로 채워질 수 있도록 하는 것이 좋다.

⑦ 운동으로 스트레스 관리

도박중독자들의 스트레스 관리는 일반적인 스트레스 관리 기법과 크게 다르지 않다. 다만 도박중독자들은 일반인에 비해 행동력, 실천력이 떨어지기 때문에 현실적으로 가능한, 실천 가능한 목표를 세우는 것이 중요하다. 대표적인 스트레스 이완요법으로 운동과 소속감 갖기가 있다. 적절한 운동은 도파민을 증가시켜 긴장을 줄이고 금단증상을 해결하는데 큰 도움이 된다. 또한 종교 활동, 친목모임 등 소속감을 가질 수 있는 활동을 하면 좋다. 도박중독자들과 가족은 서로에게 큰 스트레스를 받기 때문에 가족 간의 대화 기법, 중독자와 사는 법 등을 배우는 것도 도움이 된다.

⑧ 초점을 바꾸어라

도박을 하지 않는데 초점을 맞추기 보다는 도박 대신 무엇을 하는가에 초점을 맞추는 것이 좋다. 일단 도박을 끊게 되면 현실에 적응하는 문제로 중독자는 큰 스트레스를 받게 되는데 이때 어떻게 스트레스를 관리하는가 하는 것은 재발을 줄이는데 상당히 중요한 요인이 된다. 때로는 가족들의 지나친 기대감이 재발의 원인이 되기도 한다. 도박중독자 본인은 물론이고 가족들은 도박 행위에만 초점을 맞추지 말고 가정과 사회에 잘 적응할 수 있도록 돕는 것이 중요하다.

⑨ 단도박 친목모임

도박을 끊게 되면 중독자들은 이를 대체할 수 있는 다른 모임이 필요하다. 중독자들의 자발적인 모임인 한국 단도박 모임은 급성기는 물론이고 재활 및 재발 방지에 중요한 역할을 하는 단체이다. 1984년 결성되어 서울 및 전국 각지에 50개 이상의 지부가 운영 중이다 (www.dandobak.co.kr, www.dandobak.or.kr). 자신과 같은 중독증의 문제를 가지고 있는 사람들의 모임이기 때문에 훨씬 거부감도 적고, 모임에 적응이 되어 역할을 맡게 되면 자기 존중감 향상에도 큰 도움이 된다. 특히 가족 모임이 활성화되어 있기 때문에 가족들의 스트레스 관리에도 큰 도움이 되므로 초기부터 반드시 병원치료와 함께 단도박 모임에 참여하는 것이 좋다.[20]

7) 도박중독 대처방법

(1) 문제 도박자 입장에서 해야 할 사항

- 자신에게 문제가 있음을 인정하고 도움을 요청한다.
- 도박의 기회를 멀리 한다.
- 자신의 체질과 기호에 알맞은 신체운동을 한다.
- 기도, 명상 및 건전한 신앙인들과 교제를 통하여 영적 성장을 .추구한다.
- 혼자 있지 않고 도박을 하지 않는 사람들과 시간을 같이 보낸다.
- 신용카드와 많은 현금을 소지하지 않는다.
- 조기에 상담자, 회복전문기관, 후원자 등과 의논한다.

(2) 가족이나 주위 사람들이 해야 할 일

- 회복은 여러 해 걸리고 치료 중에 굴곡이 있을 것을 예상한다.
- 외부의 도움을 받아서 중독자에게 다른 관심거리를 개발해 준다.
- 회복과정을 이해하고 그것이 가족에게 어떤 영향을 주는가를 안다.

20) 다음백과사전, http://100.daum.net/encyclopedia/view/145XXXXXX3050

- 집안에서 어떤 내기도 하지 말며 도박 관련 도구들을 모두 치운다.
- 중독자가 지킬 규칙과 요구사항은 간단명료하게 하고 문제들을 정직한 대화로 풀며 장황한 설명은 피한다.
- 먼저 회복되어가고 있는 일부 협심자를 친구로 사귀게 하며 그룹활동에 참여하게 한다.
- 중독 도박의 문제를 숨기지 말고 공동으로 대처해야 한다.
- 도박자가 도박할 돈을 구할 수 있는 출처를 공동으로 차단한다.
- 도박 중독자가 혼자 시간을 보내지 않도록 한다.
- 도박 중독자에게 전문적인 회복도움을 받도록 주선하고 권한다.
- 불법도박장이 아닌 건전한 오락에서 재미를 맛보게 한다.
- 신앙 성장을 위해 적극적으로 돕는다.

도박중독자는 가정과 직장은 억지로 유지하고 있으나 심한 도박 후유증으로 이미 정서적, 재정적, 법률적 문제를 안고 있어 언제 어떻게 될지 모르는 불안한 상태로 "치료받지 않으면 점점 병만 깊어" 가게 된다.

중독 도박은 "진행성 질병" 이기 때문에 1년을 참다가 도박을 다시 해도 더 나빠지는 쪽으로만 진행된다.

자신은 그렇게 도박에 빠진 것이 아니라는 도박자의 말을 믿고 몇 년을 더 반복하기보다는 위 확인방법으로 문제가 있다고 생각되는 가족들은 상담이나 가족모임 참여를 통하여 다른 가족들은 이럴 때 어떻게 하였는가를 보고 들으며 도박자를 회복으로 나오게 하는 준비를 해야 한다.

문제 도박의 경우도 다른 주요 질병과 같이 "조기 발견과 조기 회복치료가 최선" 임을 명심해야 한다.[21)]

21) http://werecovery.org/bynote/view.asp?tbl=cl_gamble&cate=&brd_idx=172&page=2&page10=1

8) 도박중독 자가진단(미 정신의학협회 10 가지 진단기준)

〈표 5-6〉 도박중독 자가 진단(미국정신의학협회 진단기준)

※다음 1-10번까지 문항에 따라 O로 체크하여 O의 개수를 합산	
1. 자주 도박이나 도박에 사용할 돈을 구하는 일에 전념한다.	
2. 도박흥분을 충족하기 위해서 더 큰 액수의 돈을 걸거나 더 긴 시간동안 도박을 계속 한다.	
3. 도박을 절제하거나 줄이거나 중단하려는 노력들이 거듭 실패한다.	
4. 도박을 줄이거나 중단할 경우에는 불안해하거나 성급함을 보인다.	
5. 문제들로부터 도피 또는 나쁜 감정에서 벗어나기 위해서 도박을 한다	
6. 돈을 잃은 다음에 잃은 돈을 다시 따기 위해서 도박을 하러 간다.	
7. 자신이 도박에 빠진 것을 감추기 위해서 가족, 치료사, 또는 다른 사람에게 거짓말을 한다.	
8. 도박 자금을 마련하기 위해서 부도수표, 사기, 절도, 또는 공금유용 등과 같은 불법행동을 자행한다.	
9. 도박 때문에 중요한 대인관계, 직장, 또는 교육 및 사회경력의 기회를 잃거나 망가진다.	
10. 도박으로 망가진 재정상태를 가족이 대신 해결해 줄 것을 기대하며 의존한다.	
※ 위 10가지 검사질문 중 5 가지증상 이상에 해당되면 회복치료가 필요하다. • 출처 : http://werecovery.org/bynote/view.asp?tbl=cl_gamble&cate=&brd_idx=172&page=2&page10=1	

〈표 5-7〉 도박중독 자가 진단[22)]

1) 도박 때문에 회사나 학교생활에 지장을 받은 적이 있었는가? 2) 도박이 당신의 가정을 불행하게 만들었던 적이 있었는가? 3) 도박이 당신의 명예에 악영향을 끼친 적이 있었는가? 4) 도박을 하고나서 후회하거나 양심의 가책을 느낀 적이 있었는가? 5) 빚을 갚거나, 재정적 어려움을 해결하기 위한 목적으로 도박을 한 적이 있었는가? 6) 도박이 당신의 야망이나 능력을 저하시킨 적이 있었는가? 7) 돈을 많이 잃은 후, 수일 내로 다시 찾아가 손실을 꼭 만회해야겠다고 결심한 적이 있었는가? 8) 돈을 많이 딴 후, 다시 찾아가 더 많은 돈을 따야겠다는 자극을 받은 적이 있었는가? 9) 가끔, 돈이 바닥날 때까지도 마지막 희망을 갖고 베팅을 하였는가? 10) 도박자금을 마련하기 위해 돈을 빌린 적이 있었는가? 11) 도박자금을 마련하기 위해 무엇이라도 팔아본 적이 있는가? 12) 다른 일반적인 소비에 도박자금을 사용하는 게 망설여진 적이 있는가? 13) 도박이 당신이나 당신 가정의 행복에 소홀해 지도록 만든 적이 있었는가? 14) 계획했던 것보다 더 오랜 시간 도박을 한 적이 있는가? 15) 근심이나 걱정을 잊기 위해 도박을 한 적이 있었는가? 16) 도박자금을 마련하기 위해 부정적인 또는 불법적인 행동을 고려하거나 해본 적이 있는가? 17) 도박으로 인해 불면증에 시달려 본 적이 있는가? 18) 언쟁, 실망, 좌절 등이 도박의 충동을 불러일으킨 적이 있었는가? 19) 짧은 시간의 도박으로 대박을 터뜨리는 충동을 느낀 적이 있었는가? 20) 도박의 충격 때문에 자해나 자살을 생각해 본 적이 있었는가?
※위 문항 중에 4개 이상에 해당되는 경우 도박 중독은 아니지만 문제의 가능성이 있고, 7개 이상에 해당되는 경우는 도박중독의 가능성이 높다.

22) http://cafe.daum.net/kakyopachulbu/3vCz/961?q=%EB%8F%84%EB%B0%95%EC%A4%91%EB%8F%85%20%EA%B0%80%EC%A1%B1%EC%9D%B4%20%ED%95%B4%EC%95%BC%ED%95%A0

Chap. 6

폭력과 안전

제 6 장 폭력과 안전

1. 가정폭력과 안전

1) 가정 폭력(domestic violence, family violence)의 개념

(1) 가정폭력의 정의

가정폭력방지법에서의 가정폭력(domestic violence, family violence)이라 함은 가정구성원 사이의 신체적, 정신적, 재산상의 피해를 수반하는 행위를 말하며 가정구성원 사이의 모든 폭력을 포괄하고 있다. 즉, 남편의 아내에 대한 폭력, 자녀의 부모에 대한 폭력, 형제간의 폭력, 아내의 남편에 대한 폭력 등 가족 간의 모든 폭력을 망라한다. 가정폭력의 범주는 직접적인 폭행, 상해, 신체적·정서적·성적 학대, 상습범, 유기, 명예훼손, 협박, 감금, 체포, 학대, 아동혹사 등과 아울러 심한욕설과 같은 언어적 폭력(폭언) 및 의심과 같은 정신적 폭력도 포함된다. 상대방의 경제적 자유를 박탈하거나 상대방의 의견을 무시하고 본인의 의견을 강요하는 행위도 가정 폭력에 포함된다.

가정 폭력은 피해자와 가해자가 함께 생활하고 있다는 측면에서 일반적인 폭력과 다르며, 피해자뿐만 아니라 가족 전체에 영향을 미치기 때문에 피해가 심각하며, 가정을 해체시키는 원인이 되기도 한다. 가정 폭력은 한 번 발생하면 대부분 다시 일어나므로 폭력이 처음 발생했을 때 적극적으로 대처하는 자세가 중요하다.[1)]

1) http://100.daum.net/encyclopedia/view/43XXXXX00010

(2) 가정구성원의 범위

현재의 관계뿐만 아니라 전배우자와 동거하는 친족까지의 모든 실질적 관계를 의미한다.

- 배우자(사실상 혼인관계에 있는 자를 포함) 또는 배우자관계에 있었던 자
- 자기 또는 배우자와 직계존비속 관계(사실상의 양친자관계를 포함)에 있거나 있었던 자
- 계부모와 자의관계 또는 적모와 서자의 관계에 있거나 있었던 자
- 동거하는 친족관계에 있는 자

2) 가정 폭력의 특성

(1) 일반적 특성

① 폭력의 주기적 반복성

폭력적인 유대관계는 재생산된다. 폭력이 일어나기 전의 긴장형성기에서 폭력유발기로 그리고 사랑의 회복기로 들어갔다가 다시 긴장형성기로 넘어가는 악순환이 반복된다.

- **긴장형성기(Tention Building)**

말이나 감정적인 학대가 시작된다. 염탐하는 기술이 늘어난다.

학대자는 쌓인 분노와 좌절감을 푸는 목표로 여성과 어느 때는 아이들을 대상으로 삼는다. 그를 기쁘게 하기 위해 최선을 다해 노력하며 살얼음판을 걷는 기분으로 지낸다. 결국 실패자같이 느끼게 되고 그녀의 최선의 노력도 충분치 않으며 자신이 그를 화나게 만들었다고 믿는다. 어떤 방법이든 자신들이 당하는 폭력에 대해 자신이 책임을 느끼게 된다. 또 어떤 사람들은 그녀에게 "왜 그 사람이 당신을 때리게끔 그냥 두었는가?" "왜 떠나지 않고 그대로 있는가?"라고 묻기도 한다.

❑ 폭력가정에 머무는 원인

여성들이 폭력과 학대 속에서 머물러있는 데에는 많은 다양한 이유들이 있다.

그 중 아이들 때문이 61.5%, 경제적 독립의 불가 30.8%, 이혼에 대한 사회적 인식의 두려움 때문 19.6%로 나타났다.

이와 같은 결과는 결혼생활에 대한 책임감과 자녀들을 결손가정에서 키우고 싶지 않거나 자신이 구타의 원인이므로 구타당할 만 하다고 느끼는 편견에서 나온 것일 것이다. 또한 수치와 죄책감으로 그들이 구타당하고 있다는 것을 받아들이려 하지 않거나 학대자에게 경제적, 정신적으로 의존할 수도 있다.

이러한 모든 이유들이 그들 자신이 그 상황을 변화시킬 힘도 없으며 갈 곳도 없다고 생각하는 사실과 복잡하게 얽혀있다. 직장도 없고 기술도 없으며, 부양할 수도 없고 자긍심은 낮으며 자신감마저 없는데 이 상황을 벗어나고자 하였을 때 그들은 어떠한 대안도 찾을 수 없으며 따라서 학대상황에 머무르게 되는 것이다

- **폭력유발기(Battering Incident)**

긴장형성기는 폭력으로 폭발한다.

학대는 넓은 범위의 신체적인 폭력과 마찬가지로 폭언 위협, 강간 그리고 다른 성폭행, 협박, 굴욕 또한 다른 형태의 학대를 포함한다.

- **사랑의 회복기(Honeymoon)**

학대자는 자기가 나아질 것이고 변할 것이라고 약속하고 관심이 많고 사랑이 넘치며 간곡하게 도움이 필요한 듯이 행동한다.

학대자로부터 잠깐 동안은 어떤 특권을 가질 수 있기 때문에 이것을 긍정적인 표시로 본다.

그러나 이 사건의 원인을 다시 그녀 탓으로 돌리기 시작하고 또한 폭력이 일어났던 것을 부정하며 학대가 심했던 상태도 축소화시키기도 한다.

② 폭력의 가정 내 은폐성

가정폭력은 가정 안에서 일어나고 문제가 외부로 노출되지 않는다는 특성 때문에 적절 한 개입, 치료, 예방 시기를 놓치기 쉬운 특성이 있으며 가정폭력의

피해자들은 스스로의 자책감 등으로 인해 외부에 알려 도움을 요청하는 경우가 드물고 사회적으로도 가정 폭력에 개입하는 것은 남의 가정 일에 끼어드는 일로 여겨 관심을 갖지 않으므로 가정 폭력은 은폐된 채로 피해자들은 반복적이고 지속적으로 폭력에 희생되고 있다.

③ 폭력의 세대 간 지속성

가정폭력은 세대 간으로 전이되는 경우가 상당히 많아 폭력의 악순환의 고리를 형성한다는 데 심각성이 있다.

폭력가해자의 50%이상이 훈육이나 교육의 명목과는 상관없이 아이들을 구타하고 있으며 가정폭력을 경험한 아이들이 자라서 다시 가정폭력을 자행하는 가해자가 되는 경우가 상당히 있음을 알 수 있다.

(2) 가정폭력 가해자의 특성

폭력가해자는 어떤 특정한 계층에서 두드러지게 나타나기 보다는 다양한 연령층, 종교, 사회경제적 배경을 지니고 있다. 이것은 '폭력'이라는 행위가 남성들뿐 아니라 우리사회 전반에 걸쳐 은연중 묵인된 일반화 행동이라 볼 수 있음을 말해준다.

- 권력과 통제에 대한 과도한 욕구
- 좌절에 대한 과도한 분노표출
- 아내에 대한 지나친 의존성
- 질투나 의심이 많고 소유욕이 강하다.
- 지속적으로 감시하고 속인다고 비난한다.
- 친구나 친척으로부터 소외시키고 매사를 보고하게 한다.
- 배우자의 의사와 관계없이 일방적인 성관계를 한다.
- 배우자를 비웃고 비난하고 모욕할 때가 많다.
- 정서적 친밀감이 부족한 피상적 관계
- 사회적 소외와 고립 자신의 문제점을 타인에게 전가하는 경향

- 폭력을 갈등해결의 도구로 인정
- 폭력의 부정적 결과를 인정하지 않음
- 음주 및 약물남용의 경향이 있음 .

(3) 가정폭력 피해자의 특성

- 여자는 현모양처가 되는 것이 인생의 성공이라는 생각으로 자라왔다.
- 남편에게 경제적으로 의존하고 있다.
- 친구도 거의 없고 다른 가족과도 최소한의 연락만 하고 있다.
- 자기비하와 고독감을 심하게 느낀다.
- 자신이 학대를 초래했다고 믿기도 한다.
- 도움을 받을 수 있는 공급원에 대한 정보가 없다.
- 학대받고 있음을 수치스럽게 생각한다.
- 폭력적인 상황을 변화시킬 수 있다는 희망으로 살아가고 있다.
- 종종 사랑과 폭력을 혼동한다.
- 남편에게 자기 아이들을 빼앗기게 될까 겁을 낸다.
- 남편을 떠나는 것이 경제적, 정신적, 개인적으로 엄청난 고난을 의미한다.
- 사람만나기를 기피하며 매사에 불안하고 자신이 없어한다.
- 자신의 행동을 고쳐야 남편도 고칠 수 있다고 믿는다.
- 자신이 맞아야 할 이유를 찾아 구타경험을 합리화 시킨다.

(4) 가정폭력의 심각성

① 피해 여성으로 하여금 신체적, 심리적, 정서적, 사회적인 모든 부분에 심각한 손상을 초래

② 가정폭력을 경험한 아동의 정서적, 행동적 장애 유발

③ 가정파탄의 원인(이혼)

2) 가정폭력의 유형

가정폭력의 피해 대상은 주로 아내, 아동, 노인 등 사회경제적 약자로 그 폐해 상황 역시 매우 심각하다. 가정폭력 중에서도 아내폭력은 가족해체의 직접적인 원인이 되며 다른 가족구성원에게도 장기적이고 심각한 영향을 미친다는 특성을 갖고 있다.

보건복지부가 전국의 부녀상담소 이용자 7,500명을 대상으로 실시한 조사에서 남편으로부터 신체적, 정신적 폭력을 당한 경우가 61.1%로 나타났다.

(1) 가정폭력범죄의 유형

① 상해, 폭행
② 유기, 학대
③ 체포, 감금
④ 협박
⑤ 강간, 유사강간, 강제추행
⑥ 명예훼손
⑦ 주거, 신체수색
⑧ 강요죄와 그 미수범
⑨ 공갈죄와 그 미수범
⑩ 재물손괴 등

(2) 학대의 유형

① 신체적 학대

- 밀치기, 때리기, 발로 차는 등의 폭행 행위
- 꼬집는 행위
- 뺨을 때리는 행위
- 사지를 비트는 행위

- 가재도구와 가구를 부수는 행위
- 담배불로 지지는 행위
- 머리채를 잡아당기거나 조르는 행위
- 흉기를 휘두르는 행위

② 언어와 정신적 학대

- 경멸하는 말투로 모욕을 주는 행위
- 열등하고 무능력하다고 비난하는 행위
- 큰 소리로 소리 지르거나 비난하는 행위
- 말로 공격, 협박, 위협하는 행위
- 대화를 거부하는 행위
- 희롱하는 행위
- 무시하고 업신여기는 행위
- 피해자의 의사결정권을 침해하는 행위

③ 성적 학대

- 원하지 않은 성행위를 강요하는 행위
- 상대방의 몸을 동의 없이 만지고 애무하고 움켜쥐고 꼬집는 등의 행위
- 자신의 성기나 이물질을 상대방의 성기에 넣는 행위
- 구강성교, 항문성교 등 기타 유사 성교 행위를 강요하는 행위

④ 방임

- 끼니를 주지 않는 행위
- 불결한 생활환경에 장시간 놔두는 행위
- 교육을 시키지 않는 행위
- 아파도 병원에 데려가지 않는 행위
- 문을 잠가놓고 나가는 행위 등[2)]

---

2) http://cafe.daum.net/ArtTherapy4/Et7N/469?q=%EA%B0%80%EC%A0%95%ED%8F%AD%EB%A0%A5%EC%9D%98%20%EC%A0%95%EC%9D%98

3) 가정폭력에 대한 잘못된 통념

(1) 부부싸움은 칼로 물 베기?

"부부싸움은 칼로 물 베기"라는 속담도 있듯이 우리는 흔히 "아내폭력도 칼로 물 베기"라고 생각하거나, 가정 내 문제이기 때문에 남이 간섭할 성질의 것이 아니라는 태도를 취하기 쉽다. 그러나 아내나 아동 등에 대한 가정폭력은 단순한 부부싸움이 아니다. 가정폭력은 피해자들에게 치명적인 신체적 손상과 정신적 황폐화를 야기한다는 점에서 가정폭력은 부부싸움이나 사랑의 매와는 본질적으로 다르다.

(2) 맞을 짓을 했으니까 맞는다?

아이가 무슨 일인가 잘못했으니까, 아내가 남편을 자극했으니까, 부모가 얼마나 못났으면 자식이 저럴까? 등의 생각이 여기에 해당된다. 그러나 한국여성의전화 상담통계에 의하면 아내를 때리는 남편들은 사사건건 트집을 잡아 폭력을 일삼는 경우가 많다. 설혹 아내에게 결점이 있다고 하더라도 그것이 매 맞을 이유가 될 수는 없으며, '매 맞을 짓'이란 없는 것이다. 아이의 경우도 우리는 흔히 "사랑의 매" 혹은 훈육을 목적으로 아동을 구타하는 경우가 많지만 한국여성의전화의 통계에도 나와 있듯이 3세 미만의 아동들마저 구타당하기 때문에 이는 훈육의 목적과는 전혀 관계가 없다고 볼 수 있다.

(3) 가정폭력은 흔히 있을 수 있는 일이다?

이것은 아내와 아이를 자신의 소유물로 생각하는 가부장사회의 산물이다. "못된 아내는 때려서라도 길들여야 한다." "아이는 때려서 가르쳐야 한다." "남편이 화가 나면 손찌검 정도는 해도 괜찮다."는 잘못된 사회통념 때문에 아내구타가 용납되고 정당화되어 만연되는 것이다. 그러나 아내폭력, 아동폭력은 한 가정을 폭력의 도가니로 만들어 가정폭력의 피해자들은 그 속에서 불안과 공포에 떨며 폭력의 노예가 되어 간다. 설혹 어떤 문제가 생겼을 때 가벼운 '손찌검'일지라도 아내나 아동에게 폭력을 사용하는 것은 건강하고 올바른 가족관계가 될 수 없다.

(4) 귀한 자식일수록 때려서 가르쳐야 한다?

우리 사회는 아이들에 대한 체벌을 정당화해 왔다. 그러나 한국여성의전화의 통계에 의하면 아이에 대한 구타 시작 시기가 훈육의 가능성을 찾을 수 있는 나이가 아니라는 것이다. 이것은 바로 그 구타가 훈육과 교육의 목적이 아니라는 것을 잘 보여주는 일이며 아이들은 때려서 가르쳐야 한다는 것은 잘못된 생각이라는 것을 보여주는 것이다.

(5) 남자는 남자답게 여자는 여자답게 길러야 한다?

남자는 남자답게, 여자는 여자답게 길러야 한다는 잘못된 사회관습은, 남자아이의 폭력행위를 씩씩하게 자라는 것으로 보며 여자아이에게 무조건적인 순종을 강요하는 그릇된 양육태도를 낳게 했다. 자녀에게 가해진 신체적 폭력은 아동의 신체적·정신적 성장 발달에 매우 부정적인 결과를 가져오며 이유 없이 폭력을 당한 자녀들은 또한 그들의 또래 집단이나 형제 사이에 비슷한 폭력을 행사하게 되며 그릇된 행동이 가정 내에서와 같이 사회에서도 관용적으로 수용될 수 있다는 잘못된 신념을 조장시키는 결과를 가져온다.

(6) 동방예의지국에 노인폭력이란 있을 수 없는 일이다?

이런 잘못된 생각으로 인해 노인들은 자신들이 자녀로부터 폭력을 당하는 것에 대해 부끄러워하기 때문에 주변에 알리지 못하는 경우가 상당히 많다. 특히 자식이 아무리 행패를 부려도 자식을 고소하거나 처벌을 요구하지 못하는 부모 입장에서는 자식이 최대한 법적 제재를 덜 받으면서 혼내줄 수 있는 길이 있다면 좋겠다고 이야기한다.

(7) 가정폭력자는 성격이상자나 알코올중독자다?

그렇지 않다. 가정폭력자 중에 알코올중독자가 있기도 하지만 극히 적은 숫자이다. 아내폭력의 50% 정도가 술 취한 상태에서 이루어지기는 하지만 이는 술 때문에 폭력을 썼다는 핑계거리에 지나지 않으며 술은 구타한 사실을 부인하거나 술 때문에 구타했다는 변명거리가 된다. 또한 가정폭력자는 가정 이외의 사회나 직장에서는 원만한 생활을 하고 있기 때문에 오히려 많은 경우 피해자가 잘못했기 때문이라는 오해를 받기도 한다.

(8) 가정폭력은 가난한 집안에서 많다?

일반적으로 학력과 사회계층이 높을수록 가정을 화목하게 이끌어 갈 수 있는 여건과 능력을 소유하므로 가정폭력이 적을 것으로 생각되나 의사, 변호사 등 전문직 종사자, 성직자에서부터 직종, 교육 정도에 상관없이 가정폭력이 발생하고 있다. 자신의 아이에게 엄청난 정신적, 신체적 폭력을 행사하여 결국 죽음에 이르게까지 한 치과의사의 경우가 그 한 예라고 볼 수 있다.

4) 가정폭력 예방 및 대처요령

(1) 가정 폭력 예방 및 피해자 보호 정책

가정폭력 문제의 해소를 위해서는 가정폭력에 대한 인식의 변화를 위한 의식교육과 홍보를 강화하고, 경찰·검찰 의료기관의 관계자 교육을 강화하는 한편 서비스 연계체제의 강화도 필요하다. 한편 자녀가 나이든 부모를 구타하거나 살해하는 사례도 연달아 발생하고 있는데, 기존의 윤리와 가치관이 붕괴하면서 들어선 황금만능의 배금주의가 주요 원인으로 지적되고 있다. 날이 갈수록 가정폭력의 정도가 심해지는 상황이므로 사회적인 인식이 전환되어야 함은 물론 법적으로 가해자에게 좀 더 엄격한 처벌이 필요하다.

국가는 가정 폭력을 예방하고 가정 폭력의 피해자를 보호·지원하기 위한 목적으로 「가정 폭력 방지 및 피해자 보호 등에 관한 법률」을 마련하고 있다. 이 법에 의하여 국가와 지자체는 가정 폭력 관련 상담소와 가정 폭력 피해자 보호 시설을 육성·지원하고 있으며, 각 학교에서는 가정 폭력의 예방에 필요한 교육을 시행하고 있다. 그 밖에 다양한 기관에서 그림과 같이 가정 폭력 피해자를 보호하고 지원하기 위한 서비스를 제공하고 있다.

① 가정 폭력 범죄의 처벌 등에 관한 특례법

가정 폭력을 예방하기 위해서는 먼저 가정 폭력에 대한 인식이 전환되고 신고 의식이 강화되어야 한다. 「가정 폭력 범죄의 처벌 등에 관한 특례법」에 따르면 누구든지 가정 폭력 범죄를 알게 된 때에는 이를 수사 기관에 신고할 수 있다.

- 응급조치(제5조): 진행 중인 가정 폭력 범죄에 대하여 신고를 받은 경찰은 즉시 현장에 임하여 폭력 행위 제지, 범죄 수사, 보호 시설이나 의료 기관으로 피해자 인도 등의 조치를 하여야 한다.
- 임시 조치(제8조): 피해자를 보호할 필요가 있을 때에는 가해자 퇴거, 피해자의 주거 · 직장 등에서 100미터 이내 접근 금지 등의 임시 조치를 할 수 있다.
- 긴급 임시 조치(제8조2): 검사의 직권 또는 사법 경찰관의 신청에 의해 법원에 청구된 후 조치가 취해지는 기존의 임시 조치를 보완한 것으로, 사법 경찰관의 직권이나 피해자의 신청에 의해 먼저 임시 조치를 취할 수 있다.
- 보호 처분(제40조 제1항): 판사는 보호 처분이 필요하다고 인정하는 경우 행위자가 피해자에게 접근하는 행위나 피해자에 대한 친권 행사를 제한할 수 있다.

② 가정 폭력 피해자 보호 지원 체계

❑ 여성긴급전화 1366

- 피해자 긴급 구호 및 서비스 연계
- 피해 유형별 시설 안내
- 상담 긴급 피난처 운영

❑ 상담소 및 보호 시설

- 상담소: 상담, 보호 시설 인도, 가해자교정 · 치료 프로그램, 예방 교육
- 보호 시설: 피해자 보호, 피해자 치료 · 회복 프로그램, 치료비 및 직업 훈련 지원

❑ 통합 지원 센터

- 원스톱 지원 센터: 상담 · 의료 · 법률 · 수사 지원 서비스 제공
- 해바라기 아동 센터: 심리 치료 제공
- 해바라기 여성아동 센터

❑ 지역 협의체 등 관계 기관

- 아동 · 여성안전지역연대: 지자체, 교육기관, 경찰, 사법 기관, 의료 기관 등 민관 협력 관계
- 무료 법률 구조 기관: 무료 법률 상담,무료 소송 대리[3)]

(2) 가정폭력 예방 사회적인 대책

① 사회문화적 인식전환
② 개인의 인식 전환
③ 시민운동 활성화와 교육프로그램 강화
④ 경찰과 검찰, 법원의 의식전환
⑤ 정책적 사회복지 대책

- 일시보호소(여성쉼터) 확충과 기능강화
- 사회복지 서비스 강화
  - 의료 서비스 지원
  - 상담과 치료 서비스 지원
  - 친족과 지역사회 지원
  - 가족폭력 관계자에 대한 교육 강화

(3) 가정폭력 예방 지침

- 어떤 상황에서라도 폭력은 사용하지 않는다.

3) http://100.daum.net/encyclopedia/view/24XXXXX84319

- 자녀들에게 매를 들기 전에 다시 한 번 생각한다.
- 평소 폭력적인 말과 행동을 삼가 한다.
- 남이 폭력을 사용하는 것을 보면 제지한다.
- 가까운 경찰서와 가정폭력 상담기관의 전화번호를 메모해 둔다.
- 심각한 폭력이 일어나는 위기상황인 경우 바로 경찰에 신고한다.
- 경찰은 가정폭력 신고가 들어오면 즉각 출동한다.
- 의사나 간호사는 가정폭력 피해자를 위한 적절한 조치를 취해준다. (진단서 확보, 피해자 보호, 상담기관과 연계 등)
- 가정 내 폭력을 호소하는 가족이나 친구에게 상담기관을 안내해 준다.
- 가족 간의 대화를 통해 서로를 존중하고 이해하도록 노력한다.

(4) 가정폭력 대처방법

① 가해자와 함께 살고 있는 동안의 대처방법

- 긴급전화번호를 미리 알아두거나 아이들에게 알려 준다. (파출소나 경찰서, 구급차, 긴급전화, 의사, 친구, 상담소, 보호소)
- 친한 사람들에게 만약 집에서 폭행을 당하고 있다고 의심되는 소리가 나면 경찰에게 폭력신고를 해달라고 부탁한다.
- 집에서 피난 갈 경우 갈 곳을 미리 4곳 정도 준비해 둔다.
- 미리 여유 돈, 차 열쇠, 옷, 중요한 서류를 다른 사람들에게 맡긴다.
- 만약 집에서 피난할 경우 가지고 나갈 것이 무엇인지를 생각해 둔다. (주민등록증, 운전면허증, 학교나 진료기록 돈, 통장, 신용카드, 집열쇠, 차열쇠, 사무실열쇠, 자동차등록서류, 약을 복용하는 경우 약, 옷, 생활보호증, 여권, 이혼서류, 임대서류, 자신의 재산을 증명할 수 있는 서류, 차용서류나 기록, 보험서류, 주소록, 개인적으로 중요한 사진, 보석 등, 자식에게 중요한 장난감, 이불)

② 가해자와 헤어진 후 대처방법

- 열쇠를 바꾼다. 현관문은 철이나 금속으로 된 재질로 바꾸고 보안장치나 화재예방감지 장치를 설치하며, 집밖에는 밝은 조명을 설치한다.
- 특정인을 정하여 그 사람에게 가해자와의 관계가 끝났음을 알리고, 만약 가해자가 피해자나 자녀들 주위에 나타나면 경찰에 신고해 줄 것을 부탁한다.
- 자녀들을 돌봐주는 사람들(탁아소, 유치원, 학원, 학교, 교습소 등)에게 자녀들을 데리고 가는 것을 삼간다.
- 직장동료 중 적어도 한사람에게는 자신이 처한 상황을 말하여 가해자가 전화를 걸어오면 바꾸어 주지 않도록 한다.
- 가해자와 함께 갔던 운행, 가게 등을 미리 생각하여 그 곳을 피하도록 한다.
- 법적인 보호를 받을 수 있는 사람을 생각해 두고 법적절차에 필요한 서류를 1부는 자신이, 1부는 복사하여 그 사람에게 맡겨 놓는다.
- 만약 아무리 나쁜 관계라도 다시 돌아가고 싶다면 미리 도움을 구할 사람이나 상담소, 쉼터 등을 생각해 두고 준비한다.[4)]

2. 학교폭력과 안전

1) 학교폭력의 개요

(1) 학교폭력의 정의

일반적으로 학교폭력의 개념은 학교에서 일어나는 폭력을 의미하지만, 학교폭력의 내용에 대한 시각이 조금씩 다르다.

첫째, 폭력이 일어나는 장소다.

학생들이 학교에서 경험하는 폭력뿐만 아니라 가정이나 학교 밖에서 일어나는 폭력도 그것이 학생들에게 영향을 미치는 것이라면 학교폭력으로 보아야 한다는

4) http://cafe.daum.net/ArtTherapy4/Et7N/469?q=%EA%B0%80%EC%A0%95%ED%8F%AD%EB%A0%A5%EC%9D%98%20%EC%A0%95%EC%9D%98

광의적인 개념이 있는가 하면, 학교폭력의 범위를 학교 내에서 발생하는 폭력이나 학교 주변과 등하굣길에서 발생하는 폭력으로 한정하기도 한다.

둘째, 학교폭력의 주체가 되는 가해자와 피해자다.

우리나라보다 학교폭력 문제가 더욱 심각한 미국의 경우에는 학생들 간의 폭력뿐만 아니라 교직원들에 대한 학생의 폭력도 학교폭력의 범위에 포함시키는 경향이 있지만, 우리나라의 경우에는 교사에 대한 학생의 폭력 빈도가 상대적으로 적기 때문에 학교폭력에 관한 대부분의 연구에서는 이를 포함시키지 않고 있다가 최근 들어서 교사에 대한 학생의 폭력을 학교폭력의 유형에 포함시키는 경우도 있다.

셋째, 어떤 행위를 학교폭력으로 간주할 것인가의 문제다.

일반적으로 폭력은 타인 또는 타인의 재산에 해를 입히기 위한 물리적인 힘의 행사, 또는 타인에게 극심한 신체적인 고통이나 상해를 가할 의도나 그러한 의도를 인식하고 행한 행위라고 정의하고 있지만, 학교폭력의 경우에는 가해자가 타인에게 해를 끼치려는 의도를 가진 어떠한 행동도 폭력으로 간주할 수 있다.

현재 우리나라에서 법률적(「학교폭력 예방 및 대책에 관한 법률」, 제2조 제1항)으로 규정하고 있는 학교폭력의 정의는 "학교 내외에서 학생을 대상으로 발생한 상해, 폭행, 감금, 협박, 약취 · 유인, 명예회손 · 모욕, 공갈, 강요 · 강제적인 심부름 및 성폭력, 따돌림, 사이버 따돌림, 정보통신망을 이용한 음란 · 폭력 정보 등에 의하여 신체 · 정신 또는 재산상의 피해를 수반하는 행위"다.

이 법률에서 규정하고 있는 학교폭력의 행위 개념에 대한 의미를 살펴보면 다음과 같다.

- 상해: 신체의 완전성을 해하는 것으로 남의 몸에 상처를 내어 해를 입히는 것이 법률에서 규정하고 있는 학교폭력의 관련 개념에 대한 의미를 살펴보면 다음과 같다.
- 폭행: 학생 간 발생하는 폭행으로 해당 사안은 교원이 해결해야 하고, 당사자 간 분쟁을 교육적 차원에서 조정하기 위해서는 다소 구체성을 띠어야 하기 때문에 형법상 협의의 개념인 '사람의 신체에 대한 유형력의 행사'로 해석(형법상 폭행죄에 해당하는 협의의 개념)

- 감금: 장소 이전의 자유를 침해하는 행위를 말하는 것으로 신체 그 자체를 구속하지 않고, 다만 일정한 장소에서 나오지 못하게 하는 일이 그 성립 조건임
- 협박: 상대방의 반항을 불가능하게 하거나 곤란하게 할 정도는 아니라도 상대방이 현실로 공포심을 느낄 수 있을 정도의 해악의 고지가 있는 경우(형법상 협의의 개념)
- 약취: 폭행 또는 협박으로 사람의 현재의 상태에서 자기 또는 제3자의 실력적 지배하에 두는 것
- 유인: 허위의 사실을 가지고 상대방을 착오에 빠뜨리게 하거나 감언이설(甘言利說)로 상대방을 현혹시켜 판단을 바르게 할 수 없게 된 사람을 자기 또는 제3자의 실력적 지배 내에 옮기는 행위
- 명예훼손: 특정 또는 불특정 다수가 인식할 수 있는 상태에서 진실한 사실이나 허위의 사실을 적시하여 그 사람의 평판이나 사회적 가치를 떨어뜨리는 행위
- 모욕: 공연히(불특정 또는 다수인이 인식할 수 있는 상태) 사실을 적시하지 아니하고 사람에 대하여 경멸의 의사 표시를 하는 행위
- 공갈: 재물을 교부받거나 재산상의 이득을 취득하기 위하여 폭행 또는 협박으로 공포심을 일으키는 행위
- 강요: 특정인에게 하기 싫은 일을 억지로 또는 강제로 하는 행위
- 강제적인 심부름: 특정인에게 강제적으로 심부름을 시키는 행위
- 성폭력: 성욕의 흥분, 자극 또는 만족을 목적으로 하는 행위로서 상대방에게 폭행과 협박을 하면서 신체적인 접촉을 하거나 성행위를 강제로 하는 것
- 따돌림: 특정인이나 특정 집단의 학생들을 대상으로 지속적이거나 반복적으로 신체적 또는 심리적 공격을 가하여 상대방이 고통을 느끼도록 하는 일체의 행위
- 사이버 따돌림: 인터넷, 휴대전화 등 정보통신기기를 이용하여 학생들이 특정 학생을 대상으로 지속적·반복적으로 심리적 공격을 가하거나, 특정 학생과 관련된 개인 정보 또는 허위 사실을 유포하여 상대방이 고통을 느끼도록 하는 일체의 행위

- 재물손괴: 「민법」상 재물은 유체물(동산, 부동산) 또는 전기 기타 관리 가능한 자연력을 말하며, 「형법」상으로는 유체물 및 관리할 수 있는 동력을 말하고, 손괴제는 재물만을 객체로 함(손괴란 재물에 직접 유형력을 행사하여 그 이용 가능성을 침해하는 것임)
- 정보통신망을 이용한 음란·폭력 정보: 특정인에 대하여 모욕적인 언사나 욕설·허위의 글이나 사생활에 관한 사실을 인터넷 게시판에 올리거나 인터넷상이나 휴대전화를 통해 성적 수치심을 주는 음란한 대화를 강요하거나 위협이 되는 문자나 동영상을 보내어 정신적 피해를 주는 일체의 행위

따라서 학교폭력이란 교내 또는 교외에서 학생을 대상으로 발생하는 부정적인 의도를 지닌 신체적·물리적·심리적 공격 및 폭력행동으로, 한명 또는 여러 명의 학생이 힘의 불균형 상황 하에서 자기보다 약한 상대나 집단의 암묵적인 규칙을 어긴 자를 폭행, 협박, 따돌림, 등에 의하여 신체적·정신적 또는 재산상의 피해를 수반하는 행위라 정의할 수 있다

다시 말하면, 힘의 우위에 있는 개인 또는 패거리들이 주위 학생들에 대해 언어적 위협, 놀림, 소지품 은닉, 따돌림, 집단에 의한 무시, 신체적 폭력, 성추행, 금품갈취는 물론 기물손괴 등의 행동을 하고, 공포분위기를 조성함으로써 주위 학생들이 심리적인 소외감과 극도의 불안감을 겪고, 신체적인 상처와 물리적인 손해를 감수하고 있는 상태라면 학교폭력이 발생된 것으로 볼 수 있다.

비록 타인의 입장에서 볼 때 하찮은 놀림이나 대수롭지 않은 행동일지라도 그것을 당하는 사람이 그로 인해 심리적 또는 행동적 불편함을 느끼면 그것 역시 엄연한 폭력행위가 된다.[5]

(2) 학교폭력의 특성

대체로 학교폭력으로 규정할 수 있는 행동에는 세 가지 특성이 있다. 다음의 세 가지 항목 중 하나 이상의 요건이 성립된다면, 그 행동은 학교폭력이라고 볼

5) http://cafe.daum.net/goodwl/OJZT/1?q=%ED%95%99%EA%B5%90%ED%8F%AD%EB%A0%A5%EC%9D%98%20%EC%A0%95%EC%9D%98

수 있다.

- 고의성(intentional): 실수가 아닌 고의적으로 해를 입히거나 괴롭히는 말과 행동
- 반복성(repeated): 어쩌다 한번 일어난 행동이 아니고, 반복적으로 되풀이되는 행동
- 힘의 불균형(imbalance): 힘이 더 센 학생이 약한 학생을, 상급생이 하급생을, 다수의 학생이 한두 명 소수의 학생을 괴롭히는 것

(3) 학교폭력의 구성 집단

- 가해자
- 피해자
- 주변인(bystander): 조력자, 강화자, 방관자로 분류

- 조력자: 가해자보다는 덜 주도적이지만 학교폭력의 현장에서 가해자를 도와 가해행위를 도와주는 학생집단
- 강화자: 가해활동을 직접 하지는 않지만, 구경꾼을 모아오거나, 가해학생을 자극하는 등의 행위를 하여 학교폭력의 가해상황을 더 강화하는 학생집단
- 방관자: 가해자, 피해자, 조력자, 강화자를 뺀 나머지 모든 학생을 일컫는 개념으로, 학교 현장에서 가장 많은 수를 차지한다.

학교폭력이 일어나는 상황에 있으면서도 방관하고 묵인하는 태도를 갖는데, 방관의 이유는 다양하게 존재한다.(내가 나서면 나까지 보복을 당할까봐, 관심이 없어서, 내가 도와준다고 바뀔 것이 없기 때문에 등)

2) 학교폭력의 종류[6)]

(1) 신체적 폭력

- 신체를 손, 발로 때리는 등 고통을 가하는 행위(상해, 폭행)
- 강제 또는 속여서 일정한 장소로 유인하거나, 강제로 가두어 두는 행위

6) http://blog.naver.com/PostView.nhn?blogId=lawhojin&logNo=221200651512

- 장난을 빙자한 꼬집기, 때리기, 힘껏 밀치기 등 상대학생이 폭력으로 인식할 수 있는 행위

(2) 언어적 폭력

- 상대방의 명예를 훼손하는 말을 하거나 인터넷, SNS등으로 퍼뜨리는 행위(명예훼손, 모욕)[내용이 진실이라고 하더라도 범죄에 해당하며, 허위인 경우에는 형법상 허위사실유포에 의한 명예훼손에 해당하므로 가중처벌 됩니다]
- 신체 등에 해를 끼칠듯한 언행(죽을래? 등)과 문자메세지 등으로 겁을 주는 행위(협박)

(3) 금품갈취

- 돌려줄 생각이 없으면서 돈, 물품 등을 요구하는 행위
- 일부러 다른 학생의 물건을 망가뜨리는 행위
- 돈을 걷어오라고 하는 행위

(4) 강요

- 속칭 빵 셔틀, 와이파이 셔틀, 게임 대행, 심부름 강요 등 상대방에게 의무없는 일을 하게 하는 행위

(5) 따돌림

- 집단적으로 상대방을 의도적, 반복적으로 피하는 행위
- 단체로 놀리거나, 다른 학생들과 어울리지 못하도록 막는 행위

(6) 성폭력

- 성행위를 강제하거나 유사 성행위 등 성적 모멸감을 느끼도록 신체적 접촉을 하는 행위
- 성적인 말과 행동으로 상대방이 성적 굴욕감, 수치감을 느끼도록 하는 행위

(7) 사이버폭력

- 모욕적 언사나 욕설, 허위사실, 개인의 사생활 등을 인터넷 게시판, 채팅, SNS등에 올리는 행위
- 정보통신망을 통해 성적 수치심을 주거나, 폭력적인 문자, 그림, 동영상을 유포하는 행위

3) 학교폭력의 원인

학교폭력은 한 가지 원인에 의해 발생하는 경우는 극히 드물고 여러 가지 원인이 복합적으로 작용하여 발생하는 경우가 대부분이다. 또한 학교폭력은 그 정도나 양상이 갈수록 다양해지고 예측할 수 없는 상황에서 돌발적으로 발생하고 있기 때문에 그 정확한 원인을 찾기 어렵다.

학교 폭력의 원인은 당사자인 가해 학생의 반사회적인 성향과 폭력적 성향의 문제가 가장 크다고 할 수 있겠지만 간단하게 말할 수 없으며 그 원인요소인 개인 내면의 인성 문제, 가정 문제, 동료학생간의 관계문제, 사회적 환경적 요소 등 매우 복합적이다.[7)]

여기서는 학교폭력의 일반적인 발생 원인을 아래와 같이 분류 할 수 있다.

(1) 개인적 요인

비행학생의 가장 큰 개인적 특성은 충동성과 공격성에 있다. 생물학적 원인으로 전두엽 실행기능에 문제가 생기면 공격적, 부적절한 언어적 신체적 행동을 통제하는 능력이 부족하다.

또한 개인의 장애(품행장애, 반항성 장애, 주의결핍 및 과잉행동장애)가 원인이 될 수 있다. 이런 원인으로 사회적으로 잘 적응하지 못하고 폭력에서 자신을 보호할 수 있는 능력이 부족하면 표적이 되기도 하는데 반대로 이 원인이 공격적인 방법으로 표출되면 가해 청소년이 되기도 한다.

---

7) 충청타임즈, 2018.07.30. http://www.cctimes.kr/news/articleView.html?idxno=539234#08W8

이런 개인적 특성은 청소년기에 한번 형성이 되면 쉽게 바꿀 수가 없기 때문에 더욱 더 문제가 되고 있다.

(2) 가정적 요인

인격이 형성되어야 할 시기에 제대로 된 가정교육을 받지 못한 학생일수록 감정의 조절력과 표현방법을 제대로 익히지 못해 학교폭력 가해자가 되는 경우가 있다. 가정환경이 학교 폭력과 직접적으로 연결되기 보다는 장기적으로 보았을 때 자녀가 삐뚤어진 성향으로 자라날 확률이 높다고 판단되기 때문에 가정교육의 중요성이 더욱더 대두되고 있다.

- 부모의 갈등, 가족구성원간의 갈등, 가정의 경제적인 빈곤, 부모의 범죄성향 등이 영향을 미침

(3) 학교요인 : 학교교육의 역기능적 요소들

과밀한 학급 또는 학생 수, 폭력회피 능력의 제한, 분노, 거부, 불만 등을 야기시킬 수 있는 행동의 제약, 순응의 요구, 폭력행위를 유발하기 쉬운 건물 구조, 교사의 무관심, 학교의 미온적인 대응, 학교에 대한 지역사회의 무관심, 통솔력과 지도력의 부재

(4) 지역사회요인

- 학교 주변의 유해환경(불량 주택지, 빈민가, 오락실, 유흥업소, 노래방, 게임방 등)

- 청소년들의 호기심 자극하고 유흥비에 대한 욕구 만듬
- 금품갈취 유도
- 성인들이 청소년비행을 방관 묵인

(5) 자본주의 사회풍조

정의, 도덕, 질서, 희생, 청렴 등의 정신적인 가치보다 돈과 쾌락을 더 중요시 여기는 사회 풍조와 돈과 쾌락만을 좇는 어른들의 모습을 보면서 아이들도 어른들과 똑같이 변해갈 수밖에 없다. 돈을 중시하는 사회 풍조는 수많은 맞벌이 부부를 만들었고, 아이들을 늦은 시간까지 방치할 수밖에 없는 상황에 빠지게 되었다.

(6) 아이들에 대한 무관심

학교폭력의 가해자와 피해자 학생들에 대한 무관심이 학교폭력을 더욱 부추기고 있는 것이다. 부모들은 생업에 바빠서 교사들은 자신의 업무에 바빠서 아이들이 진정 고민하고 있는 것이 무엇이며 아이들끼리 어떻게 지내고 있는지 자세하게 살피고자 하지 않는다.

(7) 환경적 요소와의 상호작용

학교폭력은 여러 가지 환경적인 요인의 상호작용에 따라 다른 문제를 야기하기도 한다. 즉, 본인의 성격이 온순하고 내성적이라고 할지라도 함께 다니는 친구들이 폭력과 폭언을 일삼는다면 자신도 그렇게 변할 수가 있고, 또한 반대로 폭력적인 성향이 있는 청소년도 부모님과의 친밀도를 높여 가정에 애착을 갖게 한다면 문제행동 유발환경에 노출되어도 충동적 행동을 억제 할 수 있게 되는 것이다.

(8) 가정, 학교, 사회에서 폭력에 대한 직접 경험

학생들은 성장해 가면서 가정에서 부모로 부터, 학교에서 선생님으로 부터, 사회에서 불량배나 어른으로 부터 폭력을 당해 왔다. 학교 폭력은 가해자와 피해자가 무관하지 않으며 긴밀한 관계를 유지하고 있다.

피해 폭력을 당한 경험이 있는 경우에는 피해자가 자기 스스로 폭력을 행사할 수가 있으며 가족으로 부터 학대나 폭행을 받은 경험이 있거나 지역사회 내에서 폭력에 노출된 상황에서 자라난 청소년은 폭력 행사 빈도가 높게 나타났다. 가정, 학교, 사회로 부터 폭력을 경험하며 성장한 학생의 경우 그것이 폭력 발생의 원인이 되고 있다.

(9) 매체를 통한 폭력의 간접 경험

청소년기 이전부터 T.V, 영화, PC 등의 영상매체나 폭력묘사 만화와 소설 등의 인쇄매체를 자주 접촉하면서 성장한 학생은 폭력 행사 빈도가 높게 나타나고 있다. 학생들의 성장과정에서 매체로 부터 폭력 행사를 간접 경험한 학생이 폭력 행사가 많아 폭력 발생의 원인이 되고 있다.

(10) 학생들의 문화시설과 여가 프로그램 부족

학교에서 친구, 선배, 후배와 이야기를 나누고 공동 활동을 전개하여 상호간의 신뢰를 쌓지 못하므로 소속감의 연대가 형성되지 않고 우정과 인정이 생성되지 않는 현실이다. 이종복 교수의 연구 조사 결과에서 학교 폭력 근절 대책으로 조사 학생의 76%가 학교 내의 여가 프로그램과 청소년을 위한 문화시설을 확충하는 것이 학교 폭력을 근절시킬 수 있는 예방책이라고 응답한 결과를 보더라고 학생 문화시설 부족과 학생들의 여가 프로그램 부족이 학생 폭력 발생의 한가지 원인이 되고 있다.

(11) 개인과 집단의 대립에서 오는 소외감

학생들은 학교 안에서 다양한 생활을 하는 가운데 발생되는 대립 문제를 해결하지 못하므로 소외감이 생기고 이 소외감에 의해서 폭력이 발생되기도 한다. 이를 테면 친구에 대하여 차별의식을 갖거나 편견을 갖기도 하고 멋대로 행동하는 학생은 그렇지 않은 사람과 대립하게 되며 이 과정에서 소외감이 생기기 마련이다. 특히, 한 개의 학교에 평균 1-2개의 폭력 집단이 있는데 이들과 대다수 학생과의 대립에서 소외감을 느끼게 된다.[8)]

4) 학교폭력 발생 시 대처 요령

(1) 학교폭력 발생 전 징후

〈표 6-1〉 학교폭력 발생 전 징후

아이가 전학이나 자퇴를 요구함	이사 가자고 조르거나 자퇴하고 검정고시를 보겠다고 한다.
결석, 지각, 가출이 잦아짐	학교 가는 것을 두려워한다. 이유없이 가출한다.
용돈을 자주 요구하고 도벽이 생김	부모지갑에서 돈을 훔치거나 여기저기서 돈을 빌린다.
간접적으로 SOS를 요청함	다른 친구들의 이야기처럼 고통을 호소한다.
성적이 갑자기 떨어짐	정신집중이 어렵다 빈대로 성적이 급상승하면 가해자일수도 있다.
소지품검사를 자주 해야 함	물건이 자주 없어지는 지 체크해야 한다. 일기장, 낙서장을 살펴본다.
※ 참고: 학교폭력 예방과 지혜로운 대처방법, 국가평생교육진흥원 학부모지원센터, p.11, www.parents.go.kr	

(2) 폭력피해자기 되지 않으려면

우선 자신의 감정을 표현할 수 있도록 교사, 학부모가 도와주어야 하며, 관련된 사람들이 도와주어서 효과적인 대처능력을 키워주도록 한다.

- 부모, 교사에게 알리고 협박문자 등을 보여준다.
- 자신에게 함부로 행동하지 못하도록 단호하게 행동한다.
- 문제를 공개적으로 해결해서 다른 피해를 사전에 막는다.
- 자신의 힘으로 사전행동을 하여 성장 동력을 키운다.
- 폭력으로 맞서지 않는다. 폭력으로 맞서면 함께 처벌되므로, 도움을 요청하고 신고해야 한다.

---

8) http://tip.daum.net/question/39432390?q=%ED%95%99%EA%B5%90%ED%8F%AD%EB%A0%A5%EC%9D%98+%EC%9B%90%EC%9D%B8

- 큰소리로 위험을 알리고 도망가라. 말이 아니라 실제 행동하는 법을 교육하여야 한다.
- 집단폭력에는 개입하지 말고 자리를 피하고 신고해여야 한다. 무리가 있는 곳은 기웃거리지 않도록 한다.

(3) 가해학생이 앞으로 해야 할 일

가해학생에게는 진심으로 반성하고 화해할 기회를 주도록 한다.

- 폭행한 사실을 인정하고 진심으로 미안함 느낀다.
- 맞은 친구의 입장을 생각하며 진심으로 반성하고 사과한다.
- 처벌을 수용하고 다시는 하지 않겠다고 다짐한다.
- 앞으로는 폭력을 말리는 사람이 되겠다고 맹세한다.

(4) 피해학생을 위해 부모가 할일

합리적인 대처로 자녀에게 건강한 자생력을 길러주며, 분노와 처벌보다는 치유와 성장의 기회로 삼는다.

- 자신의 문제를 해결해 내는 대처능력
- 다양한 가치 속에서 공존하며 살아가는 능력
- 용서와 관용을 베푸는 성숙한 자세
- 스스로 해내고 칭찬받아 자신감 회복

(5) 가해학생을 위해 부모가 할 일

자녀가 잘못을 수용하고 반성하고 새롭게 성장하는 기회를 제공해 주자.

가해학생과 부모는 책임을 져야 한다.

- 사실을 확인하고 잘못된 행동을 인정하기
- 피해학생에게 사과하고 신체적, 정신적 회복 도와주기
- 자녀가 친구, 부모관계를 회복하도록 노력하기
- 스스로 책임지는 자세, 타인을 수용하는 마음 배우기[9)]

〈표 6-2〉 가해자의 처벌과 책임

10세부터 처벌, 14세부터 형사처벌 가능	▶	10세부터 소년법으로 처벌, 14세부터 성인과 같은 처벌이 이루어 질 수 있다.
가해부모 교육 실시	▶	가해부모는 교육을 받아야 한다. 불이행 시 300만원 이하의 과태료
소송비, 치료비의 등의 비용 부담은 부모 책임	▶	자녀가 미성년자일 때 저지른 사고와 관련된 발생비용은 부모가 지급해야 한다.
성인이 되면 가해학생의 책임	▶	부모가 아무런 재산이 없다면 자녀가 법적 성인 되었을 때 그 책임을 져야 한다.
※ 참고: 학교폭력 예방과 지혜로운 대처방법, 국가평생교육진흥원 학부모지원센터, p.21, www.parents.go.kr		

5) 학교폭력 예방 대책

(1) 예방대책

학생의 생활 영역은 가정-학교-사회의 세 영역으로 구성되어 있어서 상호 간에 중첩되는 부분이 넓다. 때문에 학교폭력은 가정과 학교, 사회 영역에 걸쳐 이루어지는 것이며, 이 때문에 학교폭력의 예방과 대책은 언제나 세 영역에서 똑 같은 비중으로 강구되어야 한다. 청소년기는 한참 자라나는 감수성이 예민한 시기이기 때문에, 학교폭력은 신체적 충동에 의해 우발적으로 일어나는 경우가 많다. 따라서 학교폭력에 대한 예방 및 처벌은 도덕성과 가치관의 문제로 생기는 성인의 폭력과 구별해 교육적 차원에서 선도하는 방향으로 이루어져야 한다.

학교폭력예방을 위한 대책은 가정, 학교, 지역사회, 정부, 청소년단체 등의 측면에서 볼 수 있다.

9) 학교폭력 예방과 지혜로운 대처방법, 국가평생교육진흥원 학부모지원센터, p.11, www.parents.go.kr.

① 가정의 측면에서는

- 첫째, 부모들의 올바른 가정교육관을 가져야 한다.
- 둘째, 부모의 올바른 가치관으로 건전한 가정 분위기를 조성해야 한다.
- 셋째, 부모는 자녀와의 대화를 통한 교육을 해야 한다.

② 학교의 측면에서는

- 첫째, 학교상담의 기능을 강화하기 위해 학교사회사업의 도입이 필요하다. 폭력 청소년들을 이해하기 위해서 초·중등학교 차원에서 학교 상담실을 개설하고 프로그램 개발과 동시에 효율적인 운영이 이루어져야 한다. 또한 감정통제 훈련, 의사소통 훈련, 인간관계 개선 프로그램 등의 교육이 이루어져야 한다. 특히 학부모와 지역사회 주민들의 자원봉사자로서의 상담원 활동에 적극적 참여가 요구되고 있다. 왜냐하면 청소년들이 매일 접촉하는 교사들보다는 별도의 상담자를 선호하고 있기 때문이다.
- 둘째, 현행 학교 여건이 어려워도 폭력 청소년을 학교에서 퇴학시켜서는 안된다. 부득이 퇴학당했을 때 퇴학을 재심할 수 있는 퇴학재심청구제도와 같은 제도의 도입이 필요하다.
- 셋째, 부모교육도 필요하다. 즉, 부모들이 자신과 자녀에 대한 긍정적인 자아상 확립하고, 자녀를 과잉보호하는데서 탈피하며, 부모 자녀간의 대화 기회를 확대할 수 있는 기술 등을 교육하는 부모교육이 필요하다.

③ 지역사회의 측면에서는

- 첫째, 인간 중심적인 가치관의 확산이 필요하다.
- 둘째, 유해환경의 정화가 요구된다.
- 셋째, 지역공동체 생활기능을 복원 또는 강화시켜야 한다.
- 넷째, 대중매체의 폭력에 대한 자율규제가 요구된다.

④ **정부의 측면에서는**

- 첫째, 유해환경을 대폭 정비하고 청소년 단체에 대한 지원을 강화해야 한다.
- 둘째, 음악감상실, 미술관, 도서관, 공연장 등과 같은 청소년문화 공간을 확충해야 한다.
- 셋째, 청소년관련 공무원들을 전문직화해야 한다.

⑤ **청소년단체에서는**

- 첫째, 청소년들의 고민이 일차적으로 또래집단과 공유되므로 예방 차원에서 또래 상담 지도자 양성 프로그램을 실시한다.
- 둘째, 회관중심의 프로그램보다는 현장방문활동이 필요하며 거리 청소년활동가의 역할이 필요하다. 더불어 이러한 현장 방문 지도자 양성 프로그램이 필요하다.
- 셋째, 전국적 차원에서 단체들이 연대하여 학교폭력을 이해할 수 있는 연구가 이루어져야 할 것이다.
- 넷째, 폭력 학교, 더 넓게는 비행 학교들을 돕기 위해 지역사회의 다양한 조직들이 지원망을 형성하여 공동으로 운영하는 것이 필요하다.

이제는 온 사회가 나서서 관심을 갖고 모두가 나서지 않으면 학교폭력의 감소는 절대 이루어지지 않을 것이며, 애정과 관심 속에서 단속과 지도가 이루어져야 진정한 학교폭력 예방이 될 것이다.

(2) 학교폭력 대응 정부정책

- 정부에서는 학교폭력에 대한 전반적인 문제를 다루기 위해 「학교폭력예방 및 대책에 관한 법률」을 제정·시행중에 있으며, 학교폭력 피해학생의 보호, 가해학생의 선도·교육 및 분쟁조정에 관한 사항을 규정하고 있다.
- 학교폭력의 피해학생은 학교(자치위원회)에 가해학생에 대한 조치와 피해자 본인의 보호요청을 할 수 있으며, 가해자, 그 감독의무자 및 학교 등을 상대로 손해(치료비 및 위자료 등)에 대한 배상을 청구할 수 있다.

- 피해학생은 117신고, 고소 등을 통해 가해학생에 대한 형사처벌을 요구할 수 있으며, 수사를 통해 범죄 혐의가 인정될 경우 가해학생은 형벌이나 소년법상 보호처분을 받을 수 있다.
- 현재 경찰에서는 각 학교마다 학교전담경찰관(SPO)을 배치하고 있다.
- 학교에서는 학교폭력자치위원회가 설치되어 운영되고 있다.
- 학교폭력 상담 및 신고센터는 117전화상담, 1388청소년 긴급전화, 위센터(www.wee.go.kr), 청소년사이버상담센터(www.cyber1388.kr)도 있다.
  이와 같은 정부의 많은 노력에도 불구하고, 학교폭력은 여전히 증가하고 있으며, 피해자 보호대책은 매우 미흡한 상황이다.
- '학교폭력방지센터'는 뜻 있는 시민들이 모여서 만든 단체다. 학교폭력의 원인을 분석하고, 어떻게 하면 효율적인 대응방안을 만들 수 있느냐를 연구하고 있다.
  그리고 학교폭력 피해자들과 보호자들을 만나 개별적인 사건에 대해 가장 효율적인 대처를 할 수 있는 방안을 강구하고 있다.

3. 데이트폭력과 안전

1) 데이트폭력의 개념

데이트폭력(dating abuse)이란 연인 관계나 호감을 가지고 만나는 관계에서 일어난 폭력을 말한다. 한 사람이 일방적으로 상대방에게 행하는 신체적, 정서적, 언어적, 경제적, 성적 폭력을 아우르는 개념으로 상대를 감시(스토킹)하거나 통제하려는 행위도 데이트폭력에 포함될 수 있다. 가정폭력과 마찬가지로 '친밀한 파트너에 대한 폭력(Intimate partner violence)'에 해당한다.

데이트 폭력은 모든 인종, 연령, 경제 수준, 사회 계층을 막론하고 발생한다. 미국의 관계폭력 각성 센터(The Center for Relationship Abuse Awareness)는 데이트 폭력을 "현재 사귀고 있거나 예전에 사귀었던 상대를 강압하거나 조정하기 위해 사용되는 폭력이나 억압"이라고 정의한다.[10)]

친밀한 관계(배우자, 연인 등)에서 발생하는 폭력이라는 특성상 사적인 문제로 치부하는 경향이 있어 더 큰 피해로 이어지는 사례가 많다. 대부분의 나라에서 1980년대 이후에서야 인간의 기본권과 인권 등의 문제로 인식하기 시작하였다. 특히 여성이 피해자가 되는 사례가 많아 '여성을 대상으로 한 폭력(Violence against women)'의 하나로 보기도 한다.

2) 데이트폭력의 특징 및 원인

(1) 데이트폭력의 원인

- 폭력에 대한 인식의 부재
- 피해자의 잘못된 집착
- 개인적 성향의 원인
- 가정폭력
- 집착과 구속을 애정으로 여기는 착각

(2) 데이트폭력의 특징

- 데이트폭력은 재범률이 높고 반복적으로 나타나는 것이 특징이다. 특히 폭력이 반복되면서 강도가 심해져 살인으로 이어지는 사례도 있다는 점에서 피해가 심각하다. 2016년 발간한 한국형사정책연구원 연구보고서에 따르면 2005년부터 2014년까지 연인에게 살해당한 경우가 전체 살인범죄의 10% 정도를 차지하는 것으로 나타났다.(대검찰청 「범죄분석」 통계 기준) 연인 관계에서 데이트폭력이 있었던 경우 결혼하면 가정폭력으로 이어질 가능성도 있다.
- 피해자가 법적 대응을 하기 어렵다는 특성도 있다. 연인 관계의 특성상 피해자가 폭력 사실을 인지하기 어려운 경우가 많기 때문이다. 폭력 사실을 인지하더라도 가해자가 피해자의 정보를 많이 가지고 있어 보복 범죄를 두려워하는 측면도 있다. 집이나 주변인, 개인 정보 등이 노출된 상황에서 피해자가

10) https://ko.wikipedia.org/wiki/%EB%8D%B0%EC%9D%B4%ED%8A%B8_%ED%8F%AD%EB%A0%A5

가해자와의 관계를 정리하거나 법적 대응을 하기가 쉽지 않다. 이런 이유로 많은 피해자가 가해자의 폭력이 심해질까 두려워 참는 경우가 많으며 신고율도 매우 낮은 편이다. 연인 관계에서 일어난 폭력을 사적 영역으로 생각하는 사회적 인식도 해결을 어렵게 만드는 요인이다.

(3) 데이트폭력 가해자의 특징

데이트 폭력의 가해자의 특징은 대체적으로 다음과 같은 10가지의 특징이 있다.

- 질투가 심하다. (과도한 질투심은 데이트 폭력의 전조증상일 수 있다)
- 음주 후 폭력성이 두드러진다. (음주 후 폭력성은 데이트 폭력으로 이어질 가능성이 크다)
- 나의 의견을 무시한다. (갈등의 원인을 피해자의 탓으로 돌리는 경향이 있다)
- 친구나 가족을 납득할 수 없는 이유로 못 만나게 한다.
- 내 옷차림이나 외모를 비난하고 간섭하려고 한다.
- 계속 문자를 보내거나 전화하고 즉각 답하지 않으면 위협감이 느껴진다.
- 나의 온라인 계정 아이디나 비번을 요구하고 공유를 요구한다.
- 자신의 요구를 거절하면 무조건 화를 낸다.
- 나의 실수를 공개적으로 망신주고 수치심을 느끼게 한다.
- 가해자가 원하지 않는 행동을 했을 때 자살, 자해 하겠다고 위협한다. (가해자는 피해자와의 관계를 은밀하게 이루어지도록 유도하고 피해자의 인적 네트워크를 단절시키려고 하는 경향이 있다)[11]

3) 데이트폭력의 유형

데이트폭력은 크게 상대에 대한 통제, 성적 폭력, 언어폭력, 정서적 폭력, 경제적 폭력, 물리적(신체적) 폭력 등으로 구분할 수 있다. 애정을 전제로 폭력이 행해지는 사례가 많아 피해자가 폭력을 인지하기 어려운 측면이 있다. 가해자가 피해자의 행동이나 태도를 폭력의 원인으로 지목하며 폭력을 정당화하기도 한다.

---

11) http://smartsmpa.tistory.com/4222 [스마트 서울경찰]

(1) 행동 통제

상대에 대한 감시와 통제는 데이트폭력의 가장 흔한 형태다. 한국여성의전화가 2016년 9월 데이트 관계 경험이 있는 만 18세 이상 성인을 대상으로 진행한 설문조사에 따르면 데이트 관계에서 폭력피해 경험이 있다고 응답한 여성의 62%가 통제피해를 경험한 것으로 나타났다.

데이트폭력 가해자는 피해자의 인간관계와 생활반경을 제한하고 통제하려는 경우가 많다. 누구와 있는지 항상 확인하거나 휴대폰이나 이메일, SNS 등을 점검하는 행위, 통화가 될 때까지 계속 전화하기, 옷차림 제한, 친구들을 못 만나게 하거나 다른 상대를 만나는지 의심하고 다른 사람과 통화를 못하게 하는 행위, 일정을 확인하고 간섭하거나 모임 활동 등을 못하게 하는 행위 등이 대표적이다. 결과적으로 피해자는 가족과 친구들로부터 고립되며 데이트폭력에 대한 도움을 받기 어려워지는 경우가 많다.

(2) 정서적 폭력

정서적 폭력은 언어적 폭력과 심리적 폭력을 포함한 개념이다. 언어적 폭력으로는 상대에게 욕을 하거나 모욕하기, 비난하거나 책임전가를 하는 행위, 고함, 위협, 악의에 찬 말 등이 있다. 심리적 폭력으로는 발을 세게 구르거나 문을 세게 닫는 행위, 상대방 소유물을 만지거나 부수는 행위 등이 있다. 죽이거나 때리겠다는 협박, 빌려간 돈을 갚지 않는 행위 등도 마찬가지다. 상대방이 자신을 만나주지 않거나 헤어질 경우 자살하겠다고 위협하거나 자해하는 행위 등으로 상대에게 심리적 위협을 가하는 것도 데이트폭력에 해당한다.

(3) 신체적 폭력

상대의 뺨을 때리거나 발로 차는 행위, 팔을 비틀거나 꼬집기, 머리채 잡기, 세게 밀치는 행위 등은 모두 물리적(신체적) 폭력에 해당한다. 거칠게 밀거나 힘껏 움켜잡는 행동, 목을 조르는 행위 역시 마찬가지다. 물건을 던지거나 흉기로 위협, 뜨거운 물이나 불로 화상을 입히는 행위 등도 신체적 폭력에 해당한다. 일부

가해자는 상대방의 반려동물에게 폭력을 행사하거나 죽이는 행위 등으로 폭력을 행사하기도 한다.

(4) 성적 폭력

상대방의 동의 없는 스킨십(성희롱)과 성관계(성폭력)를 말한다. 사귀고 있거나 호감을 느끼는 관계에서 상대방의 동의 없이 일방적으로 이뤄진 성관계를 데이트 강간이라 한다. 피해자가 만취한 상황을 악용하거나 약물을 사용하는 경우가 대표적이다. 물리적 폭력을 쓰거나 위협을 통해 관계를 맺는 경우도 있다. 상대가 원하지 않은 방식으로 성관계를 맺은 경우도 마찬가지다. 그러나 상대가 동의하지 않았는데도 연인 관계라는 이유로 자신의 행동이 성폭력이라고 생각하지 않는 경우가 많다. 같은 이유로 피해자가 피해 사실을 제대로 인지하지 못할 수도 있다.

4) 피해 실태

한국에서 연인 관계를 경험한 여성의 절반 정도가 데이트폭력을 겪는 것으로 알려졌다. 한국형사정책연구원 연구보고서(2016년)에 따르면 여성과 남성 각각 2,000명을 대상으로 데이트 폭력 피해 및 가해 실태를 조사한 결과 전체 여성 응답자의 76%가 상대 남자로부터 통제경험을 당한 것으로 조사되었다.

유형별로는 심리적·정서적 폭력피해가 35.2%, 성추행피해 35.5%, 성폭력피해 20.3%, 신체적 폭력피해 19.4%, 상해피해는 6.8%로 나타났다. 통제행동을 제외하면 여성 응답자의 절반 이상인 53.5%(1,070명)가 적어도 한 유형의 데이트폭력 피해를 경험한 것으로 나타났다. 한 유형이라도 피해 경험이 있는 경우는 80.3%(1,605명)로 전체 여성 응답자의 4분의 3 정도가 데이트폭력 피해 경험이 있었다.

한국여성의전화는 2016년 가정폭력·성폭력상담소로 접수된 초기상담 중 데이트폭력 상담이 25.4%를 차지했다고 발표 했다. 또한, 한국여성의전화가 데이트 관계 경험이 있는 만 18세 이상 성인을 대상으로 진행한 온라인 설문조사(2016

년)에서는 전체 답변자 중 여성 61.6%가 최근 데이트 관계에서 폭력피해 경험이 있다고 응답했다. 유형별로는 여성 응답자의 62%가 통제피해를 경험했으며 성적 폭력 피해 48.8%, 언어·정서·경제적 폭력 피해 45.9%, 신체적 폭력 피해가 18.5% 순으로 나타났다. 모든 유형의 폭력피해 경험이 있다고 답한 비율은 11.5%였다.

경찰청 통계에 따르면 2017년 한 해동안 데이트폭력사범이 10,303명을 기록했고, 전년도에 비해서 19%(1,936명) 증가하였으며, 그 유형면에서도 폭행상해 7,552건, 체포, 감금, 협박은 1,189건, 살인미수는 67건에 달한다고 합니다.[12)]

5) 국가적 대응 사례

(1) 영국

영국은 1990년대 중반부터 민관 합동으로 가정폭력 대처 시스템을 마련했으며 2000년대 이후로는 가정폭력 개념에 데이트폭력을 추가하였다. 2009년 전과가 있던 전 연인에게 살해당한 클레어 우드(Clare Wood)의 사건을 계기로 일명 클레어법이라 불리는 '가정폭력 정보공개 청구제도(Domestic violence diclosure scheme)'가 도입되었다. 클레어법은 개인이 배우자나 파트너가 가정폭력이나 폭력 전과가 있는지를 확인하기 위해 경찰에 정보공개를 요청할 수 있는 제도다. 가정폭력이나 데이트폭력의 잠재적 피해자를 보호하는 것을 목적으로 한다.

(2) 미국

미국 역시 영국과 마찬가지로 데이트폭력을 가정폭력 개념에 포함하는 추세다. 연방법인 여성폭력방지법을 통해 여성폭력방지사무소를 설립하고 성폭력 가해자에 대한 총기소지 제한, 검사, 판사, 변호인 등의 인식 교육 등을 진행하고 있다. 또한, 핫라인을 설치하고 거주지 지원을 확대하여 피해자와 가해자를 분리하고 피해자를 보호하는 데 중점을 두고 있다.

12) 출처: 스마트 서울경찰, http://smartsmpa.tistory.com/4222

(3) 세계보건기구(WHO) 지침

세계보건기구(WHO)는 2013년 〈친밀한 관계에서의 파트너에 의한 폭행과 여성에 대한 성범죄에 대한 대응 : WHO의 치료와 정책 지침서〉를 발간하여 의료기관이 데이트폭력 및 가정폭력, 성폭력 피해 여성에게 적절하게 응대할 수 있도록 안내하고 있다. 해당 지침서에서는 배우자나 파트너에게 폭력을 당한 것으로 보이는 여성이 의료기관을 방문했을 경우 파트너폭력을 당했는지 질문하고 폭력 사실이 확인될 경우 피해 진술을 강요하지 않는 선에서 피해자에게 필요한 초기 지원을 즉각적으로 제공할 것 등의 내용을 담고 있다.

(4) 한국의 대응 및 처벌

한국에서 데이트폭력은 통상적인 폭력 범죄로 처벌한다. 가정폭력이나 성폭력이 「가정폭력범죄의 처벌 등에 관한 특례법」이나 「성폭력범죄의 처벌 등에 관한 특례법」으로 제재 받는 것과 달리 데이트폭력에 대한 처벌법은 별도로 존재하지 않기 때문이다. 따라서 데이트폭력은 개별 사건의 특성에 따라 「형법」, 「성폭력범죄의 처벌 등에 관한 특례법」, 「경범죄 처벌법」 등을 적용하고 있다. 스토킹의 경우 경범죄처벌법으로 처벌하고 있으나 10만 원 이하의 벌금이나 구류, 과료의 형으로 규정되어 있어 범죄 억제 효과가 미미하다는 비판을 받고 있다.

데이트폭력에 관한 수사기관이나 사법기관의 인식이 부족한 것도 처벌을 어렵게 하는 요인이다. 또한, 폭력 상황이 사적인 공간에서 일어나는 경우가 많아 증거 부족이 되는 경우도 많다. 이런 이유로 데이트폭력을 가정폭력의 연장선에서 처벌할 수 있게 하거나 관련법을 제정해야 한다는 의견이 대두하고 있다. 특히 재범률이 높은 데이트폭력의 특성상 피해자를 가해자와 분리하여 보호할 수 있는 시스템이 함께 도입되어야 하며 수사기관, 사법기관을 포함해 일반 시민들에게 데이트폭력에 대한 인식 교육이 이뤄져야 한다는 의견도 있다.[13)]

---

13) 다음백과, http://100.daum.net/encyclopedia/view/47XXXXXd1388

6) 데이트폭력 대응 및 대처요령

- 가급적 즉시 경고를 주는 방향으로 대처하여야 한다.
- 폭력 사실을 반드시 주변에 알리고 도움을 요청해야 한다.
  습관적인 폭력은 요즘 젊은 층에서 많이 하는 밀고 당기는 애정표현과는 절대적으로 다르므로, 가족들에게 알려지는 것이 두려워 혼자 삭히려다 결국엔 정신적, 육체적 피해를 보게 되고 더 큰 폭력과 사고로 이어진다. 차후를 위해서라도 꼭 가족이아니라도 믿을만한 친구 한 두명에게는 자신의 속사정을 털어놓아 증인을 가까이 두고 있는 것이 좋다.
- 자신의 의견을 단호하게 표현하되 폭력성이 수반되는 경우 경찰에 신고, 화해를 유도하거나 설득에 주저하지 말아야 한다.
- 폭력이 발생한 시점을 기록하고 사진, 음성, 문자 대화 내용을 저장하고 병원 진료 기록을 남겨 둔다.
  데이트폭력에 대처하기위해선 확실한 증거를 확보하여야 한다. 현장증거확보로 깨진 물건 사진촬영이나 가벼운 타박상의 경우라도 인근병원에 내방하여 진단서를 발급받고, 물리적 피해가 없더라도 폭언이나 협박을 한 적이 있다면 녹음이나 핸드폰 캡처를 이용하여 반드시 증거를 남겨 둔다.
  성적 폭력의 경우 응급피임약 조치를 취해야 하기 때문에 어렵더라도 반드시 병원에서 상담을 받아야 하고, 가능하다면 폭력이 있었던 날의 정확한 날짜와 시간, 통화 내역, 문자 메시지 등을 기록해 두면 좋다. 이러한 증거 확보는 만일의 사태에서 상대측이 인정할 수 없다고 우기고 있을 때 법적효력이 발생하는 증거자료로 유용하게 사용할 수 있다.
- 가해자와 만나야 할 시 단독 대면은 피해야 한다.
- 데이트 폭력 발생 시에는 주저하지 말고 신속하게 112로 신고 해야 한다.[14)]
  그 외 여성폭력긴급전화(국번 없이 1366), 한국여성의전화 부설 성폭력상담소(02-2263-6465), 여성, 학교폭력 피해자 ONE-STOP 지원센터(1388, 1588-7179) 등으로 도움을 구하는 것이 좋다.

---

14) http://smartsmpa.tistory.com/4222 [스마트 서울경찰]

4. 사이버폭력과 안전

1) 사이버폭력의 개요

인터넷은 전 세계적인 네트워크로서 21세기의 가장 영향력 있는 매체로 부상하였다. 상업화, 온라인화, 디지털화로 대변되는 인터넷의 발전·확산은 많은 이용자들에게 기존의 매체에서 상상할 수 없었던 다양한 편의와 혜택을 제공해 왔으나, 사이버 공간의 확장으로 인한 역기능 또한 인터넷의 확산에 버금가는 속도로 심화되고 있다.

특히 인터넷이 매력적인 커뮤니케이션 수단으로 각광받으면서, 최근 명예훼손, 모욕, 스토킹, 성폭력 등 타인의 개인적 법익에 대한 침해행위가 급증하고 있으며, 그 대응책에 대한 논의도 본격화되고 있다. 따라서 사이버 폭력 예방을 위해서는 사이버 공간의 특성에 대한 이해가 선행되어야 하며 다양한 형태 별로 차별화된 대응 노력이 필요하다고 할 수 있다. 본 장에서는 사이버폭력의 실태와 그 대응 방안에 대해 정리하였다.

(1) 사이버폭력의 정의

'사이버폭력'은 넓게 "정보통신망을 통해 부호, 문언, 음향, 화상 등을 이용하여 타인의 명예 또는 권익을 침해하는 행위"로 파악될 수 있을 것이다.[15)]

사이버 폭력은 사이버공간에서 다양한 형태로 타인에게 가해지는 괴롭힘을 의미하며, 인터넷상에서 상대방이 원하지 않는 언어, 이미지 따위를 일방적으로 전달하여 정신적·심리적 압박을 느끼도록 하거나 현실 공간에서의 피해를 유발하는 일로, 신체적 폭력을 수반하는 전통적인 폭력과는 달리 그 형태가 다양하다. 문자로 상대방을 직접 험담하는 것뿐만 아니라 특정인을 비하하는 글·이미지·동영상 혹은 개인 신상 정보를 유포하는 행위, 단체 채팅방에 계속 초대하거나 초대 후 집단적으로 나가버리는 행위 등 다양한 형태로 이루어진다. 또한 사이버

---

15) http://tip.daum.net/openknow/39233765?q=%EC%82%AC%EC%9D%B4%EB%B2%84%20%ED%8F%AD%EB%A0%A5%EC%9D%98%20%EA%B0%9C%EB%85%90

공간이라는 특성으로 인해 일반 폭력과는 다른 양상을 가지므로 이에 대한 이해가 필요하다.

(2) 사이버폭력의 유형

사이버폭력의 일반적 사례를 유형별로 분류하면 다음과 같다.

- **사이버모욕**

  인터넷상에서 특정인에 대하여 모욕적인 언사나 욕설 등을 행하는 행위

- **사이버명예훼손**

  특정인에 대한 허위의 글이나 명예에 관한 사실을 인터넷에 게시하여 불특정 다수인에게 공개하는 것

- **사이버성희롱**

  인터넷상에서 음란한 대화를 강요하거나 성적 수치심을 주는 대화로 상대방에게 정신적 피해를 주는 것

- **사이버스토킹**

  정보통신망을 이용하여 특정인에게 원하지 않는 접근을 지속적으로 시도하거나 성적 괴롭힘을 행사하는 것

- **사이버음란물**

  몰래카메라 촬영물 등 음란물을 유통시키는 것

(3) 사이버폭력의 특성

사이버폭력은 현실공간에서의 폭력적 범죄와 달리 그 피해확산이 매우 빠르며, 무수한 직·간접적 가해자가 존재하고, 피해의 유통경로를 인지하지 못하거나 익명성으로 인해 가해자를 찾기 어렵다는 면에서 일반적 폭력 범죄와는 다른 특수성을 지닌다.

이밖에도 사이버폭력은 피해에 대한 원상회복이 어렵고, 이를 일일이 규율·처

벌하기도 쉽지 않으며, 오프라인까지 2차적 피해가 확산될 수도 있기 때문에 엄격한 규율과 처벌로 해결될 수 없다.

그러므로 네티즌들이 어떠한 경우에 사이버폭력이 일어날 수 있는지를 이해하고, 이를 예방하는 데에 동참하고 사이버폭력에 적절하게 대처한다면 사이버폭력의 피해를 줄일 수 있을 것이다

2) 사이버폭력의 대응 및 대처 요령

사이버폭력은 그 특수성 때문에 한번 피해가 발생하면 어떠한 대처방법으로도 되돌릴 수가 없다. 따라서 사이버폭력을 예방하기 위한 네티즌 모두의 노력이 무엇보다 절실하다.

사이버 상에서는 상대방을 문자정보로 인식하게 되며 자신의 얼굴과 실명이 타인에게 공개되지 않으므로, 오프라인상에서의 만남보다 주의를 덜 기울이고 매너없는 언사와 행동을 하기 쉽다. 많은 네티즌들은 이러한 행동이 때로는 자신을 범죄자로 만들 수 있고, 법적 처벌 대상이 아니더라도 특정인에게는 정신적 피해를 줄 수 있다는 사실을 심각하게 인식하지 못한다.

따라서 사이버 공간에서 자신도 모르게 또는 의도적으로 사이버폭력 가해자가 될 수 있는 사례와 이를 피하기 위해 알아두어야 할 점, 그리고 피해자가 되지 않도록 주의해야 할 사항을 정리하였다.

(1) 사이버폭력 가해자 되지 않기

- 음란한 용어나 욕설이 포함된 ID나 닉네임을 사용하지 않는다.
- 도메인에 타인의 명의나 닉네임 등을 도용하지 않는다.
- 글을 쓸 때는 바른 언어를 사용한다.
- 타인에 대한 장난이 범죄가 될 수 있음을 기억한다.
- 논쟁을 할 때는 절제해 대응해야 한다.
- 상대방을 현실에서처럼 존중한다.

(2) 사이버폭력 피해자 되지 않기

- 중성 ID를 사용하도록 한다.
- 개인정보를 철저히 관리한다.
- 원하지 않는 메일에 답하지 말고, 필터링 소프트웨어를 사용한다.
- 온라인상에서 대화를 할 때 상대방을 조심하고 주의한다.
- 온라인상에서 만난 사람을 직접 만나는 일은 신중히 한다.
- 상대방의 성적 유혹에 반응하지 말아야 한다.
- 내용선별 프로그램을 이용한다.
- 불법 · 유해사이트에 접속하는 것을 피하고 건전한 사이트를 이용한다.

(3) 사이버폭력 피해자의 대응요령

- 상대방의 글에 감정적으로 대응하지 말아야 한다.
- 가해자의 행위를 원하지 않는다는 의사를 밝힌다.
- 피해사실에 대한 증거자료를 수집해야 한다.
- 정보통신윤리위원회에 피해구제를 요청한다.
- 정보통신사업자에게 해당 글의 삭제를 요청한다.
- 발생된 사이버 성폭력에 대해 시스템관리자 및 경찰 등에 신고하고, 시스템관리자, 경찰 등과 통신한 내용도 저장해 둔다.
- 해당되는 범죄가 있다면 가해자를 형사 고소할 수 있다.
- 가해자가 손해배상책임을 물을 수 있다.[16)]

3) 사이버 공간에서의 예절

(1) 소셜 네트워크 서비스(SNS) 사용 시의 예절

- 실시간으로 마주 보고 이야기하는 마음가짐으로 임한다.

---

16) http://tip.daum.net/question/40097994?q=%EC%82%AC%EC%9D%B4%EB%B2%84+%ED%8F%AD%EB%A0%A5%EC%9D%98+%EA%B0%9C%EB%85%90

- 처음 참여하면 그동안 진행된 대화의 내용과 분위기를 파악할 때까지 기다리는 것이 좋다.
- 최종 전송키를 누르기 전에 자신이 입력한 글자를 확인하고 상대 입장을 고려한다.
- 유언비어, 속어, 욕설 등의 표현은 삼간다.
- 상호 비방의 내용이나 타인의 명예를 훼손할 우려가 있는 내용은 금지한다.
- 개인에게 보내야 할 메시지가 전체에게 가지 않도록 주의한다.
- 말머리를 활용하여 전체 내용을 미리 알 수 있도록 한다.
- 각국의 다양한 이용자를 고려하여 문화 차이에서 오해를 불러일으킬 수 있는 표현은 삼간다.
- 과격한 말투의 메시지는 피한다.
- 팔로워는 전파된 글을 사용할 때 출처를 밝히고, 글을 가져가는 원본 글에 가져간다는 사실을 알린다.
- 팔로잉을 할 때 해당 사람에게 인사 메시지를 보내어 해당 사실을 알린다.
- 상대방이 인사 글이나 가입 추천 글을 보냈을 때에 원하지 않는 경우라도 거절 의사를 밝히는 답글을 보낸다.
- 상대방의 동의 없이 상대방의 자료나 정보를 광고나 홍보 등의 용도로 악용하지 않는다.
- 동시에 여러 사람이 볼 수 있는 대화 내용이므로 이에 적합한 표현과 일부 개인적인 사생활 침해가 되는 내용은 전송하지 않는다.
- 여러 사람의 시간을 낭비하지 않게 필요한 내용을 전송한다.
- 자신이 많은 수의 회원을 확보한 파워 블로거나 팔로어일 경우에도 우상화 심리가 생기지 않도록 자신의 회원에 대한 배려가 있어야 한다.

(2) 채팅할 때의 예절

- 마주 보고 이야기하는 마음가짐으로 임한다.
- 만나고 헤어질 때에는 인사를 한다.
- 대화방에 처음 들어가면 먼저 지금까지 진행된 대화의 내용과 분위기를 파악

하는 것이 좋다.

- Enter 키를 누르기 전에 한 번 더 생각한다. 즉, 다른 사람이 당신을 느끼고 평가하는 것은 오로지 당신이 타자하고 있는 글자에 따른다는 것을 항상 명심해야 한다.
- 동시에 여러 사람과 이야기할 때에는 상대방을 혼동하지 않도록 조심한다.
- 지극히 개인적인 이야기나 주장은 피한다.
- 광고, 홍보 등 이름 알리기만을 목적으로 악용하지 않는다.
- 유언비어, 속어와 욕설 게재는 삼간다.
- 상호 비방의 내용이나 타인의 명예를 훼손할 우려가 있는 내용은 금한다.

(3) 게시판을 사용할 때의 예절

- 게시판의 글은 명확하고 간결하게 쓴다.
- 게시물의 내용에 알맞은 제목을 사용한다.
- 문법에 맞는 표현과 올바른 맞춤법을 사용한다.
- 타인의 인격과 사생활을 존중하고 보호하며, 자신의 정보도 철저히 관리한다.
- 건전한 정보를 제공하고 올바르게 사용한다.
- 다른 사람이 올린 글에 대해 지나친 반박은 삼간다.
- 사실무근의 내용은 올리지 않는다.
- 자기의 생각만을 고집함으로써 상대방에게 불쾌감을 주지 않도록 배려한다.

(4) 모바일 기기를 사용할 때의 예절

- 마주 보고 이야기하는 마음으로 통화한다.
- 상대방의 통화 실수에 대해 친절을 베푼다.
- 전화를 잘못 걸면 반드시 사과한다.
- 도서관, 강의실, 수업 시간, 회의, 병원, 연주회 등의 장소에서는 전원을 끈다.
- 대중교통을 이용할 때에는 주위 사람에게 피해가 가지 않도록 사용한다.[17)]

---

17) 다음백과, http://100.daum.net/encyclopedia/view/24XXXXX87437

5. 성폭력(sexual violence)과 안전

1) 성폭력의 개요

(1) 성폭력의 정의

성폭력(sexual violence)이란 상대방이 원하지 않는 성적 행위를 통해 타인에게 정신적·육체적 손상을 주는 행위를 일컫는다. 성희롱, 성추행(강제추행), 성폭행(강간) 등 성에 관련한 범죄를 전부 아우르는 개념으로, 언어적 성희롱과 음란성 메시지, 불법촬영 등 상대방의 의사에 반해 가해지는 모든 신체적·정신적 폭력을 포함한다. 또한, 일상생활에서 막연히 느끼는 불안이나 공포, 행동의 제약도 넓은 의미에서 성폭력에 해당할 수 있다. 개인의 성적 자기결정권을 침해해 피해 당사자에게 신체적, 정신적, 성적 피해를 주는 심각한 인권 문제로, 세부적인 법적 기준은 지역이나 나라마다 다르다.

(2) 법적 기준

- 「형법」에서 규정하는 성폭력으로는 성풍속에 관한 죄, 강간과 추행의 죄, 강도강간죄가 있다. 성풍속에 관한 죄는 음란물 배포나 성매매, 공연음란죄 등이 해당한다. 강간과 추행의 죄는 강간죄와 유사강간죄, 강제추행(성추행), 미성년자 등에 대한 간음죄와 업무상 위력 등에 대한 간음죄, 강간 등 상해·살인죄 등을 말한다. 여기에는 해당 행위에 대한 미수도 포함한다.
- 「성폭력범죄의 처벌 등에 관한 특례법」 상의 성폭력으로는 특수강도강간, 특수강간, 친족 관계에 의한 강간, 장애인에 대한 강간과 강제추행, 13세 미만 미성년자에 대한 의제 강간 및 강제추행, 공중 밀집 장소에서의 성추행, 성적 목적을 위한 침입행위죄, 통신 매체를 이용한 음란행위죄, 불법촬영 등이 해당한다.

(3) 성희롱, 성추행, 성폭행 비교

① 성희롱

성적 언행으로 상대방에게 불쾌감과 혐오감을 느끼게 하는 행위. 성적 언행에 거부하거나 불쾌감을 드러냈다는 이유로 고용 등에서 불이익을 주는 행위도 포함하는 개념이다. 법에서는 주로 노동관계를 전제로 지위를 이용하거나 업무와 관련해 성적 언행을 하거나 그에 불응했다는 이유로 고용 상 불이익을 주는 행위를 일컫는다. 노동관계 이외로는 공공장소에서의 성희롱과 아동, 노인, 장애인 등 사회적 약자에 대한 성희롱을 금지하고 있다. 공공장소에서의 불법촬영도 성희롱에 해당한다.

❑ 국가인권위원회법 제2조 제3호

- 성희롱행위란 업무, 고용, 그 밖의 관계에서 공공기관의 종사자, 사용자 또는 근로자가 그 직위를 이용하거나 업무 등과 관련해 성적 언동 등으로 성적 굴욕감 또는 혐오감을 느끼게 하거나 성적 언동 또는 그 밖의 요구 등에 따르지 않는다는 이유로 고용상의 불이익을 주는 것을 말한다.

② 성추행

법적 용어는 강제추행이다. 추행(醜行)이란 가해자가 성욕의 흥분이나 만족을 얻는 것을 목적 등의 이유로 상대방의 성적 자유를 침해하는 행위 전반을 일컫는다. 「형법」에서는 폭행이나 협박으로 강제추행을 한 사람을 강제추행죄로 처벌하고 있다. 폭행이란 법률상 용어로, 사람에게 신체적·정신적 고통을 주어 유형력을 행사하는 행위를 말한다. 또한, 강제로 술을 먹이거나 약물을 사용한 경우도 폭행으로 판단할 수 있다. 단, 직·간접적 성기 결합이나 삽입이 있다면 강제추행죄가 아닌 강간죄나 유사강간죄로 처벌한다. 폭행·협박의 기준이 엄격한 강간죄와 달리 강제추행죄의 폭행은 상대방의 의사를 억압할 정도가 아니더라도 성립할 수 있다.

- **형법 제298조(강제추행)**

폭행 또는 협박으로 사람에 대하여 추행을 한 자는 10년 이하의 징역 또는 1천 500만 원 이하의 벌금에 처한다.

- **형법 제299조(준강간, 준강제추행)**

사람의 심신상실 또는 항거불능의 상태를 이용하여 간음 또는 추행을 한 자는 제297조(강간), 제297조의2(유사강간) 및 제298조(강제추행)의 예에 의한다.

③ 성폭행

상대방의 동의 없이 일방적으로 성관계를 맺는 행위다. 피해자에게 심각한 정신적·육체적 피해를 주는 성폭력으로 한국에서는 「형법」, 「성폭력범죄의 처벌 등에 관한 특례법」 등에 따라 처벌하고 있다. 과거에는 남성이 여성에게 가한 성폭행만을 강간죄로 인정했으나 2013년 관련 법률이 개정되면서 강간죄의 객체가 '부녀'에서 '사람'으로 정정되었다. 또한, 과거에는 부부간 강간죄가 성립하지 않았으나 2013년 대법원이 전원합의체 판결을 통해 혼인 관계가 유지되더라도 부부 사이의 강간죄가 성립한다고 판시했다)

「형법」 상 강간죄 기준이 너무 엄격하다는 비판이 있다. 한국 형법에서는 폭행이나 협박을 동반해 상대방의 반항을 현저히 곤란하게 할 정도여야만 강간죄가 성립하는 것으로 판단하기 때문이다. 따라서 피해자가 동의하지 않은 성관계였음이 명백하더라도 수치심과 두려움 등으로 적극적으로 저항하지 못했다는 이유로 강간죄가 성립하지 않은 판례가 많다. 또한, 강간죄의 판단 기준을 '동의'가 아닌 '저항'에 둠으로써 피해자가 자신이 얼마나 저항했는지를 증명해야 하는 상황에 놓이게 되는 것도 문제로 지적된다. 결과적으로 가해자가 아닌 피해자를 중심으로 재판하게 되면서, 2차 피해가 발생한 가능성이 커지기 때문이다.[18]

---

18) 다음백과, http://100.daum.net/encyclopedia/view/b12s0985a

2) 성폭력 피해

성폭력은 피해자에 대한 사회적 편견 때문에 밝히기를 어려워하는 경향이 있어 정확한 실태를 파악하기가 어렵다. 다만 신고율이나 상담 통계 등의 분석을 통해 실태를 추정해볼 수 있다. 한국여성의전화는 2018년 3월 여성인권상담소의 2017년도 상담을 분석한 결과, 전체 상담(2,055건) 중에서 성폭력에 관한 상담이 총 869건(29.5%)으로 가장 높게 나타났다고 밝혔다.

가정폭력이나 데이트폭력, 스토킹 등 다른 범죄와 성폭력을 함께 경험하는 사례도 많았다. 가정폭력 사례 중에서 성폭력을 함께 경험한 사례는 129건(15.6%), 데이트폭력 사례에서 성폭력이 동반된 경우는 206건(50.6%), 스토킹을 함께 경험한 사례는 126건(31%)으로 나타났다. 한국여성의전화는 2017년 여성인권상담소의 전체 상담 사례의 80%가 가정폭력, 성폭력, 데이트폭력, 스토킹 상담이었으며 이때 피해자는 하나의 유형에 국한하지 않고 여러 폭력 형태를 복합적으로 경험한 것으로 보인다고 설명했다.

대검찰청이 발표한 〈2017 범죄분석〉에 따르면 지난 10년(2007~2016) 동안 성폭력 범죄 발생 건수가 2배 가까이 증가한 것으로 나타났다. 해당 기간의 인구 10만 명 당 발생비는 95.1% 정도다. 특히 강제추행 범죄가 증가했으며 카메라 등을 이용한 불법촬영 등 새로운 유형의 범죄도 빠르게 증가한 것으로 나타났다. 또한, 성폭력에 대한 인식이 달라지면서 신고율이 높아진 것도 원인으로 보인다.

하위 유형으로 세분하면 강간 범죄는 2009년 22.6%로 최고치를 기록했다가 2016년 18.4%로 감소했다. 반대로 강제추행 범죄는 2007년 37.3%에서 2016년 48.8%로 증가해 전체 성폭력 범죄에서 가장 높은 비율을 차지했다. 10년 간 가장 빠르게 증가한 성폭력 범죄는 카메라를 이용한 불법촬영이다. 2007년 전체 3.9%였으나 2015년 24.9%까지 증가했다가 2016년에 17.9%로 감소했다. 2016년 기준으로도 2007년보다 4배 이상 증가한 수치다.

(1) 피해자에게 미치는 영향

성폭력 피해자는 정신적·육체적으로 큰 피해를 받는다. 단, 피해 유형과 정도,

가해자와의 관계, 피해자 개인의 성격과 주변 환경 등에 따라 피해 직후의 반응이나 회복하는 데 필요한 시간 등에서 많은 차이가 있다. 가해자가 자신의 우월한 지위를 이용해 저지르는 권력형 성폭력의 경우에는 피해자가 가해자에게 매몰차게 대하지 못하는 경우도 많다. 가해자를 고발하거나 비난할 경우 권력 차이로 인해 피해자가 오히려 불이익을 받게 되기 때문이다.

친밀한 관계에서 일어난 성폭력의 경우 피해자가 피해 사실을 인지하지 못할 수도 있다. 아동이나 청소년을 대상의 성범죄 가해자는 성폭력을 쉽게 만들고 피해자의 폭로를 어렵게 만들기 위해 먼저 친밀한 관계를 맺어두는 그루밍 수법을 사용하기도 한다.

① 신체적 피해

성폭력으로 인한 신체적 피해로는 원치 않는 임신과 성병, 성기 감염, 낙태, 상해 등이 있다. 또한, 심리적 문제로 인해 편두통이나 위장 장애, 피로, 폭식 혹은 식욕부진 등이 나타날 수 있다.

② 심리적 · 정신적 피해

성폭력 피해자 대부분이 불안이나 우울, 불쾌감, 공포심, 혼란스러움, 후회, 자책 등을 경험한다. 특히 성폭력의 원인을 피해자에게 돌리는 성차별적 사회에서는 피해자가 오히려 죄책감을 느끼게 되는 경우도 많다. 피해자는 트라우마로 인해 외상 후 스트레스 장애나 공황장애, 우울증 등의 정신과 질환을 겪기도 하며 심한 경우 자살에 이를 수 있다. 성폭력으로 인한 심리적 피해는 피해 정도와 개인 특성, 환경에 따라 짧게는 며칠에서 길게는 수년 혹은 평생 지속할 수 있다.

- 두려움과 공포에 떨어 남자를 싫어하거나 무서워하게 된다.
- 심한 우울과 좌절, 불안감을 느끼게 된다.
- 적개심, 복수심, 분노와 배신감등 여러 가지 심리적 후유증 겪는다.
- 순결을 잃었다는 고통에 시달리다가 정신질환을 일으키기도 한다.
- 장래 결혼 생활에 어려움을 갖게 된다.
- 인간관계에 지장을 받는다.

③ 2차 피해

성폭력에 대한 편견이 강한 사회일수록 피해자가 주변으로부터 2차 피해를 받을 가능성이 크다. 2차 피해란 성폭력 사건(1차 피해)이 발생한 뒤 이를 해결하는 과정에서 일어나는 문제들을 일컫는다. 수사나 재판 과정에서 경찰이나 검찰이 편견에 의해 피해자의 말을 불신하거나 언론이 사건을 선정적으로 표현하는 경우 등이 해당한다.

성폭력의 원인을 제공했다는 피해자에게서 찾는 잘못된 인식도 문제로 지적된다. 사건 당시 피해자의 옷차림을 지적하거나 왜 피하지 않았냐며 비난하는 행위 등이 대표적이다. 특히 성폭력에 대한 그릇된 통념을 그대로 내면화한 가족이나 주변 사람들이 피해자가 어려움을 극복할 수 있도록 돕기보다는 피해자의 행실을 의심하거나 비난할 경우 또 다른 정신적 피해를 초래할 수 있다. 이런 생각이 만연할수록 피해자가 피해 사실을 신고하기 어려워진다.[19]

(2) 가해자 측면

- 범법자로의 낙인 (청소년 범죄의 30%)
- 왜곡적인 성의식 ,성문화 유지(인간중심적인 성이 아닌 폭력적인 성 인식, 성인이 되어도 대등한 성의식을 갖기 어려움)
- 가해자 가족 : 상심, 절망, 아들에 대한 배신감
- 현실 : 처벌(정학, 퇴학 등) 중심의 대책뿐

(3) 사회적 피해

- 미혼모 발생 : 10대 임신의 증가
- 심리적, 신체적 남성에 대한 피해의식
- 낙태 증가 : 특히 자궁이 미발달된 청소년은 후유증이 심각(죄책감, 우울증, 불안, 불임)
- 가해자의 협박과 돈 요구에 시달리는 수도 있다.

---

19) 다음백과, http://100.daum.net/encyclopedia/view/b12s0985a

- 직장 내 피해자인 경우 직장을 잃을 수도 있다.

4) 성폭력의 유형

(1) 어린이 성폭력

13세 미만의 어린이에 대한 성폭력을 말하며 어린이 성폭력은 성인에 대한 믿음을 파괴하고 더 나아가 인간에 대한 신뢰를 상실케 하고 배신감을 갖게 한다는 점에서 심각한 범죄행위이다. 유형별로 다음과 같은 것들이 있다.

- 신체접촉이 일어나지 않은 성폭력 : 말로 희롱하는 것, 피해자의 옷을 벗기는 일, 피해자 앞에서 옷을 벗거나 자위행위를 하는 일.
- 성기 이외에 성적 접촉을 한 성폭력 : 피해자의 몸을 만지는 일, 가해자의 몸을 만지게 하는 일.
- 성기뿐 아니라 몸에 성적 접촉을 한 성폭륙 : 피해자의 성기를 만지는 일, 가해자의 성기를 만지게 하는 일.
- 가해자의 성기를 피해자 허벅지 사이에 끼우게 하는 것.
- 피해자의 입에 가해자의 성기를 삽입하는 것.
- 피해자의 질, 항문에 가해자의 손가락이나 이물질을 삽입하는 것.
- 어린이에게 약물이나 술을 먹이고, 때리면서 동시에 위의 여러 성폭력도 함께 하는 것.

(2) 친족 성폭력

친족성폭력은 가족들 사이에서 일어나는 강제적인 성적 행동을 의미한다.

일반적으로 친부나 의부 그리고 형제자매, 삼촌, 사촌, 이모부, 고모부 그리고 시부모나 할아버지에 의해 발생한다. 친족성폭력은 피해자와 가해자가 공동으로 거주하거나 일상적으로 대면하게 되어 있어 피해가 일회적이지 않고 지속적이라는 점이 특징이다. 특히 친족성폭력은 가해자가 자신의 욕구를 충족시키기 위해 물리적인 힘이나 권력 또는 연령이나 가족 내 지위가 주는 권위 등을 이용한다.

친족성폭력은 보통 어린 시절부터 시작되어 청소년기, 성인이 되어서도 지속된다. 피해자는 가장 신뢰하는 사람에게 피해를 입기 때문에 신체적, 심리적, 사회적으로 더욱 심각한 후유증과 어려움을 겪게 된다.

(3) 데이트 성폭력

14세 이상의 남녀쌍방이 이성애의 감정이 있거나 그 가능성을 인정하고 만나는 관계에서 일어나는 성폭력을 말한다.

주로 10-20대에 집중되어 일어나며 의사소통에 있어서의 문제나 가해자의 유인이 크게 작용한다. 피해 당사자조차 강간으로 인식하기 어렵고 가해자와의 사적인 관계 때문에 법적처벌에 있어서 어려움이 많다.

일반적으로, 사회적으로 요구되는 전통적인 여성성과 남성성이 데이트성폭력을 발생시키는 한 요인이 된다. 남성들은 아주 어린 나이에서부터 강하고 공격적이 되도록 교육받아 옴에 따라 성적으로도 강하고 그들의 남성성의 한 부분으로서의 성적인 만족감을 얻어야 한다는 점을 계속해서 주입받을 수 있다.

여성과 남성사이의 의사소통의 불일치도 문제가 된다. 여성은 단지 친절하게 행동했을 뿐인데 남성은 이 친근함을 "성관계를 해도 좋다"라는 신호로 잘못 해석하기도 한다.

데이트성폭력은 단순히 한 순간의 열정에 의한 범죄가 아니라 그것은 한 여성과 한 남성의 인간적인 관계를 파괴하는 것이다. 다른 사람을 존중하는 사람은 상대가 원하지 않는 것을 하도록 강요하지 않는다.

(4) 스토킹

스토킹은 상대방이 원치 않는데도 불구하고 계속해서 만남을 요구하거나 쫓아다니며 일방적인 연락을 하는 행위로 명백한 성폭력이다. 스토킹은 사생활 침해는 물론 피해자에게 극도의 공포와 불안감을 일으킬 수 있다.

(5) 사이버 성폭력

정보통신망의 채팅, 이메일, 쪽지 등을 통해 음란한 이야기와 장면을 보게 함으로써, 성적 수치심이나 위협을 느끼게 하는 행위는 사이버 성폭력으로 분류된다. 사이버 성폭력 역시 오프라인과 마찬가지로 성적자기결정권 침해와 안전한 환경에서 활동할 권리를 침해하는 범죄 행위이다.

(6) 공공장소 내 성폭력

주로, 지하철이나 버스에서 일어나며 사람들이 많은 장소에서 타인에게 몸을 고의적으로 비비는 행위가 대표적이다. 이런 행위는 성추행이기도 하며 상대방에게 강한 불쾌감을 느끼게 한다.

5) 성폭력 예방교육

(1) 성인 성폭력 일반적 예방요령

① 성인지감수성 훈련

- 동의하지 않는 성적접촉이 범죄임을 인식한다.
- 성별특성을 이해하고 상대를 배려한다.
- 개인의 차이와 다양성을 존중한다.
- 폭력에 대한 민감성을 갖는다.

② 자기표현과 소통훈련

- 상대방의 침묵은 동의가 아니며, 'No'는 그대로 No로 수용한다.
- 동료, 상사에게 'No'라고 말하기 어렵다는 것을 이해하고 강요하지 않는다.
- 평소 자연스럽게 자신의 감정과 생각을 표현한다.

③ 신뢰관계 구축훈련

- 상대방의 사적인 영역을 존중한다.
- 성폭력 예방교육에 적극적으로 참여한다.
- 편안한 직장근무환경 조성을 위해 노력한다.

④ 기타 일상적 예방요령

- 밤늦은 시간에 외출하거나 이성 친구와 같이 있지 않는다.
- 자신이 가는 곳이나 있는 곳을 가족이나 주변에 알린다.
- 인적이 드문 곳이나 어두운 골목길에 가지 않는다.
- 유흥업소 근처에 가지 않는다.
- 남의 차에 함부로 타지 않는다.
- 평소 규칙적인 운동과 체력 단련, 호신술 등을 통해 위급 상황에 대처하는 정신적, 육체적인 힘과 자신감을 기른다.

(2) 아동성폭력 예방 교육

나이가 어린 아이들의 인성뿐 아니라 꿈을 앗아가는 성폭력은 세상에서 가장 무서운 범죄 중 하나이다. 아이들 스스로 위험한 상황으로부터 소중한 자신의 몸을 지킬 수 있도록 예방 교육을 철저히 하는 것이 중요하다. '예방'은 아무리 강조해도 지나치지 않은 것이므로 성폭력 예방 부모교육을 통해 아이들의 소중한 몸과 꿈과 희망을 지켜주도록 한다.

❑ 남이 자신의 몸을 함부로 만질 수 없다는 것을 알려준다.

스스로의 몸은 매우 소중한 것이며, 특히 속옷 안에 있는 신체는 너무 소중해서 다른 사람이 함부로 만질 수 없다는 것을 인지 할 수 있도록 가르쳐주도록 한다.

❑ 정확한 표현으로 알려주도록 한다.

'낯선 사람'을 따라가면 안 된다고 가르치게 되면 '낯선'의 의미가 애매하다.

처음 보는 사람이 어떠한 제안을 해도 따라가지 말고, 동네에서 몇 번 본 어른들이라고 해도 '엄마 허락 없이는' 따라가서는 안 된다고 설명해 준다.
한 예로 도움을 요청하며 교묘하게 접근하는 어른들이 있으니, 그런 어른들을 만나면, 도움을 줄 수 있는 다른 어른을 찾아가라고 말하도록 알려주도록 한다.

❑ '싫어요'라고 확실하게 말할 수 있도록 도와준다.

아이가 거부의 태도를 보이면 성폭력을 시도하는 사례가 많이 있기 때문에 매우 중요하다. 아동성폭력은 처음 보는 사람보다 이웃, 가까운 사람에게 더 많이 일어나기 때문에 아이는 가까운 사람에게 '싫다'라고 표현하는 것을 어려워한다. '싫어요'라고 확실히 이야기하는 방법을 가르치는 것이 도움이 된다.
'싫어요'라고 거부의사를 밝혔는데도 계속적으로 싫은 느낌을 준다면, 큰 소리를 지르라고 가르친다.

❑ 아이들의 싫은 느낌에는 확실히 '싫어요'라고 말할 수 있도록 좋은 느낌과 싫은 느낌을 구체적으로 알려 준다.

엄마가 뽀뽀할 때와 모르는 아저씨가 뽀뽀할 때, 엄마가 옷을 벗겨 줄때와 동네아저씨가 바지를 벗길 때 등 확실하고 구체적인 상황을 예를 들어 알려준다.

❑ 낯선 사람이나 잘 모르는 사람이 차에 타라고 할 경우

누구인지 왜 그러는지 확실히 알기 전에는 절대로 타서는 안 된다.

❑ 낯선 혹은 아는 사람이 신체의 어디라도 만지려 할 때

주위에 사람이 있으면 소리를 질러서 도움을 받도록 하고 가능한 한 빨리 도망치도록 한다.

❑ 친구들하고 놀러 나갈 때

부모님께 어디에 가는지 주소와 전화번호를 알리고 누구와 함께 가는지, 언제 돌아오는지를 알려야 한다.

❑ 집안에서의 유의사항

- 도와 줄 수 있는 이웃의 전화번호를 알아둔다.
- 현관, 창문 등을 반드시 잠가야 합니다.
- 밤에 혼자 있을 때는 여럿이 있는 것처럼 등을 모두 켜둡니다.

❑ 집 밖에서의 유의사항

- 외출할 때 편한 신발과 복장을 착용하도록 한다.
- 낯선 사람의 과잉 친절은 받아들이지 않도록 한다.
- 인적이 드문 곳, 어두운 골목길을 피합니다. -공중화장실을 사용할 때는 친구나 어른과 함께 갑니다.
- 위험에 처하게 되면 신속하게 사람들이 있는 곳으로 피합니다.
- 호각 등 신호를 낼 수 있는 것을 휴대하고 다닌다.

❑ 엘리베이터 이용 시 주의사항

- 엘리베이터를 탈 때 이상한 사람이 기다리는 것처럼 여겨지면 타지 않는다.
- 수상하고 낯선 사람과 단 둘이서 엘리베이터를 타지 않는다.
- 조금이라도 의심이 들면 즉시 내린다.
- 이상한 행동을 하면 머뭇거리지 않고 거부, 반항해야 한다.
  (신속하고 단호한 거부나 반항은 가해자를 놀라게 하는 효과가 있다.)

(3) 직장 성희롱·성폭력 방지 준칙

- 직원 모두는 상대방을 인격과 존엄성을 가진 존재, 함께 일하는 동료로 인정하고 평소 동료들 간에 존칭을 사용한다.
- 희롱·성폭력 예방교육에 적극 참여한다.
- 평소 직장 내에 성희롱·성폭력이 용납되지 않는 분위기를 조성하는데 힘쓴다.
- 공적 업무와 사적인 일을 명확히 구분하고, 자신의 지위를 이용하여 사적인 만남을 강요하지 않는다.
- 동료들 간의 음담패설에 참여하지 않는다.

- 직원의 외모나 사생활에 지나치게 간섭하지 않는다.
- 평소 타인과 불필요한 신체접촉을 자제하고, 사생활 침해소지가 있는 행동에 대해서는 먼저 상대방의 의사를 묻고 양해를 구한다.
- 회식자리나 야유회에서 직원에게 술을 따르게 하거나 춤을 강요하지 않는다.
- 직장에서 인터넷 음란사이트를 보지 않는다.
- 음란한 사진이나 그림을 붙이는 행위에 대해 이의를 제기한다.
- 상대가 자신의 성적 언동에 적극적으로 동의하지 아니하고 불쾌한 표정을 짓거나 자리를 피하는 등의 행동을 하면 이를 거부의사로 받아들이고 즉각 행동을 중지한다.
- 상대가 명시적인 의사표현을 하지 않는 경우 그것을 긍정의 의사로 오해하여서는 안 된다.
- 성희롱·성폭력으로 인한 불쾌한 감정은 분명히 표현한다. 불분명한 대응은 상대의 오해를 불러올 수 있다.
- 성희롱·성폭력을 당한 동료를 비난하지 않고 공동으로 대처한다.
- 부하직원을 '딸 같다', '아들 같다' 하면서 쓰다듬거나 안마를 요구하는 등의 신체접촉을 하지 않는다.

– 부하직원을 칭찬할 때 쓰다듬거나 가볍게 치는 행위도 성희롱·성폭력으로 오해 받을 소지가 있으므로 그런 행동은 신중을 기해야 한다.

- 자신이 관리하는 영역에서 성희롱·성폭력이 발생하지 않도록 예방에 힘쓰고, 일단 성희롱·성폭력이 발생하면 지체 없이 대응조치 등 대책을 적극 수립·시행하여야 한다.
- 중재, 경고, 징계 등의 조치이후 가해자가 보복이나 앙갚음을 하지 않도록 주시한다.
- 성희롱·성폭력을 당하면서도 이를 거부하지 못하는 피해자가 있으면 이에 적극 개입하여 중지시켜야 한다.

6) 성폭력 발생 후 대처 방법

(1) 성폭력 상황에서의 대처 요령

- 신체를 만지거나 성을 요구할 때에는 거부 의사를 분명하게 밝힌다.
- 수상한 사람이 쫓아올 때에는 큰 소리를 지르며 도움을 요청하고, 가능한 한 빨리 도망간다.
- 스프레이나 호루라기 등과 같은 호신 용품을 사용하여 적극 대항한다.
- 모르는 사람이 이상한 낌새를 보이며 접근하거나 유인하는 경우 그 자리를 피한다.

(2) 성폭력을 당한 후 대처 요령

성폭력 사건이 일어났을 때 가장 먼저 해야 할 일은 '자신'을 중요하게 생각하고 돌보는 일이다. 성폭력이 범죄라고 인식하고 가해자의 범죄 행위에 대해 법적인 대응을 해야 한다. 성폭력은 성폭력 특별법, 형법, 청소년 성보호에 관한 법률 등에 의해 가해자에 대한 법적 처벌이 가능하다.

- **전문 상담가의 도움을 받도록 한다.**

- 경찰청 성매매 피해여성 긴급지원센터(국번없이 177)
- 여성부 여성긴급전화(국번없이 1366, 24시)
- 청소년 긴급지원센타(국번없이 1388)
- 한국여성의전화: 02-2263-6465 (평일 10시~17시)
- 한국성폭력상담소: 02-338-5801 (평일 10시~17시)
- 한국성폭력위기센터: 02-883-9284 (평일 10시~17시)

- 피해 상황을 기록, 준비해 놓고 경찰에 신고한다. (☎ 1366, 1388)
- 증거보존

- 가해자의 특징, 가해자와 관련하여 기억나는 모든 것을 상세하게 적어두기
- 구체적인 장소・시간・날짜・목격자, 자신의 대응, 가해자의 태도와 행위 등을 육하원칙에 따라 자세히 기록해 두는 것이 필요하다. 법적 절차를 밟을 경우 중요한 증거 자료가 된다.

- 피해 당시 입었던 옷은 습기가 차지 않도록 종이봉투에 잘 보관한다.
- 또한 피해 장소는 가해자 신체의 일부(지문, 모발, 분뇨, 정액, 땀 등)나 가해자가 가지고 있었던 물건(흉기, 명함, 라이타, 옷, 소지품 등)이 남아있을 수 있으므로 될 수 있는 한 그대로 보존해야 한다.

- **의학적 증거 채취**

  의학적 증거는 48시간 안에 진찰을 받아야 확보할 수 있으므로 몸을 씻지 않은 상태에서 즉시 병원에 가서 적절한 치료와 조치를 받는다.

  진단서, 다친 부위 사진 찍어두기, 상처나 멍든 부위가 있는지 살펴보고 사진을 촬영하여 둔다.

(3) 성폭력 피해자 구제 지원제도

성폭력피해자들을 바라보는 사회적인 시선 때문에 1차 적인 피해보다 2차 피해로 인한 고통이 훨씬 크다고 한다.

성폭력 피해자들은 그 피해를 극복하고 회복할 수 있도록 도와주는 피해자 지원제도에 대해 알아보면 다음과 같다.

① 피해자 숙소 지원제도

성폭력의 경우 피해자가 알고 있는 면식범들인 경우가 있습니다.

이들은 피해자들의 이름, 주소, 전화번호 등 개인의 신상을 알고 있는 점이 많아서 피해자는 또 다른 피해를 걱정하며 하루하루를 불안하게 살아간다.

이에 불안한 피해자들을 위한 피해자 임시숙소를 제공하고 있다.

성폭력 피해자로서 조사를 마친 후에 '긴급쉼터' 등 보호시설 연계가 곤란한 피해자 가운데 임시 숙소가 필요한 피해자 또는 그 외 범죄 피해자 중 임시숙소가 긴급히 필요하다고 판단되는 피해자에게는 경찰관서에서 선정한 숙박업소에서 1일에서 최대 5일까지의 숙박비용을 제공한다.

이는 모두 각 경찰서 청문감사관실에 문의하시면 도움 받을 수 있다.

또한 성폭력 피해 상담 결과를 통하여 피해 사실이 인정되는 성폭력 피해자는 긴급 피난처 및 장기 보호시설로 인계하여 피해자에게 맞는 맞춤형 서비스를 제공한다.

② 피해자 의료지원제도

❏ 원스톱 의료센터

원스톱지원센터는 여성 및 학교폭력피해자에 대한 보호와 피해 회복을 위하여 운영되고 있다.

대구 서구 소재의 대구의료원을 비롯한 전국각지에 원스톱의료센터가 운영 중에 있습니다. 원스톱지원센터에서는 경찰관이 상주하며 피해자들의 수사지원 및 피해회복에 최선의 노력을 다하고 있다.

❏ 성폭력 피해자 회복 지원제도

'성폭력 방지 및 피해자 보호 등에 관한 법률'은 성폭력 피해자 및 가족에게 성폭력 피해로 인한 신체적, 정서적 치료와 낙태 · 출산, 성매매 감염 검사 등 의료비를 지원하고 있다. 지원신청은 피해자가 직접 해바라기센터나 성폭력상담소 등으로 신청하거나 담당경찰관에게 요구하면 된다.

❏ 긴급복지지원제도

긴급복지 지원 제도는 가구 구성원으로부터 성폭력을 당하거나 성폭력으로 중한 질병 또는 부상을 당한 경우 아래 기준을 충족하게 되면 각종 검사와 치료 등 의료서비스를 2회 300만원 이내에서 받을 수 있다.

③ 피해자 심리지원제도

성폭력 피해자들의 가장 큰 고통은 마음의 상처가 가장 크기 때문에 이러한 피해자들의 상처를 회복 시켜주기 위해서 경찰청에서는 피해자 회복을 위한 CARE팀을 운영하고 있다. CARE팀은 범죄 피해자의 신속한 회복을 위해 심리상담 · 정보제공 · 의료지원 연계 · 피해자 별 맞춤형 구제 방안을 제공하고 있다.

CARE팀 소속의 피해자전담경찰관은 미술치료 등 각종 심리 관련 자격증을 취득하여 피해자의 심리적 안정을 도모하는데 최선의 노력하고 있다.[20]

---

20) 경찰청, http://polinlove.tistory.com/12022

Chap. 7 해외에서의 안전관리

1. 해외여행경보제도
2. 위험 상황별 행동 요령
3. 해외여행 시 안전한 식사요령

제7장 해외에서의 안전관리

1. 해외여행경보제도

1) 개요

해외여행경보제도는 국가별 안전수준을 고려하여 지정하며, 해외여행을 하는 우리국민에게 특정 국가(지역) 여행·체류 시 특별한 주의가 요구되는 국가 및 지역에 경보를 지정하여 위험수준과 이에 따른 안전대책(행동지침)의 기준을 안내하는 제도이다. 우리국민의 안전에 대한 위험(위협)을 중요한 기준으로 해당 국가(지역)의 치안정세와 기타 위험요인을 종합적으로 판단하여 안전대책의 기준을 판단할 수 있도록 중·장기적 관점에서 여행경보를 지정·공지하고 있다. 이미 미국, 영국, 캐나다, 호주, 뉴질랜드 등의 국가에서 유사한 제도를 운영하고 있어, 안전한 해외여행에 기여하고 있다.

2) 대상

여행경보는 해외 주재원, 출장자, NGO요원, 선교사, 여행자 등 해외에 체류할 예정이거나 체류하고 있는 모든 우리국민들을 대상으로 하고 있다. 해외로 나가는 국민들은 목적지 국가의 여행경보단계를 사전에 확인하시고, 단계에 따른 행동지침을 따르는 것이 안전여행의 지름길임을 유념하여야 한다.

3) 지정절차

외교부는 해외에서 치안정세, 테러위협, 정정불안, 자연재해 등 다양한 사건사고의 위험이 인지되거나 발생하여 여행경보의 지정이 필요하다고 판단하는 경우에는 해당국가의 여행경보를 조정하여 국민들에게 해당 국가의 위험수준과 행동지침을 안내하고 있다. 외교부는 재외공관으로부터 국가별 안전과 치안에 관한 정보를 지속적으로 보고받고 있으며, 우리국민의 안전에 영향을 미치는 전반적인 해외동향을 포함하여 해외에서 발생하고 있는 사건·사고를 다양한 경로를 통해 상시 모니터링하고 있다.

외교부는 해외 우리국민의 안전을 최우선으로 그 안전에 위협을 줄 수 있는 상황이 발생하게 되면 수시로 여행경보단계를 변경하고 있다. 아울러 여행경보가 지정된 국가들의 경보수준에 따라 정기적으로 짧게는 월, 길게는 반기별로 이미 지정된 여행경보단계의 적정성을 검토하고, 필요시 변경하고 있다.

4) 여행경보단계별 행동지침

외교부는 여행경보제도를 통해 해외 방문예정이거나 체류 중인 우리 국민들에게 4가지 여행경보단계별 행동요령을 제공하여 안전한 해외여행을 도모하고 있다. 여행경보 1단계부터 3단계까지 지정된 국가들에 여행을 계획하고 있거나 체류국민들은 단계에 따른 권고사항을 참고하여 필요한 안전대책을 마련하여야 한다. 그리고 여행경보 4단계 여행금지국가에 여행을 계획하거나 체류자들은 여권법에 의해 정부의 허가 없이 무단 입국하게 되면 관련법에 의거하여 처벌(1년 이하 징역 또는 1000만 원 이하 벌금)을 받게 된다.[1)]

1) 외교부 해외안전여행, http://www.0404.go.kr/walking/walking_intro.jsp(검색: 2018.8.2)

〈표 7-1〉 해외여행 경보단계별 행동지침

여행경보단계		해외체류자	해외여행 예정자
1단계: 남색경보	여행유의	신변안전 유의	
2단계: 황색경보	여행자제	신변안전 특별유의	여행필요성 신중검토
3단계: 적색경보	여행제한	긴급용무가 아닌 한 철수	가급적 여행취소·연기
4단계: 흑색경보	여행금지	즉시 대피 · 철수	방문금지
• 특별여행주의보	철수권고	긴급용무가 아닌한 철수	가급적 여행취소·연기
• 특별 여행경보	즉시대피	즉시대피	방문금지

*참고:외교부 해외안전여행, http://www.0404.go.kr/walking/walking_intro.jsp(검색: 2018.8.2)

여행경보가 지정되어 있지 않다고 해서 특정 국가나 지역이 반드시 안전하다는 사실과 직결되는 것은 아니다.

특히, 9. 11테러 사건 이후 세계 각국에서 테러사건이 빈발하고 있고, 세계 도처에서 그 가능성이 지속적으로 지적되고 있는 것을 보아도'세계에서 100% 안전한 곳은 없다'라는 전제하에 해외에서는 '자신의 안전은 스스로 지킨다' 는 의식을 갖고 안전대책을 상시 갖추는 것이 중요하다. 외교부는 여행경보제도 외에도 홈페이지 [안전정보]-[국가별 안전소식]을 통해 사건 · 사고, 테러 위협, 자연재해 등에 관한 정보 외에도 국가별 치안정세, 관습 등 관련정보를 게재하고 있으니, 안전한 해외여행을 위해 활용하도록 한다.

5) 특별여행경보제도

여행자들에 대한 중 · 장기적인 여행안전정보 제공에 초점을 둔 "여행경보"와는 달리 "특별여행경보" 제도는 단기적인 위험 상황이 발생하는 경우에 발령하고 있다.

(1) 경보 단계

① 특별여행주의보(특별여행경보 1단계)

여행경보가 지정되어 있지 않거나, 1·2단계인 경우 해당 국가 전역에 여행경보 3단계 "여행제한"(긴급용무가 아닌 한 귀국, 가급적 취소 혹은 연기)에 준하는 효과가 발생한다.

② 특별여행경보(특별여행경보 2단계)

여행경보단계와 관계없이 해당 국가 전체 또는 일부 지역에 "철수 권고"에 해당하는 효과가 발생한다.

(2) 발령 요건

해당국가의 치안이 급속히 불안정해지거나, 전염병이 창궐하거나, 재난이 발생하는 경우 등에 발령하며 "특별여행경보" 발령 국가에 대한 "여행경보" 단계 조정을 별도로 실시하지는 않는다.

발령 기간은 기본 1주이며, 상황이 종료될 때까지 자동 연장된다.

6) 여행금지제도

외교부는 우리 국민을 보호하기 위해 여권법 등 관련 규정에 따라 우리 국민들의 방문 및 체류가 금지되는 국가를 지정하고 있다.

여행금지 국가·지역은 흑색경보단계인 "여행금지"로 지정된 국가·지역으로써, 방문이 금지되며 이미 체류하고 있는 경우 즉시 대피·철수가 요구되고 있다.

(1) 법적근거

- **여권법 17조(여권의 사용제한 등)**

외교부장관은 천재지변·전쟁·내란·폭동·테러 등 대통령령으로 정하는 국외

위난상황(危難狀況)으로 인하여 국민의 생명·신체나 재산을 보호하기 위하여 국민이 특정 국가나 지역을 방문하거나 체류하는 것을 중지시키는 것이 필요하다고 인정하는 때에는 기간을 정하여 해당 국가나 지역에서의 여권의 사용을 제한하거나 방문·체류를 금지 (이하 "여권의 사용제한 등"이라 한다)할 수 있다. 다만, 영주(永住), 취재·보도, 긴급한 인도적 사유, 공무 등 대통령령으로 정하는 목적의 여행으로서 외교부장관이 필요하다고 인정하면 여권의 사용과 방문·체류를 허가할 수 있다.

- **여권법 제26조**

제17조제1항 본문 및 제2항에 따라 방문 및 체류가 금지된 국가나 지역으로 고시된 사정을 알면서도 같은 조 제1항 단서에 따른 허가(제14조제3항에 따라 준용되는 경우를 포함한다)를 받지 아니하고 해당 국가나 지역에서 여권 등을 사용하거나 해당 국가나 지역을 방문하거나 체류한 사람은 1년 이하의 징역 또는 1000만 원 이하의 벌금에 처한다.

(2) 여행금지국가 지정 현황

외교부는 우리 국민의 생명·안전을 보호하기 위하여 여권법 등 관련규정에 따라 아래의 국가들은 지정된 기간 동안 여행금지국으로 지정하여 우리 국민들의 방문 및 체류를 금지하고 있다

- 이라크 (2007년 8월 7일~2019년 1월 31일까지)
- 소말리아·아프가니스탄 (2007년 8월 7일~2019년 1월 31일까지)
- 예멘 (2011년 6월 28일~2019년 1월 31일까지)
- 시리아 (2011년 8월 20일~2019년 1월 31일까지)
- 리비아 (2014년 8월 4일~2019년 1월 31일까지)
- 필리핀 일부지역(잠보앙가, 술루 군도, 바실란, 타위타위 군도) (2015년 12월 1일~2019년 1월 31일까지)[2)]

2) 외교부 해외안전여행, http://www.0404.go.kr/walking/prohibition_system.jsp(검색: 2018.8.2)

2. 위험 상황별 행동 요령

1) 도난/분실

(1) 여권

해외 어디를 여행하든지 여권은 지갑과 별도로 보관해 여권과 지갑을 함께 분실하지 않도록 주의한다. 만일 여권을 분실·도난당했을 때에는 위·변조되어 악용될 가능성이 있고 본인에게 피해가 갈수도 있으므로 즉시 신고해야 한다.

여권 분실의 경우를 대비해 여행 전 여권을 복사해 두거나, 여권번호, 발행 연원일, 여행지 우리 공관 주소 및 연락처 등을 메모해둔다. 여권 분실·도난에 대비해 여권번호·발행연월일, 여행지 우리 공관 주소 및 연락처 등을 메모해 두거나 여권사본, 사진2매(여권용 칼라사진)를 별도로 보관하면 여행증명서 발급 등에 큰 도움이 된다.

❑ 피해발생 시 행동 요령

여권 분실 시, 분실 발견 즉시, 가까운 현지 경찰서를 찾아가 여권분실 증명서를 만든다. 재외공관에 분실 증명서, 사진 2장(여권용 컬러사진),여권번호, 여권발행일 등을 기재한 서류를 제출한다. 급히 귀국해야 할 경우 여행증명서를 발급받는다.

재외공관(대사관 혹은 총영사관)에서 사건 관할 경찰서의 연락처와 신고방법 및 유의사항을 안내받는다.

의사소통의 문제로 어려움을 겪을 경우, 통역 선임을 위한 정보를 제공받는다.

(2) 현금 및 수표 분실

- 여행경비를 분실·도난당한 경우, 신속해외송금지원제도를 이용(재외공관 혹은 영사콜센터 문의)
- 여행자 수표를 분실한 경우, 경찰서에 바로 신고한 후 분실 증명서를 발급받

는다.

- 여권과 여행자수표 구입 영수증을 가지고 수표 발행은행의 지점에 가서 분실 신고서를 작성하면, 여행자 수표를 재발행 받을 수 있습니다. 이 때, T/C의 고유번호, 종류, 구입일, 은행점명, 서명을 알려줘야 한다.
- 그러나 수표의 상, 하단 모두에 사인한 경우, 전혀 사인을 하지 않은 경우, 수표의 번호를 모르는 경우, 분실 시 즉시 신고하지 않은 경우에는 재발급이 되지 않으므로 주의해야 한다.

(3) 항공권 분실

- 항공권을 분실한 경우, 해당 항공사의 현지 사무실에 신고하고, 항공권 번호를 알려준다.
- 분실에 대비해 항공권 번호가 찍혀 있는 부분을 미리 복사해 두고, 구입한 여행사의 연락처도 메모해둔다.

(4) 수하물 분실

- 화물인수증(Claim Tag)을 해당 항공사 직원에게 제시하고, 분실신고서를 작성한다. 공항에서 짐을 찾을 수 없게 되면, 항공사에서 책임을 지고 배상한다.
- 현지에서 여행 중에 물품을 분실한 경우, 현지 경찰서에 잃어버린 물건에 대한 신고를 하고, 해외여행자 보험에 가입한 경우 현지 경찰서로부터 도난신고서를 발급받은 뒤, 귀국 후 해당 보험회사에 청구.

(5) 도난 · 분실 예방책

- 여권이나 귀중품은 호텔 프론트에 맡기거나 객실 내 금고 또는 안전박스에 보관합니다. 그 날 사용할 만큼의 현금만 가지고 다닌다.
- 현금은 지갑과 가방, 호주머니에 나누어 지닌다.
- 식당에서는 의자에 가방을 걸어두지 말고 식사하는 동안에는 가방을 본인 무릎 위에 두는 것이 안전하다.

- 뒷주머니에는 절대로 지갑을 넣지 말고 바지 앞주머니나 코트 안주머니에 넣는 것이 안전하다.
- 가방을 가지고 걸을 때는 어깨로부터 가슴에 가로질러 X자로 맨다.
- 사람이 많은 출퇴근 시간의 기차나 버스 안에서 가방이나 지갑을 조심한다.
- 모르는 사람이 시간이나 길을 묻는 등 말을 걸어 올 때에는 조심한다.
- 호텔 프론트에서 체크인 및 체크아웃 시 수하물은 반드시 시선이 닿는 곳에 놓거나 일행이 있을 경우 한사람은 수하물을 지키도록 한다.[3]

2) 부당한 체포 및 구금

- 당황하지 말고 침착하게 현지 사법당국의 절차에 따른다.
- 우리 공관에 구금 사실을 알리도록, 현지 사법당국에 요청한다.

※ 해외에서 사건 · 사고가 발생할 경우, 그 나라의 법과 절차에 따라 수사와 사건 처리가 진행된다. 재외공관은 자국민이라는 이유로 현지 사법당국에 특별한 대우를 요구하거나, 직접 해당사건을 담당할 법적 권한이 없음을 기억해야 한다.

- 현지 언어가 능통하지 않을 경우, 사법당국에 통역 지원이 가능한지 문의한다.
- 본인이 모르는 외국어로 작성된 문서나 내용을 정확하게 이해하지 못할 경우, 함부로 서명하지 않는다.
- 영사와의 면담 시 향후 진행될 사법절차, 현지 법체계에 대한 일반적인 정보를 제공받을 수 있다.
- 국내 가족과 연락을 하고 싶을 경우, 사법당국 또는 담당영사에게 협조를 구합니다.
- 체포 · 구금 당시 부당한 대우, 가혹 행위, 반인권적인 사항이 있었을 경우, 영사와의 면담 시 관련 사실을 알려 관계 당국에 시정을 요청할 수 있도록 합니다.
- 변호사비, 보석, 소송비를 지불하기 위해 필요한 경우, 신속해외송금 지원제

3) 외교부 해외안전여행, http://www.0404.go.kr/country/manual.jsp

도를 활용한다.

- 전문적인 법률 자문을 구하고 싶을 경우, 변호사 선임에 필요한 정보를 제공받는다.

❑ 비엔나 협약

- 영사관계에 관한 비엔나 협약 第36조(파견국 국민과의 통신 및 접촉) 1항 (b) 파견국의 영사관할구역내에서 파견국의 국민이 체포되는 경우, 또는 재판에 회부되기 전에 구금 또는 유치되는 경우, 또는 기타의 방법으로 구속되는 경우에, 그 국민이 파견국의 영사기관에 통보할 것을 요청하면, 접수국의 권한있는 당국은 지체없이 통보하여야 한다.
- 체포, 구금, 유치 또는 구속되어 있는 자가 영사기관에 보내는 어떠한 통신도 동 당국에 의하여 지체없이 전달되어야 한다.
- 동 당국은 관계자에게 본 세항을 따를 그의 권리를 지체없이 통보하여야 한다.[4]

3) 인질 · 납치상황

납치와 관련된 오해 중의 하나는 납치되면 살해될 위험이 높다고 생각하는 것이다. 사실 납치된 자들이 납치범에 의해 살해되는 경우는 드물다. 납치된 경우 먼저 납치범들이 죽이려고 하였다면 인질로 납치하지 않았을 것이라는 사실을 이해하는 것이 중요하다.

또한 인질 자신이 어떻게 행동하느냐가 생사에 크게 영향을 미친다. 납치된 순간이나 감금기간 중 감정을 어떻게 통제하느냐가 중요하다. 납치 시 가장 위험한 순간은 최초의 몇 분간과 구조작전 때이다. 이때 저항과 격렬한 감정을 보이는 것은 절대 금물이다.

4) 외교부 해외안전여행, http://www.0404.go.kr/country/manual.jsp

(1) 납치의 기본적 세 단계

① **포획(Capture)의 단계:** 납치되면 일단 순응하라.

지시받은 것은 그대로 하고 지시받지 않은 것은 하지 말아야 한다. 말도 먼저 걸지 말고 허락된 경우에도 부드럽고 존중하는 태도로 말해야 한다. 결론적으로 피랍자는 무리 가운데 한 이름 없는 사람이 되어 납치범들의 주의를 끌지 않도록 주의해야 한다.

② **억류(Detention)의 단계:** 규칙적인 생활을 통해서 건강을 유지하라.

이때 억류자들은 피랍자들을 심문하며 절망감을 주려고 노력하지만 크게 위험한 기간은 아니다. 이때 가능한 한 동료들에게 관심을 가지면서 서로 의사전달을 하려고 노력해야 한다. 또한 억류자들과 다양한 화제로 대화할 수 있고 일상 생활용품을 요청할 수 있다. 이때 논쟁의 소지나 억류자의 자존심을 건드리는 대화는 하지 말아야 하며 건강을 무시하거나 자포자기에 빠져서는 안 된다. 동료를 배반하는 말이나 일을 해서는 안 된다.

③ **구조(Rescue) 또는 석방(Release) 단계:** 끝까지 신중하라.

인질들이 석방되었다고 해서 상황이 완전히 종료되었다고 생각해서는 안 된다. 재난후유장애(post-traumatic stress disorder)의 처리 등 사후처리 사항들이 남아있다는 것을 염두에 두어야 한다.

(2) 해외여행 시 인질 납치에 대한 유의사항

- 필리핀 · 콜롬비아 · 인도네시아 등 인질납치가 빈번한 국가를 여행할 때에는 분쟁 또는 치안 불안지역을 사전에 파악하여 여행을 자제하는 것이 안전하다.
- 여행불안지역을 여행할 때에는 사전에 현지 한국공관(대사관, 영사관)에 신고하여 비상 시 도움을 받도록 한다. 해외 90일 이상 체류하는 경우에는 '재외국민등록'을 해야 위급 상황 시 긴급연락 등의 조치를 받을 수 있다.
- 여행 중 납치가 될 가능성은 희박하지만 일단 납치가 되어 인질이 될 경우에는 자제력을 잃지 말고 납치범과 지속하며 우호적인 관계를 형성하도록 한다.

(3) 인질 납치 시 행동 요령

- 놀라거나 자제력을 잃지 말고 침착해야 한다.
- 외부에서 모든 구출수단을 강구하고 있다는 점을 잊지 말아야 하며, 휴대폰을 켜 두면 위치추적이 가능하여 구출활동에 크게 도움이 될 수 있다.
- 경우에 따라서 살해될 위험이 있으므로 함부로 저항하지 말고 감시가 엄격할 경우에는 절대 도망치려 해서는 안 된다.
- 눈이 가려지면 주변의 소리 · 냄새 · 범인의 억양 · 이동시 도로상태 등 특징을 기억하려고 노력한다.
- 납치범을 자극하는 언행은 삼가고, 몸값요구를 위한 서한이나 육성녹음을 원할 경우 응하도록 한다.
- 버스나 비행기 탑승 중 인질이 된 경우, 순순히 납치범의 지시에 따르고 섣불리 범인과 대적하려 들지 말아야 한다. 섣부른 행동은 자신의 생명은 물론 다른 인질 들의 생명도 위태롭게 할 수 있다.

(4) 감금 상태 시 마음가짐

① 평상심을 갖도록 노력한다.

감금되었을 때의 최대의 적은 납치범이 아니라 자기 자신의 태도이다. 공포감과 절망감을 이겨 극복할 수 있도록 노력을 해야 하며 단단히 정신을 차려야 한다.

가족이나 회사가 석방을 위하여 노력하고 있다는 것을 항상 잊어서는 안 된다.

감금 중에는 자기 자신에 대하여 자신감을 잃고 때로는 자기의 운명을 신에게 맡기고 종교적이 되기도 하는데 신을 의지하여 기도를 하면 공포에서 구원될 것이라는 일말의 희망으로 마음의 편정을 찾을 수도 있다.

② 처음 몇 일간을 잘 참아낸다.

최초의 몇 일간은 매우 견디기 어려운 시간이 될 것이다. 이 기간 동안 납치범은 인질들에게 고통을 가하게 된다. 납치범들은 잔인할 정도로 흉포하게 굴다가도 갑자기 양같이 순해지면서 친절하게 접근하는 등 인질들의 정신 상태를 이상하게 만들려고도 한다. 비록 지금은 최악의 상태라고 할지라도 시간이 지나면 사태가 점점 개선될 것이라는 믿음을 가져야 한다. 인질을 시험하는 첫 단계에서는 인질들이 아무리 눈물을 흘리고 사정을 하여도 납치범은 여전히 폭력을 휘두를지 모르므로 치욕적인 상태에 놓일 수 있다는 각오를 충분히 하여야 한다. 자존심이 높은 사람이나 여러 사람의 면전에서 모욕적인 취급을 당하는 것에 익숙지 못한 사람에게는 오히려 수치심을 주는 공격방법을 사용하게 되는 것이다. 벌거벗겨 여러 사람 앞에 세워 놓는다거나 하면 견딜 수 없는 치욕감으로 사람이 공포스러운 상태에 빠지기 쉬우나 이것은 테러리스트들이 즐겨 사용하는 전술이라고 생각하고 이를 정신적으로 극복해야 한다.

③ 규칙적인 생활

납치를 당하여 감금이 되면 어떤 형태로든 지금까지 감금 중에 시간을 보냈던 내용 즉 매일의 일기 등을 테러리스트들이 알지 못하도록 기록을 남겨 놓는다. 암호를 써 놓거나 상황에 따라 벽, 나무 조각 등 주변의 물건을 이용하여 기록하도록 하고 스스로 하루 생활을 계획하여 그것을 규칙적으로 계속해 나가도록 노력하여야 한다.

④ 정신적 운동

일정한 시간에 잠이 들도록 하며 정해진 시간에 일어나는 규칙적인 생활과 일정한 원칙에 따라 좁은 공간에서 할 수 있는 '아이소메트릭스(Isometrics-정지한 채로 2,3초간 몸체의 어느 한 부분에 힘을 주는 운동으로 부위를 바꿔가면서 반복한다)를 한다. 이런 운동을 매일 하면 정신운동이 되는데 이렇게 하면서 한편으로는 납치 전 가정에서나 직장에서 일상적으로 해 왔던 일들에 관해서도 생각을 해 본다. 혹은 이제까지 해보려고 생각했던 일이 있으며 그것을 이 기회를 이용하여 구체적으로 정리해 본다든지 하여 무료하게 시간을 보내지 말아야 한다.

감금상태에 있더라도 장기적으로 목표를 세우고 활력과 지적 관심을 지속시키도록 노력해야 한다. 예를 들면, 납치를 주제로 책을 쓴다든지, 자기가 좋아하는 취미활동을 상상하며 나름대로 이에 대한 연구를 해보든지 감정적이 되어 우울해 하는 것보다 특별한 상황을 일상생활처럼 보내도록 억지로라도 노력해야 한다.

⑤ 끼니를 거르지 않고 잘 먹는다.

감금 중에는 형편없는 식사라도 가리지 않고 먹어야 한다. 단식하는 것은 아무런 도움이 안 되며 오히려 자기의 건강만 해치게 된다. 건강을 유지할 수 있도록 충분한 영양공급은 안되겠지만 억지로라도 먹는 것이 현명하다.

⑥ 화내지 말며 비굴하지도 말아라

항상 자존심을 잃지 않도록 하며 어떠한 경우에도 비굴해 져서는 안 된다. 때때로 그들은 자신들의 과격성을 발휘하여 그들의 정치적 혹은 종교적 이념을 주입시키려고 온갖 수단을 가할지도 모른다. 이럴 때는 그들의 말을 성의 있게 들어주는 것이 좋다. 불필요하게 그들의 주장을 반박하여 그들의 감정을 자극해서는 안 된다. 조용히 경청하면서도 동요되거나 두려워하지 않는 침착성을 유지하는 것이 중요하다.

그들과 진실하게 대화를 나누고 될 수 있는 대로 그들과 우호적인 관계를 구축해 두며, 공적인 부분보다 개인적인 부분을 나누며 신뢰를 쌓는 것이 좋다.

4) 테러/폭발 상황

최선의 예방책은 습격·폭파 등 테러가 빈발하는 치안불안지역이나 분쟁 중인 국가에 대한 여행이나 접근을 자제하는 것이다.

여행을 계속할 때 여행지역이 여기에 해당하는지 사전에 파악하고 해당되면 여행지를 변경하는 것이 좋다.

- 여행 중 습격·폭파의 위험에 직면하게 되면, 당황하지 말고 자신의 신체를 보호하기 위해 주의 깊게 행동하여야 한다.
- 휴대폰을 켜두면 위치추적이 가능하여 구출활동에 크게 도움이 될 수 있다.
- 엎드릴 때는 양팔과 팔꿈치를 옆구리에 붙여 폐·심장·가슴 등을 보호하고 양손으로 귀와 머리를 감싸 보호한다.
- 통상 폭발사고가 발생한 경우 얼마 후 2차 폭발이 있으므로 절대 미리 일어나서는 안 되며 이동시에는 낮게 엎드린 자세로 이동한다.

- 총기에 의한 습격일 때는 자세를 낮추어 적당한 곳에 은신하고 경찰이나 경비요원의 대응사격을 방해하지 않도록 한다.
- 독가스 등 생화학 가스가 살포된 경우, 눈물과 경련, 피부가 화끈거리거나 호흡곤란, 균형감각 상실 등의 증상 등이 나타나므로 손수건 등으로 코와 입을 막고 호흡을 중지한 채 바람이 불어오는 방향(독가스 반대쪽)으로 속히 현장을 이탈하도록 한다.
- 사건발생 후 경미한 부상을 입은 경우, 경찰과 구급차를 부르고 부상자를 도우며 현재 재외공관에 알려 우리 국민의 피해 사실을 파악할 수 있도록 한다.
- 병원균이나 생물학적 물질에 의한 테러의 경우 호흡기, 피부에 난 상처, 음식물 복용 등을 통해 감염되고 전염병을 발생시킨다. 주요 증상으로는 고열, 복통, 설사, 콧물, 인후염, 피부발진, 안구출혈, 무기력 등의 증상이 나타나게 된다. 인근에 의심물질 누출되었을 경우 손수건을 여러 겹으로 접어서 코와 입을 가린 채 신속히 현장에서 대피하고 물과 비누로 노출된 피부를 조심스럽게 씻고 관계당국에 신고하여 특이증상이 없는지 살펴봐야 한다.
- 방사능 테러는 폭발을 감지해도 특수 장비가 없다면 방사능 물질로 인한 오염이 발생했는지 감지하기 어렵다. 핵 폭발지역에 있을 경우, 비상대피소로 대피하거나, 실내에 있을 경우 모든 출입문과 창문을 빈틈없이 닫아두어야 한다.

  현지 경찰서에 해당 건을 신고하고, 우리 재외공관(대사관 혹은 총영사관)에도 연락을 취하여 우리 국민의 안전을 파악할 수 있도록 한다.

5) 교통사고

- 재외공관(대사관 혹은 총영사관)에서 사건 관할 경찰서의 연락처와 신고방법 및 유의사항을 안내받는다.
- 의사소통의 문제로 어려움을 겪을 경우, 통역 선임을 위한 정보를 제공받습니다.

※ 스마트폰 사용자의 경우, 외교부 해외안전여행 어플리케이션을 다운받아두도록 한다(현지 경찰서 번호 안내 및 사건장소 촬영과 녹취기능 등 포함)

- 사고 후 지나치게 위축된 행동이나 사과를 하는 것은 자신의 실수를 인정하는 것으로 이해될 수 있으므로 분명하게 행동하도록 한다.
- 목격자가 있는 경우 목격자 진술서를 확보하고, 사고 현장 변경에 대비해 현장을 사진 촬영한다.
- 장기 입원하게 될 경우, 국내 가족들에게 연락하여 자신의 안전을 확인시켜 주고, 직접 연락할 수 없는 경우 공관의 도움을 요청한다.
- 사안이 위급하여 국내 가족이 즉시 현지로 와야 하는 경우, 긴급 여권 발급 및 비자관련 협조를 구한다.
- 급작스러운 사고로 의료비 등 긴급 경비가 필요할 경우, 해외공관이나 영사콜센터를 통해 신속해외송금 지원제도를 이용한다.
- 피해보상 소송을 진행할 경우, 그 나라의 일반적인 법제도 및 소송을 제기하기 위한 절차에 대해 문의하고, 현지 또는 통역사 선임에 필요한 정보를 제공받는다.

6) 소매치기

소매치기는 세계의 모든 국가의 거리 · 역 · 쇼핑센터 · 관광지 등에서 가장 광범위하게 발생하는 범죄이며, 일반적으로 치안이 양호하다는 북미 · 서유럽의 대도시에서도 발생빈도가 매우 높으므로 각별히 주의한다.

통상 소매치기범은 말을 걸거나 옷에 케첩, 아이스크림 등을 묻히거나, 동전을 떨어뜨리는 등의 수법을 이용하여 주의력을 분산시킨 후 순식간에 지갑을 빼내간다.

따라서 여행 도중 가끔 지갑 · 여권 등이 이상 없는지 확인하고 자기 주변을 항상 주의 깊게 살펴보는 것이 좋다. 범행자는 옆이나 뒤에서 범행기회를 노리기 때문에 주의하면 피해를 예방할 수 있다.

소매치기 우범지역인 공항이나 역 · 호텔로비 등 사람들로 북적되거나 혼잡한 장소에서는 가방이나 짐을 손에서 놓지 말아야 한다. 특히 버스나 지하철 등의 혼잡한 대중교통 이용 시에는 수시로 소지품을 체크하는 것이 좋다.

만일의 경우를 대비하여 여행경비는 나누어 소지함으로써 위험을 분산시키는 것도 좋은 방법이다.

7) 해외에서의 사기 · 호객 · 악질택시

- 해외여행 시 '한국에 대해 배우고 싶다'며 가짜물건을 비싸게 팔거나 사기도박으로 유인해 여행경비를 탕진케 하는 경우가 많다. 따라서 영어나 한국어를 구사하며 친절히 말을 걸어오는 사람을 쉽게 믿어서는 안 되며 겉모양만 보고 주의를 게을리 하지 말고 신뢰할 수 없으면 'No'라고 의사를 분명히 밝히는 것이 좋다.
- 러시아 · 중국 · 동유럽국가 등에서는 택시기사가 강도로 돌변하는 경우도 있으므로 조심해야 하며 탑승 시 택시번호를 기어하거나 메모해 두면 좋다.
- 유렵, 특히 동유럽 일대에서는 침대열차(Eurail)를 이용할 때 현지인 탑승객이 권하는 음료수는 가급적 사양하는 것이 좋다. 음료수에 수면제가 들어 있어 잠든 사이에 금품을 빼앗기는 피해가 자주 발생하고 있다.
- 중국 · 러시아 등지에서는 여성 호객꾼에게 유인되어 금품을 털리는 사례도 있으므로 술집 등에서 친절하게 다가와 유혹하는 사람에 대해서는 경계하여야 한다.

❑ 피해발생 시 행동 요령

- 현지 경찰관서에 신고한다.
- 현지 재외공관(대사관 · 영사관)에 피해사실을 신고하고 필요한 도움을 받도록 한다.
- 사기피해를 당한 경우, 사기범의 인적사항, 연락처, 피해정도 등을 현지 경찰과 재외공관 영사에게 알려 범인검거에 도움이 되도록 한다.
  악질택시 피해의 경우에는 택시회사 · 택시번호 등을 현지 경찰이나 재외공관에 제보한다.
- 술집 접대부 등 호객꾼에 꾀어 피해를 당한 경우, 신체위협을 받을 수도 있

으므로 실랑이를 벌이지 말고 술집의 이름과 위치 등을 확인 후 인근 경찰서에 신고하는 것이 좋다.

8) 마약운반 · 소지

- 마약에 대한 규제는 점점 강화되어 전 세계의 대부분의 국가에서 마약범죄를 중범죄로 다루고 있으며, 단순 소지 사실만으로도 중형에 처하는 나라가 있으므로 특히 주의해야 한다(중국은 헤로인 50g, 아편 1Kg을 운반소지만 해도 사형에 처할 수 있도록 하고 있다)
- 마약을 '고급차', '살 빼는 약' 등으로 사칭해 팔기도 하고 무료해외여행 등 선심성 관광(특히 중국)을 제의하고 귀국 시 휴대가방이나 서류봉투 등의 운반을 요청하는 경우도 많이 있다.
- 공항에서 승객을 가장하여 접근한 후 긴급한 용무로 탑승이 어렵게 되었다면서 국내가족이나 친구에게 줄 선물을 대신 전달해 달라고 요청하는 수법도 자주 사용하고 있다. 이는 대부분의 마약 운반일 가능성이 크므로 낯선 사람의 부탁을 받을 경우 의심해 보고 정중히 거절하는 것이 좋다. 특히 중국이나 태국 · 필리핀 등의 마약 취약국가를 여행할 때에는 본의 아니게 마약과 관련되지 않도록 특히 조심하여야 한다.
- 귀하가 운반한 가방에서 마약이 발견되었을 경우, 외국 수사당국은 귀하가 악의가 있었는지 여부에 관계없이 마약사범과 동일하게 처벌하기 때문에 본의 아니게 억울하게 일을 당하지 않도록 본인 스스로 유의해야 한다. 이 경우 우리공관이 도와 줄 수 있는 부분이 거의 없음을 숙지해야한다.
- 자신도 모르는 사이에 마약이 자신의 수하물에 포함될 수 있으므로 수하물이 단단하게 잠겼는지 확인한다.
- 공항이나 호텔 프론트에서 자신의 수하물을 항상 가까이에 둡니다.
- 자신이 모르는 사람과 도보나 히치하이킹을 통해 국경을 같이 넘지 말아야 한다.
- 복용하는 약이 있는 경우 의사의 처방전을 항상 소지해 불필요한 입국 심사를 받지 않도록 한다.

- 아이들의 장난감 등을 통해 마약이 운반되기도 하므로, 모르는 사람에게서 선물을 받지 말아야 한다.

9) 대규모 시위 및 전쟁

- 군중이 몰린 곳에는 함부로 접근하면 위험하다.
- 대규모시위가 일어났을 경우, 특정 시위대를 대표하는 색상의 옷을 입거나 시위에 참여하는 행동은 매우 위험한 행동이니 삼가야 한다.
- 시위대의 감정이 고조되어 무력충돌(총기난사, 폭력 등)로 이어질 가능성을 대비해 긴급 출국하는 편이 좋다.
- 당장 출국하지 못할 경우에는 영사콜센터 혹은 재외공관(대사관 혹은 총영사관)에 여행자의 소재와 연락처를 상세히 알려 비상시 정부와의 소통이 가능하도록 해야 한다.
- 긴급하게 귀국 또는 제3국으로 이동해야하는 경우 재외공관(대사관 혹은 총영사관)에서는 비자발급, 여행증명서 발급 등의 출국절차를 지원받도록 한다.
- 현지 관계당국에 해당 건을 신고하고, 우리 재외공관(대사관 혹은 총영사관)에도 연락을 취하여 우리 국민 안전을 파악할 수 있도록 한다.[5)]

10) 해외에서의 자연재난 시 대처요령[6)]

재외공관에 연락하여 본인의 소재지 및 여행 동행자의 정보를 남기고, 공관의 안내에 따라 신속히 현장을 빠져나와야 한다.

지진이 일어났을 경우, 크게 진동이 오는 시간은 보통 1~2분 정도이다. 성급하게 외부로 빠져나갈 경우, 유리창이나 간판·담벼락 등이 무너져 외상을 입을 수 있으니 비교적 안전한 위치에서 자세를 낮추고 머리 등 신체 주요부위를 보호한다.

지진 중에는 엘리베이터의 작동이 원활하지 않을 수 있으므로, 가급적 계단을

---

5) 외교부 해외여행안전, http://www.0404.go.kr/country/manual.jsp(검색: 2018.8.02.)
6) http://www.0404.go.kr/contentView.do?menuNo=2030500 (검색:2012.02.12)

이용하고, 엘리베이터 이용 중에 지진이 일어날 경우에는 가까운 층을 눌러 대피한다.

해일(쓰나미)가 발생할 경우, 가능한 높은 지대로 이동한다. 이 때, 목조건물로 대피할 경우 급류에 쓸려갈 수 있으므로 가능한 철근콘크리트 건물로 이동해야 한다.

태풍·호우 시 큰 나무를 피하고, 고압선 가로등 등을 피해 감전의 위험을 줄인다.

자연재해 발생시, TV·라디오 등을 켜두어 중앙행정기관에서 발표하는 위기대처방법을 숙지하고, 유언비어에 휩쓸리는 일이 없도록 주의해야 한다.

현지 관계당국에 해당 건을 신고하고, 우리 재외공관(대사관 혹은 총영사관)에도 연락을 취하여 우리 국민 안전을 파악할 수 있도록 한다.

(1) 화산폭발

- 콘택트렌즈 대신 안경을 착용하는 것이 좋고, 외출하고 숙소로 돌아와서 반드시 옷을 털어 준다.
- 얼굴과 손발은 즉시 깨끗이 씻어 몸과 옷에 붙어 있는 화산재와 먼지들을 털어낸다.
- 화산으로 인해 발생하는 화산재의 미세입자가 호흡기를 통해 체내로 들어가 건강을 해칠 수 있어 만성호흡기 질환자들은 여행 일정 내내 반드시 흡입기나 치료제를 챙긴다.
- 눈이 가렵다면 손으로 비비지 말고 인공눈물로 세척해 주어야 한다.
- 뿌연 먼지에서 황이나 썩은 계란, 강한 산성 등의 냄새가 나면 가급적 바깥출입을 하지 않도록 하고, 실외에 있다면 차량이나 건물 안으로 즉시 대피한다.
- 화산폭발은 지진이나 테러보다 더 무서운 자연재해 및 대형재난사고에 속하므로 유독가스를 내 뿜는 지역으로부터 멀리 피신하는 것이 안전하다.
- TV나 라디오 등의 안내방송에 귀를 기울인다.

(2) 지진

최근 몇 년간 발생한 가장 큰 자연재해중의 하나로 쓰나미를 동반하여 수많은 목숨을 앗아 간 일본지진에 이어 터키에서도 7.3규모의 지진이 발생하여 발견 된 사망자만 500명 가까이 이른다고 한다. 해외에 체류 중에 지진에 대한 대처요령을 살펴보면 다음과 같다.

- 지진은 상황에 따라 짧게는 몇 초부터 수분에 이르기는 하지만 지진해당지역이 아닌 한 멀리 대피하려 하지 말고 일단은 있던 장소에서 안전한 위치를 찾는 것이 중요하다.
- 급하게 외부로 빠져나갈 경우, 유리창이나 간판・담벼락 등이 무너져 외상을 입을 수 있으니 비교적 안전한 위치에서 자세를 낮추고 머리 등 신체 주요부위를 보호합니다. 지진 중에는 엘리베이터의 작동이 원활하지 않을 수 있으므로, 가급적 계단을 이용하고, 엘리베이터 이용 중에 지진이 일어날 경우에는 가까운 층을 눌러 대피한다.
- 인화성물건은 사용하지 말아야 한다.
- 여진에 주의하되 비상상황을 확인할 수 있을 정도의 간격은 두고 온다는 것도 알아 둘 필요가 있다.
- 지하시설물들은 지상보다 비교적 안전한 편이지만 침수, 정전 등에 주의한다.
- 지진해일 특보가 발령되면 학교 등 주위의 높고 안전한 곳으로 즉시 대피한다.
- 뉴스와 안내방송에 귀를 기울이고 침착함을 잃지 않도록 한다.

(3) 태풍, 호우

- 해일(쓰나미)가 발생할 경우, 가능한 높은 지대로 이동하고, 이 때, 목조건물로 대피할 경우 급류에 쓸려갈 수 있으므로 가능한 철근콘크리트 건물로 이동해야한다.
- 태풍・호우 시 큰 나무를 피하고, 고압선 가로등 등을 피해 감전의 위험을 줄인다.
- 홍수가 발생하면 높은 곳을 재빨리 피한다.

흐르는 물은 종아리 반만 잠겨도 쓸려 내려갈 수 있으므로 절대 들어가지 않는다.

홍수가 지나간 지역은 도로나 지반이 약해져 무너질 수 있으니 조심한다.

- 숙소나 건물 등에 도착한 후에는 바로 들어가지 말고 붕괴위험을 살핀다.
- 홍수 발생 시에는 특히 오염에 주의한다.

3. 해외여행 시 안전한 식사요령

관광여행, 상용여행 또는 기타 목적의 해외여행 시 오염된 식사나 음료는 건강에 치명적인 영향을 줄 수 있다. 많은 여행자들이 식중독에 의한 설사에 자주 시달린다. 특히 언어의 장벽 때문에 적절한 치료를 받을 수 없게 되면 육체적인 아픔과 불쾌감 때문에 해외여행의 즐거움을 망치게 되는 수도 있다.

이러한 경우를 대비하여 미리 예방법과 대처법을 알아야 한다. 다음은 세계보건기구의 식품안전 및 설사 증 관리국에서 권장하는 여행 중 설사, 복통의 대처법이다.

1) 집을 떠나기 전

가고자하는 여행목적지에는 어떤 질병이 많은지, 예방접종은 필요한지 기타 예방방법은 무엇인지에 대해 의사의 조언을 구하는 것이 좋다.

탈수보충용 염류제제(Oral Rehydration Salts, ORS : 설사 시 깨끗한 물에 녹여서 마심)와 식수 소독약을 다른 구급약품과 함께 반드시 준비한다.

2) 안전한 식사법

다음의 사항은 노상의 간이음식점에서 뿐만 아니라 호텔에 있는 고급 음식점에도 지키도록 한다.

- 조리된 음식이라 하더라도 실온에서 3~5시간 이상 방치되면 식중독을 일으

킬 위험이 대단히 높아진다. 따라서 음식이 완전히 조리된 것인지, 먹을 때 아직 뜨거운 상태인지 아닌지를 확인한다.

- 껍질을 벗기거나 깎을 수 있는 과일과 채소 이외에는 조리되지 아니한 어떠한 음식도 피해야 하며 껍질이 손상된 과일도 피한다. "익히거나, 껍질을 벗길 수 없으면 버리시오"라는 격언을 기억해야 한다.
- 제조회사 또는 제조 원료가 확실하지 않은 아이스크림은 보통 오염되어 있어 질병을 일으킬 수 있으므로 의심이 되면 먹지 않아야 한다.
- 어떤 나라에 있는 특별한 어패류는 충분히 가열된 경우에도 치명적인 독을 가지고 있을 수 있으므로 현지 사람에게 조언을 구하도록 한다.
- 살균 안 된 우유는 반드시 끓여서 먹는다.
- 음용수의 안전성이 의심되면 끓이거나 식수소독약으로 소독하여 먹는다. 식수소독약은 약국에서 구입할 수 있습니다.
- 안전한 물로 만들어졌다고 확신되지 않는 얼음은 먹지 않는다.
- 뜨거운 홍차, 커피 등 음료와, 병 등에 포장된 포도주, 맥주, 탄산음료, 과일 주스는 일반적으로 안전하므로 마셔도 된다.

위의 소개된 식사요령들은 노상의 포장마차에서 뿐만 아니라 호텔에 있는 고급 음식점일지라도 꼭 지키도록 한다.

3) 설사 시 대처방법

대부분의 설사는 자연 치유되어 2~3일안에 낫는다. 중요한 것은 탈수증상이 나타나지 않도록 하는 것이다. 설사가 시작되면 바로 병 표장된 것, 끓인 것 또는 처리된 음용수나 약하게 탄 홍차를 많이 마신다.

안전한 물로 희석한 과일주스나 스프를 먹어도 좋다. 만약 설사가 하루 이상 지속되면 탈수보충용 염류제제용액을 마시고, 식사는 정상적으로 한다.

탈수보충용 염류제제용액 또는 섭취하여야 하는 수분량

- 2세 미만의 어린이 : 매 설사시마다 1/4~1/2컵(50~100㎖)
- 2세~10세 어린이 : 매 설사시마다 1/2~1컵(100~200㎖)

- 10세 이상의 어린이 및 성인 : 제한 양 없음

설사가 3일 이상 지속되면서, 물 같은 설사가 자주 나오거나, 대변에 피가 섞여 나오거나, 구토가 반복되거나 열이 있을 경우 의사의 도움을 구하도록 한다.[7]

7) http://hosp.ajoumc.or.kr/emc/program/aid_read.asp?c_idx=358

참고문헌

1. 단행본

경찰공제회,「일반경비」, 일반경비교재, 2011.
고성혜 외,「청소년 문제행동의 이해」, 서울특별시 자녀안심운동서울협의회, 2000.
권봉안 · 정순광, "청소년 수련원의 실태조사를 통한 안전교육 필요성의 고찰", 「청소년 안전교육 실천방법모색」, 201년도 하계학술세미나, 2001.
김두현 · 김상철,「생활과 안전」, 도서출판 동화기술, 2003.
김수근 · 정동혁,「사이버시대의 건강관리」, 대경출판사, 2001.
김용국,「현대인의 건강과 스포츠」, 한올출판사, 2002.
김용수 · 김창은 · 심종칠,『안전공학론』, 한올출판사, 1998.
김천수,「성희롱예방과 대책」, (주)중앙경제, 2002.
박영규,「성폭력 예방, 처벌의 법률지식」, 청림출판, 1998.
박경식. '스토킹 : 새롭게 인식되는 범죄행위', 경찰대학교 논문집 제19집.1999.
서진석,「현대사회와 안전」, 문형출판사, 2004.
신정호 외,「인간과 행동」, 연세대학교출판부, 1997.
신동운,「형법총론」, 법문사, 2001.
오영근,「형법총론」, 대명출판사, 2002.
이경순 외,「정신건강간호학」, 현문사, 2000.
이상원,「범죄예방론」, 대명출판사, 2005.
이소우 외,「정신간호총론(제3판)」, 수문사, 1994.
이시형 외,「현대사회와 스토킹」, 삼성생명 사회정신건강연구소, 1998.
이원숙,「성폭력과 상담」, 학지사, 2003.
이윤군, 민간경비론, 엑스퍼트, 2004, p.251, 재인용.
이윤희, '성폭력의 사회적 통념과 피해영향에 관한 연구', 인천대학교, 2001.
박영규 · 서광호,「성범죄예방 · 처벌의 법률지식」, 청림출판사, 1998.
전대양,「현대사회와 범죄」, 형설출판사, 2002.

최선우, 「민간경비론」, 도서출판 진영사, 2008,
최인범 · 정용승, 「안전교육」, 도서출판 21세기교육사, 1997.
청소년폭력예방재단 편저, 「학교폭력 고통받는 아이들을 위해 무엇을 할 것인가?」, 한울림, 1996.
청소년폭력예방재단, 「폭력은 싫어요: 학교폭력의 예방과 지도」, 1996.
충남청소년종합상담실, 「청소년과 폭력」, 1994.
한국성폭력상담소, 「성폭력 해결을 위한 진단과 전망」, 1994.
한국청소년개발원, 「청소년인권보고서」, 인간과복지, 1997.
현송자, 백승국, 「운동과 건강」, 동아대학교 출판부, 1998.
Mullen, Pathé, Purcell, Stalkers and Their Victims, 2000.
Lamplugh, D., Infield, P., "Harmonising Anti-stalking Laws", George Washington International Law Review 2003.

2. 논문 · 보고서

강대형 · 이태원, "수사경찰의 의식에 관한 연구", 한국형사정책 연구원, 1991.
강선미 외, "천황제 국가와 성폭력", 『한국여성학』 제9집, 한국여성학회, 1993.
경찰대학, 「경찰경비론」, 1998.
공미혜, "가족주의와 가부장적 테러리즘으로서의 아내구타", 한국사회학회, 1997.
김성언, "나이와 범죄", 『형사정책연구소식』, 한국형사정책연구원, 1990.
김성천, "한국에서 성차별적 가족문제에 대한 페미니스트 가족치료의 수용가능성에 관한 연구", 중앙대학교 사회복지학과 박사학위논문, 1992.
김성천, "신용카드의 소비자문제와 법제개선방안" 한국소비자보호원. 2000.
김윤수, "지역사회 범죄예방활동과 민간경비의 역할에 관한 연구", 용인대학교 경영대학원 석사학위논문, 2001.
김준호 외, "청소년 범죄피해에 대한 연구", 한국형사정책연구원, 1991.
김준호 · 김선애, "한국인의 폭력에 대한 태도 연구", 한국형사정책연구원, 1992.
김준호 · 노성호 · 곽대경, "한국의 청소년 비행집단에 관한 연구", 한국형사정책연구원, 1992.

김철주, “아파트 단지 범죄에 관한연구”, 건국대학교, 2000.
문영호 외, “조직폭력의 실태와 대책”, 한국형사정책연구원, 1993.
박병식, “침입범죄와 주거안전”, 한국안전교육학회지 제1권 제1호. 2000.
박선숙, “한국여성의 성역할 특성과 우울 및 불안의 관계에 대한 연구”, 이화여자 대학교석사학위논문, 1988.
박철현 · 이상용 · 진수명, “스토킹의 실태와 대책에 관한 연구”, 한국형사정책연구원, 2000.
신성자, “직장에서 발생하는 성적 성가심의 유형, 부정적 영향, 그리고 피해여성의 개인적 상황적 특성에 관한 연구”, 『사회과학연구』 제5집, 경남대학교 사회과학연구소, 1993.
심영희 외, “성폭력의 실태 및 대책에 관한 연구”, 한국형사정책연구원, 1990.
심영희, “몸의 권리와 성 관련법의 개선안 : 권력과 성의 관계를 중심으로”, 『한국여성학』제11집, 한국여성학회, 1995.
송광성 외, “정학/퇴학 청소년 선도방안”, 한국청소년연구원, 1992.
송철호, 대규모행사 시 안전관리 작성 방법, 서울특별시 시민안전대책 워크샵, 2001.
이건호 · 김은경 · 황지태, “스토킹 피해실태와 입법쟁점에 관한 연구”, 형사정책연구원, 2002.
이건호, “스토킹행위에 대한 형사법적 대응과 그 한계”, 형사정책 제16권 제2호, 2004.
이영란, “성폭력범죄의처벌및피해자보호등에관한법률”, 수사연구, 1994.
이명선, “강간에 대한 여성학적 접근”, 이화여자대학교 석사학위 논문, 1989.
이영자, “성일탈과 여성”, 『한국여성학』 제5집, 한국여성학회, 1989.
이민희 외, “청소년폭력 대책 모델 개발”, 한국청소년개발원, 1998.
이호준, “성범죄의 대처방안에 관한 연구”, 한양대학교 석사학위논문, 1993.
전겸구, “스트레스 시대에 건강하게 사는 법(건강박람회강의안)”, 대구대학교 재활심리학과, 2000.
전명기, “청소년 문제행동의 이해”, 자녀안심운동 서울협의회 연구보고서, 2000.
조구이, “성폭력의 실태 및 대책에 관한 연구”, 영남대학교 행정대학원 석사학위 논문, 1992.

청소년폭력예방재단, “청소년 폭력실태와 예방대책에 관한 한/일 국제세미나”, 1996.
최윤진 외, “소년교정기관에서의 상과 벌: 비행청소년 교정프로그램의 실태와 개선방안 연구”, 한국청소년개발원, 1994.
최인섭 · 전영실, “강간범죄의 실태에 관한 연구”, 한국형사정책연구원, 1992.
최환영, “아파트 형태에 따른 범죄유형과 범죄예방 방법모색", 경북대학교, 2006.
황선영, “GIS 활용한 범죄의 공간패턴 분석 - 주거침입절도를 사례로”, 경희대학교, 2001.
허경미, “노인의 범죄피해 특징 및 대책에 관한 연구”, 한국공안행정학회지 제17호, 2004.

3. 기타

경찰청, http://polinlove.tistory.com/12022
경찰청 통계 연보(1995-1999)「범죄분석」
한국성폭력상담소(1991-1997),『나눔터』, 1991년 7월 창간호-1997년 6월 제22호
법무연수원, 범죄백서, 2006.
보건복지부 운영 건강길라잡이(http://healthguide.kihasa.re.kr)
대한심신산부인학회(http://www.simsin.org/index.asp)
건강매거진(http://healthguide.kihasa.re.kr)
소방방재청, 공연 · 행사장 안전매뉴얼, 2007
http://blog.etnews.co.kr/seipy/117629
http://cafe.naver.com/presidentt.cafe
http://cafe220.daum.net/_c21_/bbs_search
http://deungdae.hihome.com/jetech-26.htm
http://drchoi.pe.kr/STRES2.htm
http://economyplus.chosun.com/special/special_view3
http://hoff.hihome.com/effect/physical7.htm
http://ikismain.ikis.re.kr/search
http://ikc.korea.ac.kr/~bmkang/britanica_murder.htm

http://joynews.inews24.com/php/news_view
http://k.daum.net/qna/view.html
http://kuic.kyonggi.ac.kr/~yhlee/crime-3.html
http://movsvr.sportal.or.kr/jidoja/html/2_climb_c_06.html
http://news.media.daum.net/politics/administration/200708/30/govpress
http://newsmaker.khan.co.kr/khnm.html
http://wellbeing4u.snu.ac.kr/html/stress
http://www.ad119.go.kr
http://www.ddorang.com/board/jobpds_view
http://www.e-payworld.com/cgi-bin/read.cgi
http://www.emergency.or.kr/sens/html/emer01_02.htm
http://www.gunbuk.ms.kr/edus/edus_22.htm
http://www.hani.co.kr/arti/society.
http://www/medcity.com/julbyung/faq/stresslink.html
http://www.mojra.or.kr/thesis/upload_files
http://www.police.go.kr.
http://moa21.co.kr/www/index.html
http://love.yeungjin.ac.kr/~nursing/cgi-bin/free2/free5/files....
http://www.kams.or.kr/db/su240.hwp
http://www.lawpia.pe.kr/build/board.
http://med.yu.ac.kr/college/html_backup/story02_04_215.html
http://www.hallym.ac.kr/~neuro/mind/5스트레.html
http://www.healthpro.or.kr/health/viewC
http://www.pion-tech.com/knowledge/stress.
http://www.safety.go.kr/community/html/community05
http://user.chollian.net/ ~ gos5410/cf1.htm
http://www.0404.go.kr/safety/danger
http://blog.naver.com/yhkcool/70010998869
http://hosp.ajoumc.or.kr/emc/program/aid_read.asp?c_idx=358
http://smartsmpa.tistory.com/4222 [스마트 서울경찰]

http://dic.daum.net/word/view.do?wordid=kkw000600124&supid=kku010461573

http://tip.daum.net/openknow/39233765?q=%EC%82%AC%EC%9D%B4%EB%B2%84%20%ED%8F%AD%EB%A0%A5%EC%9D%98%20%EA%B0%9C%EB%85%90

http://tip.daum.net/question/40097994?q=%EC%82%AC%EC%9D%B4%EB%B2%84+%ED%8F%AD%EB%A0%A5%EC%9D%98+%EA%B0%9C%EB%85%90

세계일보, 2001. 4. 23.

동아일보, 1993. 11. 27

시니어저널, 2000.07.24.

중앙일보, 헬스케어, 2002. 10. 5.

저자소개

□ 강영숙 (경호학박사)

• 학 력

- 건국대학교 대학원 졸업 후
- 중부대학교 안전경호학과 졸업(경호학전공)
- 용인대학교 일반대학원 경호전공
- 용인대학교 대학원 경호학 박사졸업

• 경 력

- 검도4단, 합기도3단
- 여성부 사이버멘토링 대표멘토(2008,여성부장관 위촉)
- 여성인재 데이터베이스 등록
- 활동학회:한국테러학회, 한국경호경비학회, 한국치안행정학회, 한국경찰연구학회 外
- 경비지도사(일반경비, 기계경비)
- 경비협회(대전충남지부) 교육강사
- 용인대학교, 중부대학교, 우석대학교 경호학과 외래교수
- 중앙경찰학교 외래강사
- 경운대학교 경호학부 연구교수
- 경운대학교 경호학부 외래교수

• 저서, 논문

(논문)

- 한국의 공인탐정제도 도입에 관한 연구
- 미국의 탐정제도에 관한 연구

- 일본의 탐정제도에 관한 연구
- 한국인의 해외 인질납치테러에 관한 연구
- 일본 탐정업계의 운용현황과 문제점 분석
- 극단주의 이슬람 테러조직 IS(Islamic State) 위험 실태 外 다수

(저서)

- 테러의 이해
- 생물테러
- 테러리즘의 이해
- 프로탐정의 테크닉
- 안전관리학
- 탐정학
- 테러학
- 스마트 보안 이론 및 기술
- 스마트 보안 장비 및 실무
- 탐정학(민간조사)개론
- 탐정(민간조사)실무 外 다수

❑ 김 재 호(체육학박사)

• 학 력

- 용인대학교 유도학과 졸업
- 서울스포츠대학원 경호학과 석사 졸업
- 서남대학교 대학원 박사졸업

• 경 력

- 서울시 유도회 섭외이사 활동
- 대한유도회 지도위원 활동
- 서울시 용무도협회 경기이사
- 서울시유도회 경기이사활동

- 경찰대학교 무도연구위원활동
- 대한 용무도협회 경기진행부장
- 장애인 유도협회 경기이사활동
- 서울시체육회 전임지도자
- 금천경찰서 무도지도사범
- 대한유도회 생활체육위원장
- 터키입사국제대회 전임코치역임
- 고려대학교, 용인대학교, 중부대학교 외래교수
- 경운대학교 경호학부 조교수 外 다수

• 자격, 수상

- 유도 생활체육 3급 자격증 취득
- 체육 실기교사 자격증 취득
- 용무도 6단, 유도 6단
- 유도 1급 지도사범 취득
- 용무도 1급 지도자자격증 취득
- 유도 1급 심판자격증 취득
- 장애인유도 1급 심판자격 취득
- 용무도 1급 심판자격증 취득
- 유도 본 (KAKT) 국제심판자격증 취득
- 경기지도자자격증 (유도 2급)
- 문화체육관광부장관 표창장 수상(2016)
- 충북도지사 표창장(2016))
- 서울특별시장 표창장 수상(2016) 外 다수

• 논문, 저서

- 경호원의 무도수련형태가 신체조성과 심폐기능에 미치는 영향
- 유·무산소 복합운동이 비만청소년의 스트레스 및 비만관련 호르몬에 미치는 영향
- 경호 호신술 外 다수

❑ 김 영 훈 (체육학박사)

• 학 력

- 용인대학교 교육대학원 체육교육전공(석사)
- 서남대학교 대학원 사회체육전공(체육학박사)

• 경 력

- 대한검도회 교사 7단
- 대한검도회 공인 심판
- 한국 대학검도연맹 이사
- 경운대학교 경호학부 조교수

• 논 문

- 검도운동 참여정도에 따른 분위기 및 동기척도가 적응력에 미치는 영향
- 일제 강점기의 한국 학교 검도의 특성에 관한 고찰
- 성인 남성의 검도 참가에 따른 여가 만족 및 생활 만족에 미치는 영향
- 검도수련 참여정도에 따른 느낌상태가 적응력에 미치는 영향
- 성인남녀 검도운동의 참여정도가 분위기 및 동기척도에 미치는 효과
- 성인남녀의 검도수련이 자기조절과 적응력 분석
- 영상자극 여부에 따른 검도선수들의 뇌파 및 신체리듬 변화 연구
- 영상을 활용한 심리자극이 검도 선수들의 자율신경과 기분상태 및 무산소성 파워에 미치는 영향 外 다수

❑ 정 준 식 (경호안전학박사)

• 학 력

- 서울스포츠대학원대학교 경호학 석사
- 경기대학교 일반대학원 경호안전학 박사
- 용인대학교 무도대학 용무도지도자과정 수료
- 한세대학교 사회교육원 탐정(민간조사)과정 수료

• 자 격

- 전기기기 기사 1급
- 전력기술 감리원자격증
- 전력기술인 자격증
- 위험물안전관리사 자격증
- 방화관리자 2급자격증
- 스포츠마사지 1급자격증
- 운동처방 1급자격증
- 민간조사원 자격증(FPI탐정)

• 경 력

- 활동학회: 한국테러학회, 한국융합보안학회, 경호경비학회, 한국치안행정학회 외
- 대전광역시 합기도협회, 대전광역시 공수도연맹, 대전광역시 용무도협회 회원
- 주식회사 이지스경호 대표이사
- 경비지도사 출제 및 검증위원(기계경비)
- 수도방위 사령부 생물테러 특강
- 경운대학교 평생교육원 교육강사(특수경비원, 경비지도사, 일반경비원)
- 사단법인 한국경비협회(대전,충남) 교육강사
- 경호무술원 원장
- 한국SS경호협회 회장

- **논문 및 저서**
  - 생물테러 대응방안에 관한 연구(석사학위 논문)
  - 해외한국인 인질납치 사건을 통한 인간안보 위협요인(박사학위 논문)
  - 한국인 해외인질납치테러 실상 및 대응방안
  - 해외 한국인의 납치사건 문제점과 대응방안
  - 한국인 해외인질납치테러 대응방안
  - 생물테러
  - 호신술교본
  - 탐정학
  - 현대사회와 생활안전
  - 경호호신술
  - 보안장비활용의 이해
  - 스마트 보안장비 기술과 활용
  - 스마트 보안장비 및 실무
  - 스마트 보안장비 이론 및 기술